U0161757

纳米结构光催化材料

催化剂的制备及其在太阳能燃料和环境修复中的应用

［法］拉巴·布赫鲁布（Rabah Boukherroub）

［印］萨蒂施钱德拉·奥加尔（Satishchandra B. OGALE） 编

［英］尼尔·罗伯森（Neil Robertson）

罗　民
　　　　译
李晓曼

中国纺织出版社有限公司

内 容 提 要

催化剂能促进和加速反应动力学，增加所需反应路径的转化率，而光催化可利用光子来驱动这种催化。本书将光催化的基本原理和最新科学研究与技术发展相结合，详细论述了纳米光催化剂的组成和制备技术及其在 CO_2 还原、水裂解、大气污染物和水的净化等领域的应用。

本书适用于从事光催化及纳米催化剂相关领域研究的科研人员参考，也可供相关专业学生参考。

本书中文简体版经 Elsevier Ltd. 授权由中国纺织出版社有限公司独家出版发行。本书内容未经出版者书面许可，不得以任何方式或任何手段复制转载或刊登。

著作权合同登记号：图字：01-2023-5215

图书在版编目（CIP）数据

纳米结构光催化材料：催化剂的制备及其在太阳能燃料和环境修复中的应用 /（法）拉巴·布赫鲁布（Rabah Boukherroub），（印）萨蒂施钱德拉·奥加尔（Satishchandra B. OGALE），（英）尼尔·罗伯森（Neil Robertson）编；罗民，李晓曼译. -- 北京：中国纺织出版社有限公司，2024.3

（材料科学与工程高新科技译丛）

书名原文：NANOSTRUCTURED PHOTOCATALYSTS From Materials to Applications in Solar Fuels and Environmental Remediation

ISBN 978-7-5229-0820-5

Ⅰ.①纳… Ⅱ.①拉… ②萨… ③尼… ④罗… ⑤李… Ⅲ.①纳米材料－光催化－研究 Ⅳ.①TB383 ②TQ426

中国国家版本馆 CIP 数据核字（2023）第 145956 号

责任编辑：陈怡晓　　责任校对：寇晨晨　　责任印制：王艳丽

中国纺织出版社有限公司出版发行
地址：北京市朝阳区百子湾东里 A407 号楼　邮政编码：100124
销售电话：010—67004422　传真：010—87155801
http://www.c-textilep.com
中国纺织出版社天猫旗舰店
官方微博 http://weibo.com/2119887771
北京华联印刷有限公司印刷　各地新华书店经销
2024 年 3 月第 1 版第 1 次印刷
开本：710×1000　1/16　印张：15.5
字数：275 千字　定价：168.00 元

凡购本书，如有缺页、倒页、脱页，由本社图书营销中心调换

NANOSTRUCTURED PHOTOCATALYSTS From Materials to Applications in Solar Fuels and Environmental Remediation

RABAH BOUKHERROUB, SATISHCHANDRA B. OGALE, NEIL ROBERTSON

ISBN:978-0-12-817836-2

纳米结构光催化剂:催化剂的制备及其在太阳能燃料和环境修复中的应用(罗民,李晓曼译)

ISBN:978-7-5229-0820-5

译者序

能源和环境危机是悬挂在现代文明之上的"达摩克利斯"之剑，光催化科学与技术的飞速发展为解决这些问题带来了无限的机遇和挑战。俗话说"万物生长靠太阳"，地球自从诞生之日起，每时每刻都得到太阳的慷慨馈赠，时至今日，太阳能依然是解决地球问题的重要手段。光合成技术将可持续能源转化为化学能，得到所需的太阳能燃料，同时太阳能也拥有强大的净化力量，使工业和生活污染物得以净化。目前国内关于光催化纳米材料方面的著作相对比较少，而能全面论述光催化主要应用领域的图书更加稀缺。

《纳米结构光催化材料：催化剂的制备及其在太阳能燃料和环境修复中的应用》是由光催化领域的三位知名教授牵头各个研究领域的专家团队通力合作编写。本书将光催化环境修复和光催化人工光合作用合并论述，展现了一幅纳米光催化科技的全景图，架起了从光催化纳米科学研究到技术应用之间的桥梁。本书不仅介绍基本原理，而且详细论述了纳米光催化剂的组成、制备技术及其在 CO_2 还原、水裂解、大气污染物和水的净化等领域的应用。本书全面深入地介绍了光催化技术的基础知识、最新研究成果和应用背景，希望能将光催化技术的全貌尽可能呈现给读者。中译本的出版可以为纳米结构光催化剂基础研究和应用提供指导，对高等院校的师生和科研企业的技术人员来说也是一本不可多得的参考书籍。

中译本由宁夏大学罗民教授和李晓曼副教授翻译和编校，宁夏大学化学化工学院能量转化与光电催化团队的博士研究生苏森达、丁文明、刘振宇，硕士研究生王莹莹、袁盛博、孟令虎和材料化学专业本科生段彦忠、陈签吉等也参与了部分内容的翻译工作。在此，感谢宁夏大学研究生教材建设项目资助，感谢梁斌副教授、杨永清副教授和王盛教授对本书部分章节内容翻译提供的帮助。

由于译者水平有限，书中难免有不足之处，希望广大专家和读者批评指正。

罗民

前　言

　　非常荣幸为这本由 Rabah Boukherroub 教授、Satishchandra B.OGALE 教授和 Neil Robertson 教授主编，由 Elsevier 出版的新书《纳米结构光催化剂：催化剂的制备及其在太阳能燃料和环境修复中的应用》撰写前言。

　　本书探讨了光催化领域目前的重要发展内容，将光催化的基本原理和最新科学研究与技术发展相结合进行讨论。全书涵盖了光催化技术在 21 世纪面临的两个关键挑战：一是进行可持续能源技术的开发，以减少对化石能源的依赖和二氧化碳排放；二是通过吸收太阳光的能量，清洁空气和水中的污染物，进而改善空气质量和水环境。编者是这方面的专家学者，在这一领域贡献良多，因此能够深刻领悟光催化的核心，掌握本书的深度和广度，并选择合适的作者团队来撰写本书关键章节的内容。

　　21 世纪以来，纳米科技飞速发展，取得了重大的进步。研究人员已经能够在一定程度上控制纳米材料合成，并在纳米尺度上对其进行结构的表征。这些进步使研究人员能够理解纳米结构材料的基本科学问题，尤其是纳米结构对材料性能的影响，将实验室对纳米科学的研究转化为可以实际应用的纳米技术。纳米科学和纳米技术的进步支撑并促成了光催化科学和应用领域的许多成果：合成具有规定尺寸和晶体结构的光催化纳米颗粒、制备纳米异质结、合成用于商业应用的材料，同时对这些纳米材料的结构和功能进行表征。本书对光催化领域的研究进展进行介绍，并对它们是如何推动光催化剂功能和应用加以描述。

　　这本书汇集了两个相互补充但经常单独讨论的光催化领域的重要问题：光催化环境修复和光催化人工光合作用。前者利用太阳能加速污染物分子自发矿化反应，如将有毒有机分子分解为二氧化碳和水，或使微生物失活；后者利用太阳能驱动水分解为氢和氧，利用太阳能驱动非自发反应合成含能分子和燃料，将太阳能储存在化学键之中。光催化人工光合作用与自然界植物利用光能来驱动新陈代谢过程的光合作用非常类似。光催化环境修复和人工光合作用有着不同的动机和应用，技术的发展水平也有很大的差别，光催化环境修复有着广泛的商业应用前景。就利用光子驱动化学反应的基础科学问题与使用纳米材料而言，两者有相似之处。在这两个领域中，研究最广泛的材料是纳米结构金属氧化物。这两个领域都必须解决如何利用这类材料的光激发来驱动表面化学反应的挑战。因此，有很多内容可以相互借鉴，在本书中将它们结合在一起进行阐述。

催化剂是绝大多数化学反应的重要部分，它能促进和加速反应动力学，增加所需反应路径的转化率。光催化还有另外一个挑战和机遇，那就是利用光子来驱动这种催化。理论上，光子具有驱动许多化学反应的能量，1972 年 Fujishima 和 Honda 的开创性工作也证明了，二氧化钛可以吸收光能驱动水发生分解反应。原则上，光催化需要有足够的能量来驱动化学反应，但是要想利用稳定的、低成本的催化剂实现光能高效地驱动化学反应依然充满挑战。绝大多数的金属氧化物被光激发后产生的光生电子和空穴大部分会快速复合，释放出热能。因此要实现有效光催化反应，一个重要的前提条件是抑制或减少这种复合损失，而使光激发载流子用于促进原本缓慢的表面化学反应。为了应对这一挑战，研究人员采取了许多方法，如探索并不断扩大潜在的光催化材料范围，控制其尺寸、维度、表面结构和结晶度（或缺陷密度），形成纳米异质结以分离电荷，使用助催化剂对此类材料进行功能化以驱动特定反应。此外，将光催化材料组装到器件中，并放大到实际应用中也面临重大的挑战。相比于基于热驱动或化学驱动的方法，基于光活化的过程是一种潜在的清洁能量转移过程。

从科学、技术和社会的角度来看，本书主要介绍如何设计新颖、高效和稳定的纳米结构光催化剂；主编精心选择了相关的主题并在书中做了合理的安排。专家团队撰写了精彩的章节内容，极大地拓展了光催化剂研究的深度和广度。

James Durrant

英国帝国理工学院

英国斯旺西大学

目　录

第 1 章　能带工程设计高效光催化剂 ·· 1

　1.1　引言 ·· 1

　　1.1.1　光催化 ·· 1

　　1.1.2　能带结构 ·· 3

　1.2　能带工程 ·· 4

　　1.2.1　阴离子掺杂 ·· 5

　　1.2.2　阳离子掺杂 ·· 8

　　1.2.3　固溶体 ·· 10

　1.3　结论 ·· 12

　参考文献 ·· 12

**第 2 章　光化学合成纳米多组分金属催化剂及其在光催化和电
化学水解中的应用** ······································· 17

　2.1　引言 ·· 17

　2.2　析氢反应助催化剂 ·· 18

　2.3　析氧反应助催化剂 ·· 23

　2.4　结论和展望 ·· 28

　参考文献 ·· 29

第 3 章　CO_2 还原光催化剂和系统优化设计 ·················· 32

　3.1　光催化还原 CO_2 ·· 32

　　3.1.1　光催化还原 CO_2 的反应原理 ···················· 32

3.1.2 光催化还原 CO_2 的反应模型研究 ·················· 34

3.2 光催化还原 CO_2 的 TiO_2 基催化剂 ·················· 35

    3.2.1 TiO_2 的结构和性质 ·················· 35

    3.2.2 TiO_2 基光催化剂的修饰改性 ·················· 36

3.3 光催化还原 CO_2 的非 TiO_2 催化剂 ·················· 40

    3.3.1 纳米结构无机光催化剂 ·················· 40

    3.3.2 纳米结构碳基光催化剂 ·················· 45

3.4 光催化还原 CO_2 的空穴牺牲剂 ·················· 46

    3.4.1 引言 ·················· 46

    3.4.2 无机空穴牺牲剂 ·················· 46

    3.4.3 有机空穴牺牲剂 ·················· 48

3.5 光催化还原 CO_2 的工艺过程开发和数据收集 ·················· 48

    3.5.1 引言 ·················· 48

    3.5.2 试验和分析实例 ·················· 49

    3.5.3 光催化还原 CO_2 过程参数 ·················· 49

    3.5.4 光催化还原 CO_2 动力学模型和系统工具 ·················· 50

    3.5.5 光催化还原 CO_2 产物确认 ·················· 50

    3.5.6 结论 ·················· 51

参考文献 ·················· 51

第 4 章 多相光催化水净化处理 ·················· 59

4.1 引言 ·················· 59

4.2 氧化机理 ·················· 60

4.3 影响多相光催化的因素 ·················· 61

    4.3.1 温度 ·················· 61

    4.3.2 水基质 ·················· 62

    4.3.3 催化剂浓度 ·················· 63

4.3.4 光的波长和强度 ·· 63

4.3.5 基质的初始浓度 ·· 64

4.3.6 pH ··· 64

4.4 水净化应用 ·· 64

4.4.1 有机污染物 ·· 66

4.4.2 生物污染物 ·· 66

4.5 多相光催化过程可持续性 ··· 67

4.5.1 辐射源 ··· 68

4.5.2 生命周期分析 ·· 69

4.6 结论和展望 ·· 71

参考文献 ·· 72

第 5 章 光催化空气净化 ·· 78

5.1 前言 ·· 78

5.2 光催化室内外气体 ·· 79

5.3 在太阳辐射下操作 ·· 81

5.3.1 氮氧化物控制 ·· 81

5.3.2 臭氧 ·· 87

5.3.3 自清洁性能 ·· 87

5.4 使用人造光源 ·· 88

5.5 现行材料评定标准 ·· 89

5.6 利用太阳光处理室内外空气 ·· 91

5.7 结论 ·· 94

参考文献 ·· 95

第 6 章 光催化剂的基体和载体材料 ···································· 105

6.1 玻璃 ·· 108

6.1.1 预处理方法 ··· 110

6.1.2 涂层方法 ··· 111

6.2 钛 ··· 113

6.2.1 预处理方法 ··· 114

6.2.2 涂层方法 ··· 115

6.3 不锈钢 ··· 117

6.3.1 预处理方法 ··· 118

6.3.2 涂层方法 ··· 119

6.4 塑料 ··· 122

6.4.1 预处理方法 ··· 123

6.4.2 涂层方法 ··· 124

6.5 纺织品 ··· 125

6.5.1 预处理方法 ··· 125

6.5.2 涂层方法 ··· 127

6.6 结论 ··· 129

参考文献 ··· 130

第 7 章 二维材料光催化 H_2O 分解和 CO_2 还原 ······················· 141

7.1 引言 ··· 141

7.1.1 二维材料光催化 H_2O 分解和 CO_2 还原的

工作原理 ··· 141

7.1.2 光催化的挑战和二维材料的兴起 ································· 142

7.1.3 改善二维材料的光催化性能 ······································· 144

7.2 二维材料光催化产 H_2 ··· 147

7.2.1 金属氧化物 ··· 147

7.2.2 金属硫化物 ··· 150

7.2.3 石墨烯 ··· 152

7.2.4 石墨状氮化碳 ·· 155

7.2.5 黑鳞 ·· 160

7.2.6 其他新兴层状催化剂 ·································· 161

7.3 二维材料光催化还原 CO_2 ································· 162

7.3.1 金属氧化物 ·· 163

7.3.2 金属硫化物 ·· 165

7.3.3 石墨烯基二维材料 ···································· 165

7.3.4 石墨状氮化碳 ·· 167

7.3.5 层状双羟基氢氧化物 ·································· 169

7.3.6 MXene ··· 172

7.3.7 其他新兴催化剂 ······································ 172

7.4 结论和展望 ·· 173

参考文献 ··· 174

第8章 水中光催化微生物消毒 ······················· 191

8.1 引言 ··· 191

8.2 光催化消毒的基本原理 ·································· 192

8.3 活性氧的作用 ·· 194

8.4 光的分布 ·· 195

8.5 水化学效应 ·· 196

8.6 微生物的性质 ·· 196

8.7 水温 ·· 198

8.8 新型光催化材料 ·· 198

8.9 结论和展望 ·· 202

参考文献 ··· 203

第9章 等离子诱导光催化转化 ·················· 209

9.1 引言 ································· 209
9.1.1 多相催化剂 ···················· 209
9.1.2 光催化剂 ······················ 209

9.2 等离子的概念和等离子诱导光催化 ··········· 210
9.2.1 局域表面等离子体共振 ············· 210
9.2.2 等离子诱导光催化 ················ 211

9.3 等离子诱导光催化纳米材料 ··············· 212
9.3.1 贵金属纳米结构 ················· 212
9.3.2 金属半导体纳米结构 ·············· 214

9.4 等离子诱导光催化的反应和机理 ············ 216
9.4.1 纳米结构的光致热效应 ············· 217
9.4.2 间接电荷转移机制 ················ 220
9.4.3 直接电荷转移机制 ················ 220

9.5 结论和展望 ························· 223

参考文献 ···························· 223

第1章 能带工程设计高效光催化剂

Mohd Monis Ayyub   C.N.R Rao

印度班加罗尔 贾瓦哈拉尔·尼赫鲁高级科学研究中心
国际材料科学中心和谢赫萨克尔实验室新化学组

1.1 引言

1.1.1 光催化

太阳光是一种取之不尽、用之不竭的能源。科学家们尝试利用太阳光的能量来驱动其他需要能量输入的反应。光催化剂能吸收太阳辐射并将其转化为能驱动化学反应的能量。文献中报道了各种类型的光催化剂，但研究最多的依然是半导体光催化剂，因其具有可调的光吸收特性。半导体光催化剂根据其带隙吸收太阳辐射，如果光子能量足够高，价带的电子就可以被激发到导带。产生的电子—空穴对可以复合或转移到催化剂表面进行氧化还原反应。催化剂表面的氧化还原反应是半导体光催化反应的基础。光催化剂可以催化许多反应，例如，将水分解成氢气和氧气，将二氧化碳还原为有用的化学物质，降解污染物，将氮还原为氨等。本章重点关注光催化裂解水和二氧化碳的还原。这些反应都需要半导体光催化剂吸收太阳辐射并产生电子—空穴对来驱动氧化还原反应。以下是这些反应的热力学数据。

1.1.1.1 光催化分解水（pH = 7）

水分解为氢气和氧气是一个吸热反应，吉布斯自由能 ΔG 为 +237.13kJ/mol。

$$H_2O \longrightarrow H_2 + \frac{1}{2}O_2 \quad \Delta G = +237.13kJ/mol \quad \Delta E = 1.23V \quad (1.1)$$

可以分别写成两个半反应：

$$2H^+ + 2e^- \longrightarrow H_2 \quad -0.41V \text{（一般氢电极 pH=7）} \quad (1.2)$$

$$2H_2O + 4h^+ \longrightarrow O_2 + 4H^+ \quad +0.82V \text{（一般氢电极 pH=7）} \quad (1.3)$$

1.1.1.2 光催化 CO_2 还原

反应的还原电位为（pH = 7）：

$$CO_2 + 2e^- \longrightarrow CO_2^{\cdot-} \quad -1.850V(\text{标准氢电极}) \quad (1.4)$$

$$CO_2(g) + H_2O(l) + 2e^- \longrightarrow HCOO^-(aq) + OH^-(aq) \quad -0.665V(\text{标准氢电极}) \quad (1.5)$$

$$CO_2(g) + H_2O(l) + 2e^- \longrightarrow CO(g) + 2OH^-(aq) \quad -0.521V(\text{标准氢电极}) \quad (1.6)$$

$$CO_2(g) + 3H_2O(l) + 4e^- \longrightarrow HCOH(l) + 4OH^-(aq) \quad -0.485V(\text{标准氢电极}) \quad (1.7)$$

$$CO_2(g) + 5H_2O(l) + 6e^- \longrightarrow CH_3OH + 6OH^-(aq) \quad -0.399V(\text{标准氢电极}) \quad (1.8)$$

$$CO_2(g) + 6H_2O + 8e^- \longrightarrow CH_4 + 8OH^-(aq) \quad -0.246V(\text{标准氢电极}) \quad (1.9)$$

与分解水的 ΔG 相比，以上各个反应的 ΔG 更高。此外，水分解和还原 CO_2 的还原电势非常接近，具有竞争关系。

上述热力学数据意味着半导体光催化剂需要产生足够的电子和空穴电位才能有效地进行氧化还原反应。半导体的能带边（VBM 和 CBM）应该跨越氧化还原电位，价带顶（VBM）必须比水（氧化剂）的氧化电位更正，而导带底（CBM）必须比 H^+ 或 CO_2 的还原电位更负。图 1.1 给出了光催化反应中催化剂的能带边要求和催化剂中发生的过程。

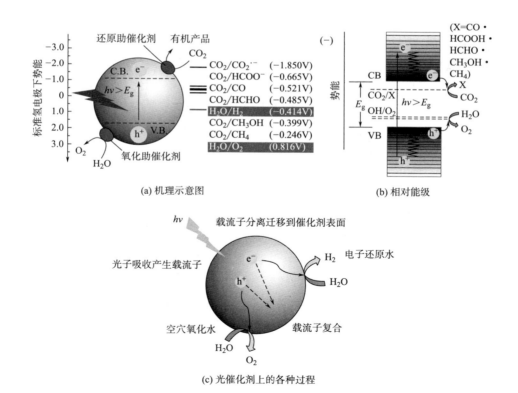

(a) 机理示意图

(b) 相对能级

(c) 光催化剂上的各种过程

图 1.1　半导体光催化剂光催化分解水和还原 CO_2 的相关过程

从上述过程可以看出，半导体光催化剂的能带结构在设计光催化剂中起着重要作用。最为重要的两个性质是带隙宽度和 VBM 和 CBM 的带边位置。这两种特性都可以通过化学方法调控，如通过减小带隙和改变 VBM 和 CBM 的位置来改变半导体催化剂的能带结构，这种方法被称为能带工程。光催化剂能带结构可以通过掺杂合适的物质（如金属或非金属离子）以及通过与另一种半导体光催化剂形成固溶体来进行调控。

1.1.2　能带结构

在讨论如何设计催化剂的带隙之前，先简要地介绍半导体固体中能带结构的基本概念。为了理解能带结构，人们早期提出了德鲁德模型（Drude）假说，它提出了电子可以在带正电的离子核之间自由移动的思想。德鲁德模型为能带理论的发展奠定了基础。索默菲（Sommerfeld）模型将电子视为遵循费米狄拉克分布的量子力学粒子，以获得电子速度分布。索默菲模型忽略了晶格中存在的周期性电势，并将电子视为完全自由的。但是由于正离子核的周期性电势，晶格中的电子并不是完全自由的。通过求解周期性电位中电子的薛定谔波动方程可以揭示其性质。自由移动电子的能量值由抛物线关系式 $E_k = h^2 k^2 / 2m_0$ 给出［图 1.2（a）］。克龙尼克—潘纳（Kronig–Penney）模型简化了薛定谔方法，其中晶格周期势的形状被认为是矩形的而不是正弦波。考虑周期电势后 E_k 与 k 的关系如图 1.2（b）所示。将其与自由电子的 E—k 曲线进行比较，可以看到能带在某些位置发生分裂，在 k 空间中的能带相交处产生能隙。因此，当考虑在周期势场下运动电子所允许的能量状态时，能带就会自然而然的产生。一个给定能带相关的 k 值被称为形成一个布里渊区。第一布里渊区从 $+\pi/a$ 到 $-\pi/a$，第二布里渊区从 $\pm\pi/a$ 到 $\pm 2\pi/a$，以此类推。这些 E—k 图被称为能带结构图。三维空间下的 E—k 图本质上是四维的。对此的解决方案是保持其中一个或两个变量不变，以构建降维图。

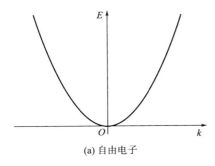

(a) 自由电子

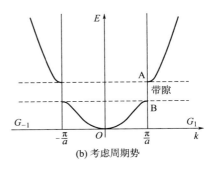

(b) 考虑周期势

图 1.2　E—k 图

固体在 T=0K 时不导电是由于存在满带，而相邻的可用能带为空且能量不连续，因此表现为绝缘体或半导体。价带是电子完全填充的最高能带，而空的最低能带是导带。这两个能带被一个能隙 E_g 隔开。在 T=0K 时，材料不导电，但在特定温度下，电子可以被激发到导带，从而使其导电。通过查看一些常见半导体的能带结构图（$E-k$ 图），可以了解真正的能带结构图的样子。

如图 1.3 所示为砷化镓和锗的 $E-k$ 图。这些图中需要注意的关键点是：最大价带能量以 E_v 表示；最小导带能量以 E_c 表示；带隙，$E_g=E_c-E_v$；当导带底（CBM）和价带顶（VBM）出现在相同的 k 值时，被称为直接带隙材料，允许高强度光学跃迁［图 1.3（a）］；相反，当 CBM 和 VBM 出现在不同的 k 值时，被称为间接带隙材料，导致更低的光学跃迁［图 1.3（b）］。

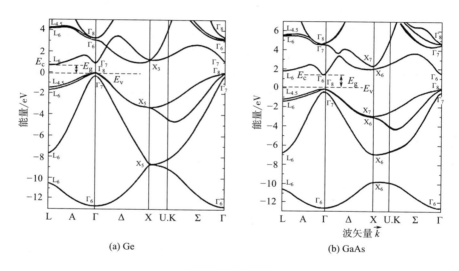

(a) Ge

(b) GaAs

图 1.3 $E-k$ 图

1.2 能带工程

光催化分解水和二氧化碳还原为当前化石燃料经济提供了一个非常重要的替代方案。然而，目前仍缺少性能优异的催化剂来有效地催化这些反应。能带工程可以用来设计一种具有适当带隙和合适 CBM 和 VBM 带边的催化剂。理想的光催化剂应具有足够的带隙能量，使电子和空穴的转移在热力学上是可行的，以驱动所需的化学反应（图 1.1）。然而，带隙也应该促使半导体能够吸收大部分太阳辐射。半导体光催化剂的能带结构可以通过掺杂阴离子或阳离子来设计，这两种离子都可以增强可见光的吸收并改善光生载流子的分离。掺杂阳离子会在禁带中引入局域电子态，而掺杂阴离子会导致价带（VB）展宽。改变带隙的另一个策略是采用固溶体。图 1.4 说明了设计半导体能带结构的几种不同策略。

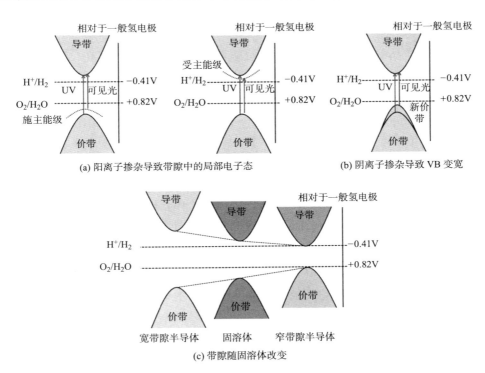

图 1.4　设计材料能带结构的策略

1.2.1　阴离子掺杂

众所周知，TiO_2、ZnO、CdS 等光催化剂中的阴离子取代会使这些材料的电子结构发生重大变化。由于阴离子的取代会影响价带电子结构，因此会对材料的性能产生更显著的影响。下面通过几个具体例子来考察阴离子取代对电子结构及其光催化活性的影响。

1.2.1.1　氧化物

首先了解掺杂金属氧化物的情况。TiO_2 具有 3.2eV 的宽带隙，并且仅在紫外区域具有光催化活性。掺杂 TiO_2 的基本要求：一是应减小带隙；二是 CBM 位置应保持高于水还原电位；三是禁带中态应与 TiO_2 的态重叠，以便在其寿命内将载流子转移到活性位点。阴离子掺杂满足上述标准，而阳离子掺杂在禁带中引入局域 d 态并充当载流子复合中心。通过使用理论工具计算态密度（DOS），研究了阴离子（如 C、N、F、P 或 S）对氧的掺杂。TiO_2 的价带受所有阴离子的 p 态的影响。因此，N 2p 态与 O 2p 态杂化导致带隙变窄。发现 C 和 P 态位于价带深处。对 N 掺杂 TiO_2 和 F 掺杂 TiO_2 的紫外—可见光谱研究表明，带隙变化较小。

对相同样品的光致发光（PL）研究表明，由于氧空位的存在，N 掺杂 TiO_2 中出现了以 600nm 为中心的宽发射带。为了克服这一问题，二氧化钛被离子态的 N^{3-} 和 F^- 共取代。N，F—TiO_2 的颜色是深黄色，不同于白色的 TiO_2。吸收波长扩展到 563nm，带隙为 2.5eV。N，F—TiO_2 的 PL 光谱没有显示出 N—TiO_2 中所见的氧空位带。

理论计算表明，N，F—TiO_2 的能带结构在 TiO_2 的 VBM 上方有一个孤立的占据带，导致带隙减小［图 1.5（a）（b）］。未掺杂 TiO_2 的电子态密度表明，价带由 O 2p 轨道构成，而导带主要是 Ti 3d。随着 TiO_2 中 N 和 F 的取代，价带受到的影响最大，N 2p 态出现在 VB 正上方，导致带隙减小。导带状态不受 N、F 掺杂的影响［图 1.5（c）（d）］。单一阴离子物质的取代会在晶格中产生氧空位，这会导致掺杂水平降低以及由于电荷载流子复合而降低光催化活性，这个问题可以通过用两个阴离子（如 N 和 F）代替 O 来解决，以便在晶格中保持电荷平衡。

研究了 N，F—TiO_2 对染料降解和水分解的光催化活性，发现 N，F—TiO_2 降解甲基橙染料的效率更高。虽然 TiO_2 在可见光区对水分解不起作用，但 N，F—TiO_2 在可见光照射下显示出 $60\mu mol \cdot g^{-1} \cdot h^{-1}$ 的析氢速率。由于载流子在缺陷位点的复合，N—TiO_2 的水分解活性低于 N，F—TiO_2。负载有 CuO 的 N 掺杂 TiO_2 光催化将 CO_2 还原为 CH_4，并且发现其性能在太阳照射下比未掺杂的 TiO_2 更活跃。类似地，N 掺杂的 Ta_2O_5 与 Ru 配合物一起用作光敏剂，在可见光照射下将 CO_2 还原为甲酸。在 Ta_2O_5 中掺杂 N 会使 Ta_2O_5 的吸收红移 200nm。

共掺杂 N 和 F 的技术已被用于掺杂其他氧化物基光催化剂，如 $BaTiO_3$、ZnO 和 CdO。白色 $BaTiO_3$（带隙 3.15eV）在 N 和 F 共取代时变成浅绿色，带隙为 2.5eV。与 TiO_2 的情况类似，价带顶部出现一个孤立的能带，N 2p 态对此有很大贡献。ZnO 中的 N、F 取代将带隙从 3.21eV 降低到 1.77eV。电子能带结构再次在价带上方有一个孤立的能带，其中 N 2p 态有很大的贡献。还发现 N，F—ZnO 在可见光范围内对水分解具有活性，而未掺杂的 ZnO 则是无活性的。

对具有不同 N 和 F 掺杂浓度的 ZnO 进行了系统研究，结果表明，ZnO 的

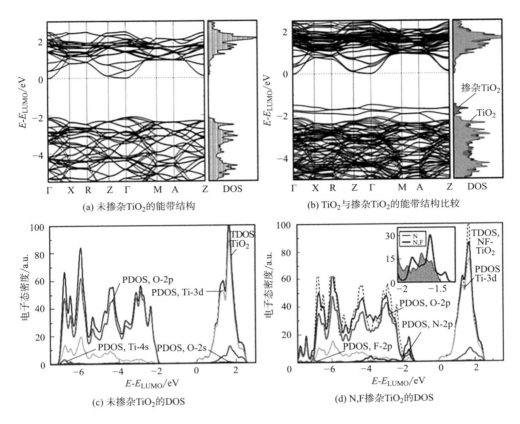

(a) 未掺杂 TiO₂的能带结构

(b) TiO₂与掺杂 TiO₂的能带结构比较

(c) 未掺杂 TiO₂的 DOS

(d) N,F 掺杂 TiO₂的 DOS

图 1.5　掺杂与未掺杂 TiO₂ 时的能带结构和 DOS

带隙随着掺杂量的增加而减小，达到最小值，然后增加，直到完全取代 O 形成 Zn₂NF。Zn₂NF 的带隙为 2.8eV，低于 ZnO（3.2eV）。有趣的是，在可见光照射下，Zn₂NF 比 ZnO 更能分解水。除了 Zn₂NCl 外，已合成的 TiNF、Zn₂NCl 和 Cd₂NF 的带隙也都低于母体氧化物。N、Cl 取代的 ZnO 和 Cd₂NF 都对水的可见光分裂有催化活性。

1.2.1.2　硫化物

硫化物半导体光催化剂也可以用适当的阴离子替代以设计能带。例如，CdS 可以掺杂 P 和 Cl。电子结构计算表明，在取代的 CdS 中，VBM 上方出现了一个孤立的能带，导致带隙减小。P—CdS、Cl—CdS 和 P，Cl—CdS 的电子态密度表明带负电的 Cl 的 3p 态位于能级深处，而 P 的 3p 态位于 VBM 的顶部。对于 P、Cl 共取代的 CdS，P 原子 3p 态的分离更为突出。P，Cl—CdS 的光催化析氢反应（HER）研究表明，与未掺杂的 CdS 相比，共取代的 CdS 表现出增强的析氢性能。尚未实现用 P 和 Cl 完全取代 S 形成 Cd_2PCl，但合成 Cd_2PCl 的研究导致意外发现了一类磷卤化物，$Cd_4P_2Cl_3$、Cd_3PCl_3、$Cd_7P_4Cl_6$、$Cd_4P_2Cl_3$、Cd_2P_3Cl 和 Cd_2PCl_2。所有化合物的 CBM 和 VBM 均跨越水的还原和氧化电位，因此可以分解水（图 1.6）。这些化合物的带隙随着 P/Cd 含量比的增加而减小，并随着 Cl/Cd 含量比的增加而增加。Cd_3PCl_3、$Cd_7P_4Cl_6$、$Cd_4P_2Cl_3$ 和 Cd_2P_3Cl 的带隙分别为 2.70eV、2.63eV、2.21eV 和 1.87eV。上述化合物在可见光照射下的光催化析氢研究表明，这些光催化剂对 HER 具有活性。值得注意的是，即使在没有助催化剂的情况下，它们也表现出良好的 HER 活性，还表现出比 CdS 更好的光稳定性。

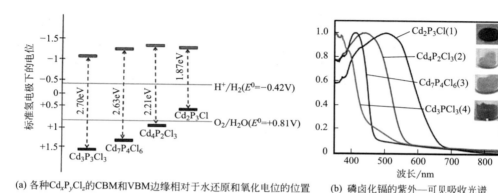

(a) 各种 $Cd_xP_yCl_z$ 的 CBM 和 VBM 边缘相对于水还原和氧化电位的位置　　(b) 磷卤化镉的紫外—可见吸收光谱

图 1.6　分解水相关性能

1.2.2　阳离子掺杂

阳离子或金属离子掺杂在禁带中引入局部电子态或杂质能级，导致带隙变窄。这可以通过两种方式发生：施主能级高于价带（VB）或受主能级低于导带（CB）[图 1-4（a）]，而阴离子掺杂导致价带变宽。已经研究了阳离子掺杂对诸如 TiO_2、$SrTiO_3$ 和 $La_2Ti_2O_7$ 等光催化剂的影响。阳离子掺杂对 TiO_2 的影响，如图 1.7 所示，图中显示了在掺杂 3d 过渡金属 V、Cr、Mn、Fe、Co、Ni 和 Rh 的 TiO_2 电子结构和态密度（其中灰线表示态密度，实线表示掺杂剂 DPS）。很明显，掺杂元素在带隙或价带中产生了占据能级。由于掺杂，电子态随着原子序数的增加而转移到较低的能级，这导致带隙和可见光吸收降低。用 Sn^{4+} 掺杂 TiO_2 会产生低于导带的能级，这是可见光吸收的原因。此能级位于导带下方 0.4eV，充当电子受主能级。在紫外和可见光下，Sn^{4+} 掺杂的 TiO_2 是比未掺杂的 TiO_2 更具活性的光催化剂。用 V^{4+} 掺杂 TiO_2 导致在 VB 上方形成 V 3d 的电子施主能级。从这个能级到 TiO_2 的 CB 的跃迁有利于可见光吸收，从而提高了催化剂的催化活性。

TiO_2 的 CBM 接近水的还原电位，Ta、Nb、W 和 Mo 掺杂适用于这种能带工程，会使 CBM 带边上移。上面讨论的 3d 过渡金属并不适合，因为它们在原始 CBM 下方引入了一个带，并将 CB 边缘移动到水的还原电位以下。图 1.8 描绘了掺杂 Ta 和 N 的 TiO_2 的能带结构，其中（a）为未掺杂，（b）~（d）为其中的 O 被 N 取代。可以看出，随着 Ta 掺杂浓度的增加，CBM 向上移动。掺杂稀土元素后，TiO_2 的吸收带移向较长的波长，顺序为 $Gd^{3+} > Nd^{3+} > La^{3+} > Pr^{3+} > Ce^{3+} > Sm^{3+}$。稀土掺杂的 TiO_2 在降解亚硝酸盐方面表现出增强的光催化活性。掺杂金属阳离子如 Cr 和 Cu 的 TiO_2 可以光催化还原 CO_2，分别生成 CO 和甲醇。Cr 和 Cu 的掺入减小了 TiO_2 的带隙并增强其吸收特性。

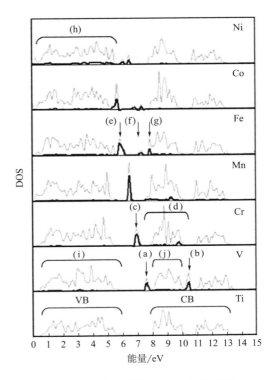

图 1.7　过渡金属掺杂 TiO_2 的态密度

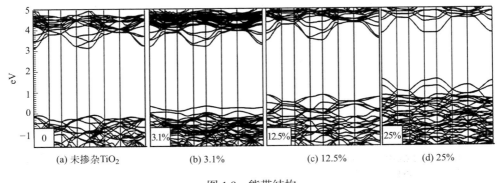

图 1.8　能带结构

将 Cr 掺杂到 $SrTiO_3$ 中会在带隙中产生 Cr 3d 的局部杂质态。光激发电子从

Cr 3d 杂质态跃迁到 CB 中的 Cr 3d 和 Ti 3d 杂化轨道，形成可见光吸收。掺杂 Cr 的 $SrTiO_3$ 的吸收取决于掺杂剂的浓度。$SrTiO_3$ 在可见光照射下对水分解无活性，当掺杂 Cr 时活性增强。随着 Cr 掺杂浓度的增加，析出氢气的产量增加。

将 Cr 和 Fe 掺杂到 $La_2Ti_2O_7$ 中会在带隙中产生电子施主能级。从该施主能级到 CB 的光激发形成可见光吸收，吸收取决于掺杂剂浓度。Cr 和 Fe 的掺杂不会影响 $La_2Ti_2O_7$ 的能带，但会在 VB 上方产生 Cr 3d 和 Fe 3d 轨道的杂质带。在紫外线照射下，有掺杂剂的化合物对水分解的活性低于无掺杂剂的 $La_2Ti_2O_7$，因为能带间空穴具有较低的氧化电位，不能氧化 H_2O。相反，它们充当复合重组中心。在可见光照射下，有掺杂剂的化合物与无掺杂剂的 $La_2Ti_2O_7$ 不同，对 H_2O 分解具有活性。

在没有任何助催化剂的情况下，ZnS 在用紫外线照射时会分解 H_2O。掺杂有 Cu、Ni 和 Pb 的 ZnS 对可见光区的 H_2O 分解具有活性。类似地，在固溶体 $Cd_xZn_{1-x}S$ 中掺杂 Cu 会形成杂质能级而降低带隙。即使没有助催化剂，Cu 的引入也会提高催化剂的光催化分解水的活性。

1.2.3 固溶体

ZnS 与 $AgInS_2$ 形成 $(AgIn)_xZn_{2(1-x)}S_2$ 固溶体显示出陡峭的吸收边，带隙随着 x 的增加而变窄。当 x=0.17 ~ 0.5，带隙为 2.40 ~ 1.95eV。$(AgIn)_xZn_{2(1-x)}S_2$ 的能带结构如图 1.9 所示，可以看到价带 HOMO 和导带（LUMO）位于 $AgInS_2$ 和 ZnS 之间。LUMO 由 In 5s 5p 和 Ag 5s 5p 组成，而 HOMO 由 S 3p 和 Ag 4d 组成。固溶体在可见光照射下表现出光催化活性，其活性与组成有关。$CuInS_2$ 和 ZnS 固溶体表现出可见光吸收。固溶体的能带结构表明，低浓度的 Cu 和 In 会在禁带中形成 Cu 和 In 的离散能级。浓度越高，Cu 和 In 的导带和价带就越容易形成。以

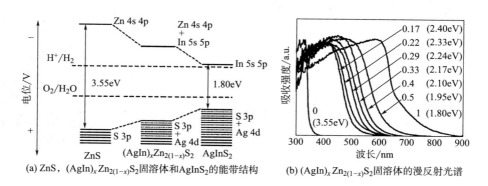

(a) ZnS，$(AgIn)_xZn_{2(1-x)}S_2$ 固溶体和 $AgInS_2$ 的能带结构

(b) $(AgIn)_xZn_{2(1-x)}S_2$ 固溶体的漫反射光谱

图 1.9　能带结构和漫反射光谱

上两种情况说明了化学成分如何控制导带和价带的电势。可见光照射下的光催化活性也取决于固溶体的组成。光催化活性的变化是由于固溶体的能带结构随组成的变化而变化。

CdS 是一种被广泛研究的窄带半导体，它与宽带半导体 ZnS 形成固溶体，其禁带宽度低至 2.2eV。通过改变固溶体的成分，可以改变固溶体的带隙。所有组分的 CBM 和 VBM 都跨越了水的氧化还原电位（图 1.10），在紫外—可见光照射下表现出比 CdS 和 ZnS 更高的活性。

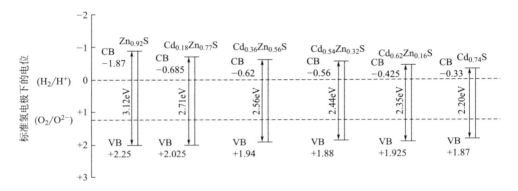

图 1.10　$Cd_{1-x}Zn_xS$ 固溶体的 CBM 和 VBM 电势

钙钛矿金属氧化物 ABO_3 可以被各种阳离子和阴离子取代。$SrTiO_3$ 和 $AgNbO_3$ 是紫外光下裂解水的高效光催化剂，其能带结构可以通过形成固溶体进行调控。在可见光照射下，$(AgNbO_3)_{1-x}(SrTiO_3)_x$（$0 \leq x \leq 1$）型固溶体对 $AgNO_3$ 水溶液中的氧析出和异丙醇的分解具有活性。固溶体的 CB 由 Ti 3d 和 Nb 4d 态组成，VB 由 O 2p 和 Ag 4d 态组成。固溶体的带隙比 $SrTiO_3$ 低，但比 $AgNbO_3$ 高。这是因为与 Ti 3d 相比，Ag 4d 轨道使 VB 向更负的方向移动，而 Nb 4d 轨道则使 CB 向更正的方向移动。通过形成固溶体来调节能带结构，在可见光吸收和催化剂的氧化还原能力之间取得平衡。

在紫外光照射下，GaN（带隙为 3.4eV）和 ZnO（带隙为 3.2eV）的水裂解活性均得到了初步研究。在紫外光—可见光照射下，GaN 和 ZnO 固溶体（带隙约为 2.58eV）在 RuO_2 作为助催化剂时，对水的全裂解具有活性。

$ZnGeO_4$ 是一种宽带半导体，形成了分子式为 $(Zn_{1+x}Ge)(N_2O_x)$ 的固溶体。$ZnGeO_4$（4.53eV）的带隙减小至 2.39eV，而吸收边随着氮化反应时间的增加逐渐呈现出红移的趋势。该固溶体在可见光照射下将 CO_2 光催化转化为 CH_4，其活性随氮化时间的增加而增加。

1.3 结论

半导体光催化剂掺杂和使用固溶体的讨论指出了如何改变半导体的能带结构以获得所需的催化活性。阴离子掺杂能有效地拓宽半导体的价带，而阳离子掺杂能在禁带中形成局域态。晶体中的电荷平衡对于有效掺杂和减小禁带宽度很重要，例如 TiO_2 中的 N、F 共掺杂和 Ta、N 共掺杂。因此，通过能带工程来修饰能带结构，为开发高效的可见光驱动光催化剂提供了一条重要的途径。窄带隙通常会增强太阳光谱在较大波长范围内的吸收，也会增强光生电荷的分离。最近报道了一个有趣的能带工程案例，即硼碳氮化物 $B_xC_yN_z$，包含石墨烯和 BN 系列。硼碳氮化物的带隙和相关性质取决于其组成。因此，在特定的组成下，材料表现出可与 Pt 相媲美的电化学 HER 活性。基于组成变化的带隙调谐策略在催化方面有相当大的应用空间。

参考文献

[1] A. Kudo，Y. Miseki，Heterogeneous photocatalyst materials for water splitting，Chem. Soc. Rev. 38（1）（2009）253–278.

[2] A. Fujishima，K. Honda，Electrochemical photolysis of water at a semiconductor electrode，Nature. 238（5358）（1972）37–38.

[3] T. Inoue，A. Fujishima，S. Konishi，K. Honda，Photoelectrocatalytic reduction of carbon dioxide in aqueous suspensions of semiconductor powders，Nature. 277（5698）（1979）637–638.

[4] J.–M. Herrmann，Heterogeneous photocatalysis：fundamentals and applications to the removal of various types of aqueous pollutants，Catal. Today 53（1）（1999）115–129.

[5] K.T. Ranjit，T.K. Varadarajan，B. Viswanathan，Photocatalytic reduction of dinitrogen to ammonia over noble–metal–loaded TiO_2, J. Photochem. Photobiol. A：Chem. 96（1–3）（1996）181–185.

[6] X. Li，J. Yu，J. Low，Y. Fang，J. Xiao，X. Chen，Engineering heterogeneous semiconductors for solar water splitting，J. Mater. Chem. A 3（6）（2015）2485–2534.

［7］ B. Kumar, M. Llorente, J. Froehlich, T. Dang, A. Sathrum, C.P. Kubiak, Photochemical and photoelectrochemical reduction of CO_2, Annu. Rev. Phys. Chem. 63（2012）541–569.

［8］ S.R. Lingampalli, M.M. Ayyub, C.N.R. Rao, Recent progress in the photocatalytic reduction of carbon dioxide, ACS Omega 2（6）（2017）2740–2748.

［9］ X. Chen, S. Shen, L. Guo, S.S. Mao, Semiconductor–based photocatalytic hydrogen generation, Chem. Rev. 110（11）（2010）6503–6570.

［10］ R.F. Pierret, G.W. Neudeck, Advanced Semiconductor Fundamentals, Addison–Wesley, Reading, MA, 1987.

［11］ J. Singleton, Band Theory and Electronic Properties of Solids, Oxford University Press, Oxford, 2001.

［12］ M.A. Omar, Elementary Solid State Physics : Principles and Applications, Pearson Education, New Delhi, India, 1975.

［13］ K. Edagawa, Photonic crystals, amorphous materials, and quasicrystals, Sci. Technol. Adv. Mater. 15（3）（2014）034805.

［14］ J.R. Chelikowsky, M.L. Cohen, Nonlocal pseudopotential calculations for the electronic structure of eleven diamond and zinc–blende semiconductors, Phys. Rev. B 14（2）（1976）556–582.

［15］ R. Asahi, T. Morikawa, T. Ohwaki, K. Aoki, Y. Taga, Visible–light photocatalysis in nitrogen–doped titanium oxides, Science 293（5528）（2001）269–271.

［16］ N. Kumar, U. Maitra, V.I. Hegde, U.V. Waghmare, A. Sundaresan, C.N.R. Rao, Synthesis, characterization, photocatalysis, and varied properties of TiO_2 cosubstituted with nitrogen and fluorine, Inorg. Chem. 52（18）（2013）10512–10519.

［17］ S.I. In, D.D. Vaughn, R.E. Schaak, Hybrid $CuO–TiO_{2-x}N_x$ hollow nanocubes for photocatalytic conversion of CO_2 into methane under solar irradiation, Angew. Chem. Int. Ed. 51（16）（2012）3915–3918.

［18］ S. Sato, T. Morikawa, S. Saeki, T. Kajino, T. Motohiro, Visible–light–induced selective CO_2 reduction utilizing a ruthenium complex electrocatalyst linked to a p–type nitrogen–doped Ta_2O_5 semiconductor, Angew. Chem. Int. Ed. 49（30）（2010）5101–5105.

［19］ N. Kumar, J. Pan, N. Aysha, U.V. Waghmare, A. Sundaresan, C.N.R. Rao,

Effect of co−substitution of nitrogen and fluorine in BaTiO$_3$ on ferroelectricity and other properties, J. Phys. Condens. Matter 25 (34) (2013) 345901.

[20] S.R. Lingampalli, K. Manjunath, S. Shenoy, U.V. Waghmare, C.N.R. Rao, Zn$_2$NF and related analogues of ZnO, J. Am. Chem. Soc. 138 (26) (2016) 8228−8234.

[21] R. Saha, S. Revoju, V.I. Hegde, U.V. Waghmare, A. Sundaresan, C.N.R. Rao, Remarkable properties of ZnO heavily substituted with nitrogen and fluorine, ZnO$_{1-x}$ (N, F)$_x$, ChemPhysChem 14 (12) (2013) 2672−2677.

[22] M.M. Ayyub, S. Prasad, S.R. Lingampalli, K. Manjunath, U.V. Waghmare, C. N.R. Rao, TiNF and related analogues of TiO$_2$: a combined experimental and theoretical study, ChemPhysChem 19 (24) (2018) 3410−3417.

[23] S.R. Lingampalli, S. Prasad, K. Manjunath, M.M. Ayyub, P. Vishnoi, U.V. Waghmare, et al., Effects of substitution of aliovalent N^{3-} and Cl$^-$ ions in place of O^{2-} in ZnO: properties of ZnO$_{1-x-y}$N$_x$Cl$_y$ (x, y=0.0−0.5), Eur. J. Inorg. Chem. 17 (2017) 2377−2383.

[24] K. Manjunath, S. Prasad, U.V. Waghmare, C.N.R. Rao, Cd$_2$NF, an analogue of CdO, Dalton Trans. 47 (28) (2018) 9303−9309.

[25] S. Kouser, S. Lingampalli, P. Chithaiah, A. Roy, S. Saha, U.V. Waghmare, et al., Extraordinary changes in the electronic structure and properties of CdS and ZnS by anionic substitution: cosubstitution of P and Cl in place of S, Angew. Chem. Int. Ed. 54 (28) (2015) 8149−8153.

[26] A. Roy, A. Singh, S.A. Aravindh, S. Servottam, U.V. Waghmare, C.N.R. Rao, Cadmium phosphohalides with novel structural features, exhibiting HER activity and other properties, Angew. Chem. 131 (21) (2019) 7000−7005.

[27] T. Umebayashi, T. Yamaki, H. Itoh, K. Asai, Analysis of electronic structures of 3d transition metal−doped TiO$_2$ based on band calculations, J. Phys. Chem. Solids 63 (10) (2002) 1909−1920.

[28] Y. Cao, W. Yang, W. Zhang, G. Liu, P. Yue, Improved photocatalytic activity of Sn^{4+} 1doped TiO$_2$ nanoparticulate films prepared by plasma−enhanced chemical vapor deposition, New J. Chem. 28 (2) (2004) 218−222.

[29] S. Klosek, D. Raftery, Visible light driven V−doped TiO$_2$ photocatalyst and its photooxidation of ethanol, J. Phys. Chem. B 105 (14) (2001) 2815−2819.

[30] W.−J. Yin, H. Tang, S.−H. Wei, M.M. Al−Jassim, J. Turner, Y. Yan, Band

structure engineering of semiconductors for enhanced photoelectrochemical water splitting : the case of TiO_2, Phys. Rev. B 82（4）（2010）045106.

［31］A.-W. Xu, Y. Gao, H.-Q. Liu, The preparation, characterization, and their photocatalytic activities of rare-earth-doped TiO_2 nanoparticles, J. Catal. 207（2）（2002）151–157.

［32］A. Nishimura, G. Mitsui, M. Hirota, E. Hu, CO_2 reforming performance and visible light responsibility of Cr-doped TiO_2 prepared by sol-gel and dipcoating method, Int. J. Chem. Eng. 2010（2010）309103.

［33］H.W.N. Slamet, E. Purnama, K. Riyani, J. Gunlazuardi, Effect of copper species in a photocatalytic synthesis of methanol from carbon dioxide over copper-doped titania catalysts, World Appl. Sci. J. 6（1）（2009）112–122.

［34］J.W. Liu, G. Chen, Z.H. Li, Z.G. Zhang, Electronic structure and visible light photocatalysis water splitting property of chromium-doped $SrTiO_3$, J. Solid State Chem. 179（12）（2006）3704–3708.

［35］D.W. Hwang, H.G. Kim, J.S. Lee, J. Kim, W. Li, S.H. Oh, Photocatalytic hydrogen production from water over M-doped $La_2Ti_2O_7$（M=Cr, Fe）under visible light irradiation（$\lambda > 420nm$, J. Phys. Chem. B 109（6）（2005）2093–2102.

［36］A. Kudo, M. Sekizawa, Photocatalytic H_2 evolution under visible light irradiation on $Zn_{1-x}Cu_xS$ solid solution, Catal. Lett. 58（4）（1999）241–243.

［37］A. Kudo, M. Sekizawa, Photocatalytic H_2 evolution under visible light irradiation on Ni-doped ZnS photocatalyst, Chem. Commun. 15（2000）1371–1372.

［38］I. Tsuji, A. Kudo, H_2 evolution from aqueous sulfite solutions under visible light irradiation over Pb and halogen-codoped ZnS photocatalysts, J. Photochem. Photobiol. A : Chem. 156（1–3）（2003）249–252.

［39］G. Liu, L. Zhao, L. Ma, L. Guo, Photocatalytic H_2 evolution under visible light irradiation on a novel $Cd_xCu_yZn_{1-x-y}S$ catalyst, Catal. Commun. 9（1）（2008）126–130.

［40］I. Tsuji, H. Kato, H. Kobayashi, A. Kudo, Photocatalytic H_2 evolution reaction from aqueous solutions over band structure-controlled（AgIn）$_xZn_{2(1-x)}S_2$ solid solution photocatalysts with visible-light response and their surface nanostructures, J. Am. Chem. Soc. 126（41）（2004）13406–13413.

［41］I. Tsuji, H. Kato, H. Kobayashi, A. Kudo, Photocatalytic H_2 evolution under visible–light irradiation over band–structure–controlled（CuIn$)_x$Zn$_{2(1-x)}$S$_2$ solid solutions，J. Phys. Chem. B 109（15）（2005）7323–7329.

[42] C. Xing, Y. Zhang, W. Yan, L. Guo, Band structure–controlled solid solution of Cd$_{1-x}$Zn$_x$S photocatalyst for hydrogen production by water splitting, Int. J. Hydrogen Energy 31（14）（2006）2018–2024.

[43] D. Wang, T. Kako, J. Ye, New series of solid–solution semiconductors（AgNbO$_3$)$_{1-x}$（SrTiO$_3$)$_x$ with modulated band structure and enhanced visible–light photocatalytic activity, J. Phys. Chem. C 113（9）（2009）3785–3792.

[44] K. Maeda, T. Takata, M. Hara, N. Saito, Y. Inoue, H. Kobayashi, et al., GaN : ZnO solid solution as a photocatalyst for visible–light–driven overall water splitting, J. Am. Chem. Soc. 127（23）（2005）8286–8287.

[45] Q. Liu, M. Xu, B. Zhou, R. Liu, F. Tao, G. Mao, Unique zinc germanium oxynitride hyperbranched nanostructures with enhanced visible–light photocatalytic activity for CO$_2$ reduction, Eur. J. Inorg. Chem. 15（2017）2195–2200.

[46] C.N.R. Rao, K. Gopalakrishnan, Borocarbonitrides, B$_x$C$_y$N$_z$: synthesis, characterization, and properties with potential applications, ACS Appl. Mater. Interfaces 9（23）（2016）19478–19494.

[47] M. Chhetri, S. Maitra, H. Chakraborty, U.V. Waghmare, C.N.R. Rao, Superior performance of borocarbonitrides, B$_x$C$_y$N$_z$, as stable, low–cost metal–free electrocatalysts for the hydrogen evolution reaction, Energ. Environ. Sci. 9（1）（2016）95–101.

第 2 章　光化学合成纳米多组分金属催化剂及其在光催化和电化学水解中的应用

Tomoki Kanazawa　Kazuhiko Maeda

日本东京　东京工业大学科学学院化学系

2.1　引言

使用半导体光催化剂分解 H_2O 生成 H_2 和 O_2 是一种生产氢气清洁能源的潜在方法。迄今为止，已开发多种用于全分解 H_2O 的多相光催化剂材料。水分解反应包括以下三个步骤，如图 2.1 所示。第一步半导体光催化剂吸收光子能量并产生电子—空穴对。第二步生成的载流子被转移到半导体表面。第三步 H_2O 被电子和空穴分别还原和氧化。第四步包括析氢反应（HER）和析氧反应（OER），通过在半导体光催化剂表面沉积金属或金属氧化物纳米颗粒作为助催化剂促进反应地进行。例如，众所周知，Pt 纳米颗粒负载可增强各种半导体光催化剂（如 TiO_2、$SrTiO_3$）表面的 HER 反应。OER 反应也可以通过这种表面改性来增强。因此，开发纳米颗粒助催化剂对于提高光催化分解 H_2O 的整体效率具有重要意义。

据报道，包括纳米颗粒和分子在内的多种化合物都可以用作助催化剂。由于无机纳米颗粒在氧化还原反应中具有稳定性，是最常见的助催化剂。据报道，Pt、Rh 和 NiO_x 是 HER 的良好助催化剂，而 IrO_2 和 CoO_x 则被作为 OER 助催化剂。在某些情况下，助催化剂可以促进 HER 和 OER 反应，例如在 GaN：ZnO 固溶体光催化剂上的助催化剂 RuO_2。

相比单一金属化合物，含有两种或两种以上金属元素的复合金属纳米颗粒（如混合金属氧化物、核 / 壳状异质纳米结构等）对于 HER 或 OER 反应来说是更高效的助催化剂（或催化剂）。Rh_2O_3 和 Cr_2O_3

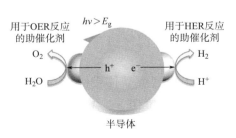

图 2.1　使用助催化剂修饰改性的半导体光催化剂全分解水示意图

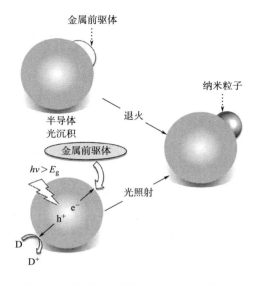

图 2.2　在半导体光催化剂上负载助催化剂
的典型方法（浸渍法）

复合氧化物可作为性能优异的 HER 助催化剂，用于金属氧化物和氮氧化物等各种半导体光催化剂的全分解水反应。据报道，在电化学和光化学反应条件下，Ni—Fe 混合氢氧化物和 $NiCo_2O_4$ 是有效的水氧化催化剂。

有多种方法可以在半导体光催化剂表面合成纳米颗粒助催化剂。浸渍法是在半导体光催化剂上沉积金属或金属氧化物纳米颗粒的常规方法。首先用光催化剂浸渍适当的前驱体物质，然后加热以产生所需的助催化剂（图 2.2）。在该方法中，对于浸渍过程使用的前驱体和溶剂及最终处理条件有多种选择。然而，浸渍法不适用于处理在高温下热稳定性不佳的光催化剂。此外，在浸渍法中，由于金属前驱体随机分布在半导体表面上，所以通常很难控制负载金属物种的形貌特征。

光沉积法是另一种具有代表性的助催化剂负载技术，无须进行热处理也可以进行。在该方法中，具有适当还原电位的金属阳离子可以在辐照条件下被半导体光催化剂中的导带电子还原。然而，迄今为止，通过这种技术沉积的多限于单组分金属或金属氧化物。

因此，光诱导制备含有两种以上金属物种的纳米颗粒助催化剂不仅可以提高半导体的光催化活性，而且正在开辟一种新的无机合成方法。本章介绍了此类光诱导纳米颗粒合成的最新进展及其在光催化分解水助催化剂中的应用。

2.2　析氢反应助催化剂

在超过半导体带隙能量光照下，Rh 和 Cr 物种可以同时光沉积在半导体（如 $SrTiO_3$ 和 GaN：ZnO）上，通过调控制备参数可以获得 Rh—Cr 混合氧化物或异质结纳米结构。然而，目前仍然缺乏光诱导合成复合金属纳米颗粒的基础知识。因此，对在典型的 n 型半导体 $SrTiO_3$ 表面采用同步光沉积法（SPD）合成各种纳米粒子进行了系统的研究。

通过对 $SrTiO_3$ 进行超过其带隙能量光照（$\lambda > 300nm$），将各种过渡金属作为助剂负载在 $SrTiO_3$ 上并与 Cr 结合，以确定金属 Cr 作为析氢助催化剂的有效配伍。将 $SrTiO_3$ 粉末分散到含有过渡金属前驱体和 K_2CrO_4 的甲醇水溶液中，然后进行紫外光照射（$\lambda > 300nm$）。如图 2.3 所示，在室温条件下，光催化反应在与密闭气体循环系统相连的顶部照射型反应池中进行。同时采用在线气相色谱法对逸出气体进行分析。

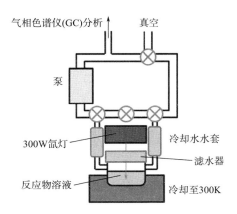

图 2.3　光催化水分解反应的封闭式气体循环系统示意图

随后对所制备 M—Cr/$SrTiO_3$ 材料的全分解水活性进行了测试。图 2.4 显示在有 Cr 和无 Cr 条件下，用各种过渡金属修饰 $SrTiO_3$ 的光催化全分解水活性。在紫外光照射（$\lambda = 300nm$）下，用 Cr（质量分数 0.1%）和各种过渡金属（质量分数 0.5%）修饰的 $SrTiO_3$ 的光催化活性，反应条件为催化剂 100mg；纯水 100mL。除含银的材料外，在所有条件下都观察到同时产生了 H_2 和 O_2。然而，H_2/O_2 的化学计量比偏离了理论预期值 2。这种现象意味着一些产生的 O_2 分子在过渡金属纳米颗粒上充当电子受体。事实上，据报道 Pt、Au、Pd 和 Rh 具有还原 O_2 的活性。对于 Au—Cr 和 Pd—Cr 组合，少量 Cr（质量分数 0.1%）的共沉积对产 O_2 具有明显的促进作用。如前所述，Rh—Cr 组合也能有效促进 $SrTiO_3$ 的全分解水。然而，没有观察到 Cr 对 Rh/$SrTiO_3$ 有显著的促进作用。众所周知，添加 Cr 提供了合适的 H_2 析出位点，这些位点对涉及 O_2 的逆向反应不敏感。例如，在 Rh/GaN：ZnO 中添加 Cr 可显著提高水分解活性。因此，可以认为在目前的反应条件下，这种

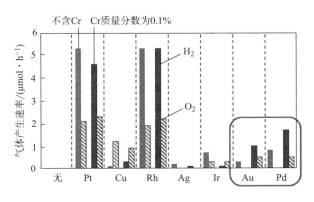

图 2.4　修饰后 $SrTiO_3$ 的催化活性

逆反应在 $Rh/SrTiO_3$ 表面上进行的相对较慢。

研究发现，在同步光沉积法中，与单独使用 Au 或 Pd 相比，Cr 与 Au 或 Pd 的组合有效地促进了 $SrTiO_3$ 的催化全分解水。因此，进一步详细研究了 Cr 相对于 Au（或 Pd）的负载量。表 2.1 显示了不同 Cr 浓度下 Au—$Cr/SrTiO_3$ 在催化水分解中产生 H_2 和 O_2 的速率，反应条件为催化剂 200mg，纯水 100mL。表 2.1 中也提供了 Cr 的实际沉积量，当 Cr 的实际加入量小于 0.3%（质量分数）时，Cr 的实际沉积量与反应溶液中 Cr 的加入量呈正比。然而，添加 1.0%（质量分数）的 Cr 时，仅产生 0.4%（质量分数）的沉积量（表 2.1 中第 5 条）。无论共沉积 Cr 的数量如何，都观察到接近化学计量比的 H_2 和 O_2 的产生。当共沉积 0.1%（质量分数）的 Cr 时，催化活性最高（表 2.1 中第 2 条）。Cr 沉积量的进一步增加导致催化活性略有下降，但活性在很大程度上与 Cr 含量无关。为了进行比较，采用了分步光沉积方法，使用相同初始量的 K_2CrO_4［1.0%（质量分数）Cr］制备 Au（核）/Cr_2O_3（壳）改性的 $SrTiO_3$。在这种情况下，发现 Cr 的沉积量与通过同步光沉积方法制备的样品相同（表 2.1 中第 5、6 条）。此外，这两个样品的活性也几乎相同。结果表明，与 Au/Cr_2O_3 核 / 壳结构纳米颗粒相比，同步沉积 Au—Cr 物质有着类似的光沉积机制和性能。

表 2.1 不同 Cr 含量的 Au—$Cr/SrTiO_3$ 和 Pd—$Cr/SrTiO_3$ 在 UV 照射（$\lambda>300nm$）下对整体水分解的光催化活性

序号	金属	Cr 质量分数 /%		性能 / ($\mu mol \cdot h^{-1}$)	
		添加量	沉积量	H_2	O_2
1	Au	0	0	0.3	<0.1
2	Au	0.1	0.1	1.0	0.5
3	Au	0.2	0.2	0.5	0.2
4	Au	0 3	0.3	0.6	0.2
5	Au	1.0	0.4	0.6	0.3
6[a]	Au	1.0	0.4	0.8	0.3
7	Pd	0	0	<0.1	0
8	Pd	0.1	0.1	1.7	0.5
9	Pd	0.3	0.3	8.8	3.3
10	Pd	0.5	0.5	4.7	2.0
11	Pd	1.0	0.8	6.9	2.6
12[a]	Pd	0.5	0.3	5.7	2.3

a 采用逐步光沉积法制备。

相比之下，Pd—Cr 体系的光催化活性强烈依赖于 Cr 的负载量。从表 2.1 中可以看出，H_2 和 O_2 的释放速率均随 Cr 含量的增加而增加。另一个明显的区别是，当采用相同的 0.5%（质量分数）初始 Cr 浓度时，通过同步光沉积法负载的实际 Cr 量大于逐步光沉积法（表 2.1 中第 10、12 条）。这些结果有力地证明了这两种方法具有不同的光沉积机制，下文将展开介绍。

通过透射电子显微镜（TEM）观察和 X 射线光电子能谱（XPS）测量，研究了 Au—Cr 负载的 $SrTiO_3$ 的形貌。如图 2.5（a）所示，无论 Cr 的标称加入量和负载方法如何，都观察到几乎相同的约为 3nm 壳厚度的核 / 壳结构。此外，无论沉积的 Cr 含量或沉积方法如何变化［图 2.5（b）］，XPS 光谱中 Cr 和 Au 的结合能值没有发生变化。这些结果表明，在 Au—Cr 体系中形成的纳米颗粒是 Au/Cr_2O_3 核壳纳米颗粒。

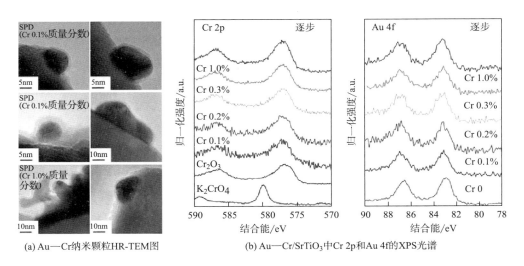

(a) Au—Cr 纳米颗粒 HR-TEM 图　　(b) Au—Cr/$SrTiO_3$ 中 Cr 2p 和 Au 4f 的 XPS 光谱

图 2.5　Au—Cr 纳米颗粒的 HR-TEM 图和 XPS 光谱图

所制备的 Pd—Cr/$SrTiO_3$ 的形貌则在很大程度上取决于 Cr 的含量。图 2.6（a）显示了不同 Cr 负载量的 Pd—Cr/$SrTiO_3$ 的 HR-TEM 图像。5 ~ 10nm Pd 纳米颗粒修饰的 $SrTiO_3$ 在 $SrTiO_3$ 表面形成一些初级颗粒的聚集。观察到的晶格条纹间距约为 0.23nm，与 Pd（111）平面的 d 间距（0.2282nm）一致。这证实了沉积在 $SrTiO_3$ 上的纳米颗粒是金属 Pd。当采用同步光沉积方法时，表面沉积的纳米颗粒的形貌随着 Cr 浓度的增加而明显改变，从单组分初级颗粒转变为具有一定聚集性的异质结核 / 壳纳米颗粒。此外，随着 Cr 含量的增加，核 / 壳纳米颗粒中的壳层变得更厚。没有明显的晶格条纹，表明壳层为非晶态。

图 2.6（b）显示了不同 Cr 含量的 Pd—Cr/SrTiO$_3$ 中得到的 Cr 2p 和 Pd 3d 的 XPS 光电子能谱。无论 Cr 浓度如何，Cr 2p 光谱中未出现明显差异，其峰值位置与 Cr$_2$O$_3$ 的参考峰位置一致。相反，在 Pd 3d 光谱中可以看到明显的变化。在没有 Cr 的情况下，Pd 3d 峰值为 335.0eV，与金属 Pd 接近。这表明金属 Pd 通过光沉积方法沉积在 SrTiO$_3$ 上，与 TEM 观察结果一致 ［图 2.6（a）］。随着 Cr 含量的增加，Pd 3d 峰向高结合能方向移动，高结合能处的峰变宽。含 0.5% 和 1.0%（质量分数）Cr 的样品的 Pd 3d 峰位于比 PdO 参考样品更高的结合能处。众所周知，高度氧化的钯物质（如 PdO$_2$）在无水状态下不稳定，最终转化为 PdO。这表明 Pd 与相对大量的 Cr 同时光沉积，并与共存的 Cr（Ⅲ）相互作用，形成阳离子 Pd，其电荷比 PdO 中的 Pd 离子电荷更高。这种现象明显不同于在 Au-Cr

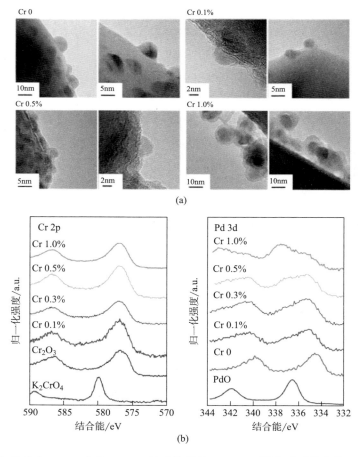

图 2.6 （a）负载在 SrTiO$_3$ 上的 Pd—Cr 纳米粒子的 HR-TEM 图像（质量分数：Pd 0.5%，Cr 0.1% ~ 1.0%）；（b）Pd—Cr/SrTiO$_3$ 中 Cr 2p 和 Pd 3d 的 XPS 光谱

系统中观察到的现象，在 Au—Cr 系统中，无论共沉积的 Cr 浓度如何，Au 物种仅作为金属 Au 沉积。然而，这与同步光沉积方法合成的 Rh—Cr 系统中观察到的现象类似。在该体系中，在较低的 Cr 浓度下观察到核 / 壳结构的 Rh/Cr₂O₃ 纳米颗粒，而较高的 Cr 含量更倾向于形成 Rh（Ⅲ）—Cr（Ⅲ）混合氧化物纳米颗粒。

　　基于以上结果可知，在通过同步光沉积方法合成的 M—Cr 系统中，当使用单质态更稳定的金属物种（如 Au）时，无论 Cr 的含量多少，都将形成金属单质为核、非晶的 Cr₂O₃ 为壳的核 / 壳结构材料，这与分步光沉积法得到的结果相似。如前所述，包覆在贵金属纳米颗粒核上的 Cr₂O₃ 壳层阻碍了贵金属表面上发生的涉及 O₂ 的逆向反应［如氧气光还原和（或）H₂/O₂ 还原］。因此，Au—Cr 系统中活性的提高可以用形成 Cr₂O₃ 壳层来解释。此外，当使用易于形成氧化物的后过渡金属时（如 Pd 和 Rh），纳米颗粒的形貌和电子状态取决于 Cr 的比例。

　　有两个因素影响 Pd—Cr 纳米颗粒的 HER 活性。第一个是与 O₂ 相关的逆反应。事实上，随着 Cr 浓度的增加，Pd—Cr/SrTiO₃ 在黑暗条件下的 H₂/O₂ 还原速率降低。第二个是，通过与 Cr 混合，Pd 的固有 HER 反应活性得到改善。如图 2.7 所示，甲醇水溶液中的 Pd—Cr/SrTiO₃ 的 HER 活性高于仅负载 Pd 纳米颗粒的 Pd/SrTiO₃ 的 HER 活性。

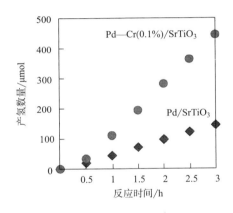

图 2.7　Pd/SrTiO₃ 和 Pd—Cr/SrTiO₃（质量分数 Pd：0.5%，Cr：0.1%）在紫外光照射下（λ>300nm）在助催化剂光沉积过程中的光催化产氢活性

反应条件：催化剂 300mg；体积分数为 10%MeOH 水溶液（100mL）。虽然 Pd—Cr 上质子还原和产氢的详细机制仍不清楚，但通过同步光沉积方法实现 Cr 的杂化，可能会激发复合过渡金属催化剂的产氢潜力。

2.3　析氧反应助催化剂

　　对于 OER 催化剂材料的开发，据报道，在某些二元氧化物中，Cr 取代可以提高催化性能，例如 Ir—Cr 和 Ni—Cr 混合氧化物体系。因此，预期同步光沉积法将产生具有 OER 活性的含 Cr 过渡金属氧化物。用同步光沉积法研究的第一个

OER 助催化剂例子是 Fe（Ⅲ）—Cr（Ⅲ）氧化物体系。Fe 在金属状态下是不稳定的，但在三元氧化物状态下是稳定的，因此可以通过光诱导方法制备 Fe—Cr 纳米复合粒子。此外，Fe_2O_3 和 Cr_2O_3 具有相同的刚玉结构，可以在任意 Fe/Cr 成分范围内形成固溶体。因此，预期在 Fe（Ⅲ）—Cr（Ⅲ）混合体系中会存在更多的电子相互作用。

使用 $FeCl_3$ 和 K_2CrO_4 作为前驱体，以类似的方式进行 Fe—Cr 物种的沉积。图 2.8 显示了与 Fe 和 Cr 物质（Fe0.5%，Cr1.0%，质量分数）共沉积的 $SrTiO_3$ 的典型 TEM 图像及质量分数。光沉积层由几十纳米大小的不规则纳米颗粒组成。在光沉积中未观察到晶格条纹，进一步证实了其非晶态性质。结合能量色散 X 射线分析，这些非晶态纳米颗粒同时含有 Fe 和 Cr，而没有单独的 Fe 和 Cr。通过 XPS 测量了粒子的价态，表明 Fe 和 Cr 以三价态存在。基于这些结果，可以得出结论，尽管每个粒子的组成存在一些偏差，$SrTiO_3$ 上的光沉积 Fe 和 Cr 物质是非晶态的 Fe（Ⅲ）—Cr（Ⅲ）混合氧化物，可以表示为 $Fe_{2-x}Cr_xO_3$。还应注意的是，未经辐照，不会同时沉积 $Fe_{2-x}Cr_xO_3$ 纳米颗粒。虽然也可以通过常规浸渍方法制备 $Fe_{2-x}Cr_xO_3$ 纳米颗粒，但是会同时产生 Cr（Ⅵ）的副产物。

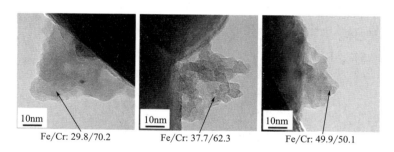

图 2.8　负载在 $SrTiO_3$ 上的 Fe—Cr 纳米颗粒的 HR-TEM 图像（Fe 0.5%，Cr 1.0%，质量分数）

利用所制备的 $Fe_{2-x}Cr_xO_3/SrTiO_3$ 进行光催化反应，反应条件为催化剂 100mg，0.01mol/L 的 $AgNO_3$ 溶液 140mL。表 2.2 显示了 $SrTiO_3$ 经过各种改性后对水氧化的光催化活性。在此反应中，Ag^+ 离子被用作不可逆的电子受体，促进水氧化形成 O_2。虽然纯的 $SrTiO_3$ 表现出水氧化活性（第 1 条），但仅使用 Fe 或 Cr 进行改性会降低活性（第 2、3 条）。这些结果表明，单独光沉积在 $SrTiO_3$ 上的 Fe 和 Cr 物质对水氧化反应没有促进作用。此外，通过 Fe 和 Cr 的共沉积生成的 $Fe_{2-x}Cr_xO_3$ 纳米颗粒，与未改性的 $SrTiO_3$（第 1 条）相比，水氧化活性明显提高（第 4 ~ 7 条）。当 Cr 含量增加至 0.1%（质量分数）之前，O_2 生成速率随着 Cr 的增加而增加，超过该值后开始逐渐下降。

表 2.2　用不同量 Cr 和 Fe 改性的 SrTiO$_3$ 在 UV 照射（$\lambda > 300$nm）下
从 AgNO$_3$ 水溶液中析出 O$_2$ 的光催化活性

序号	负载金属		产氧量 /（μmol·h^{-1}）
	Fe（质量分数）/ %	Cr（质量分数）/ %	
1	0	0	44.4
2^a	0	0.3	13.0
3	0.5	0	35.6
4	0.5	0.05	47.1
5	0.5	0.1	73.2
6	0.5	0.5	58.9
7	0.5	1.0	60.8

^{a} 制备过程中 K$_2$CrO$_4$ 添加量是 0.5%（质量分数）。

研究了 Fe$_{2-x}$Cr$_x$O$_3$ 纳米颗粒助催化剂对光催化整体水分解的影响。在这种情况下，共沉积的核 / 壳结构的 Pt/Cr$_2$O$_3$ 纳米颗粒是水还原助催化剂。Fe$_{2-x}$Cr$_x$O$_3$ 和 Pt/Cr$_2$O$_3$ 纳米粒子有望促进水氧化和还原，同时促进 SrTiO$_3$ 的整体水分解。如图 2.9 所示，Fe$_{2-x}$Cr$_x$O$_3$/SrTiO$_3$ 在紫外—可见光照射下（$\lambda > 300$nm）不会从纯水中产生任何气体。反应条件为催化剂 100mg；纯水 140mL；助催化剂 Pt/Cr$_2$O$_3$：Pt0.1%，Cr0.5%，Fe–Cr：Fe0.05%，Cr0.1%。当用 Pt/Cr$_2$O$_3$ 纳米颗粒对 SrTiO$_3$ 改性时，水完全分解形成 H$_2$ 和 O$_2$，这与之前的研究结果一致。有趣的是，同时用 Fe$_{2-x}$Cr$_x$O$_3$ 和 Pt/Cr$_2$O$_3$ 纳米颗粒改性 SrTiO$_3$ 比仅用 Pt/Cr$_2$O$_3$ 改性具有更高的活性。这是 Fe$_{2-x}$Cr$_x$O$_3$ 在 SrTiO$_3$ 上提供水氧化位点的另一个证据。因此，可以得出结论，Fe$_{2-x}$Cr$_x$O$_3$ 纳米颗粒在半导体光催化剂表面起到 OER 助催化剂作用。

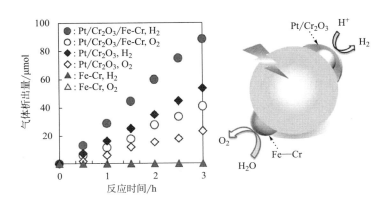

图 2.9　在紫外线照射下（$\lambda > 300$nm）下用各种助催化剂改性的 SrTiO$_3$ 整体水分解的时间过程

进一步研究 $Fe_{2-x}Cr_xO_3$ 催化剂在 OER 过程中的详细机理。由于负载在半导体光催化剂上的纳米颗粒助催化剂原则上不参与光化学过程，而是作为水还原和（或）氧化的催化剂，因此可以被视为电催化剂。虽然通常很难直接研究半导体表面负载的纳米颗粒的催化功能，但使用体积模型电极进行研究可以提供有用的信息。例如，核 / 壳结构的 Rh/Cr_2O_3 纳米颗粒是有效的水还原辅助催化剂，其已通过模型电极得到证实。采用 $Fe_{2-x}Cr_xO_3$ 颗粒研究了 Fe（Ⅲ）—Cr（Ⅲ）固溶体对水氧化的催化性能，以确定 Cr（Ⅲ）取代 Fe_2O_3 的促进作用。如图 2.10 所示，

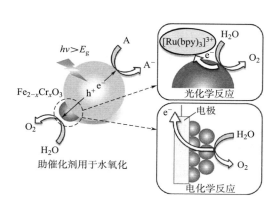

图 2.10　半导体光催化助催化剂与光化学 /
电化学水氧化的关系

为了研究 $Fe_{2-x}Cr_xO_3$ 的催化性能，进行了光化学水氧化以评估表面催化活性，并进行了电化学水氧化以研究电荷转移（以及催化活性）。这两个反应都与光催化水氧化密切相关。

一方面，[以 Ru（bpy）$_3$]$^{2+}$ 作为光敏剂，$Fe_{2-x}Cr_xO_3$ 固溶体催化水氧化的时间演化过程如图 2.11（a）所示。使用［Ru（bpy）$_3$］$^{2+}$ 进行光化学水氧化是评估给定材料水氧化催化活性的常规方法。在光激发［Ru（bpy）$_3$］$^{2+}$ 之后，Ru 敏化剂的激发态被 $S_2O_8^{2-}$ 氧化，产生［Ru（bpy）$_3$］$^{3+}$。产物硫酸根氧化另一当量的基态［Ru（bpy）$_3$］$^{2+}$ 生成［Ru（bpy）$_3$］$^{3+}$。在没有均相或非均相水氧化催化剂的情况下，［Ru（bpy）$_3$］$^{3+}$ 分解不会产生 O_2。如果存在合适的催化剂，则可在还原［Ru（bpy）$_3$］$^{3+}$ 再生［Ru（bpy）$_3$］$^{2+}$ 的同时，实现催化水氧化。随着 Cr 浓度的增加，产 O_2 活性降低，而 Cr_2O_3 则完全失活。这些结果表明，随着氧化物中 Cr 比例的增加，$Fe_{2-x}Cr_xO_3$ 表面的水氧化活性降低。

另一方面，电化学水氧化的活性趋势与光化学水氧化相反。图 2.11（b）显示了在 +1.80V（vs RHE）下 $Fe_{2-x}Cr_xO_3$/FTO 电极的电流—时间曲线。与其他氧化物相比，Cr_2O_3 在初始大约 5min 内获得了相对高的电流密度，随后急剧降低到大约 5μA/cm²，这是由于在 Cr_2O_3 中发生了 Cr（Ⅲ）到 Cr（Ⅳ）的氧化溶解。相比之下，Fe_2O_3 电极表现相对稳定，在电解开始时产生 0.01mA/cm² 的电流密度。Fe（Ⅲ）—Cr（Ⅲ）固溶体 $Fe_{0.7}Cr_{1.3}O_3$ 和 $Fe_{1.6}Cr_{0.4}O_3$ 产生的阳极电流与 Fe_2O_3 相似，但电流密度高出 5 ~ 7 倍。在此情况下观察到 O_2 释放，表明发生了水氧化。虽然 Fe（Ⅲ）—Cr（Ⅲ）固溶体催化剂的 Cr（Ⅲ）氧化法拉第效率仅为

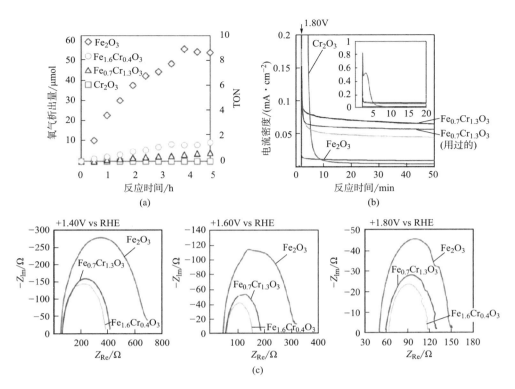

图 2.11　（a）Fe$_{2-x}$Cr$_x$O$_3$ 催化剂在含有 Na$_2$S$_2$O$_8$（5mmol/L）的磷酸盐缓冲液
（50mmol/L，pH=7.5，100mL）和［Ru（bpy）$_3$］SO$_4$（0.25mmol/L）氧气析出量—时间曲线；
（b）Fe$_{2-x}$Cr$_x$O$_3$/FTO 电极在 1.8V（vs RHE）的磷酸盐缓冲溶液（pH=7.5）中的电流—时间曲线；
（c）Fe$_{2-x}$Cr$_x$O$_3$ 电极在磷酸盐缓冲溶液中的阻抗谱，溶液为含有 3%（体积分数）H$_2$O$_2$
的磷酸盐水溶液（100mmol/L，pH=7.5）

10% ~ 30%，但析出的 O$_2$ 量比 Fe$_2$O$_3$ 高出 4 ~ 5 倍。

　　以上两种不同反应的结果表明，由 Cr（Ⅲ）取代形成 Fe（Ⅲ）—Cr（Ⅲ）混合氧化物对反应产生了积极影响，可以有效地抵消负面影响（即表面较慢的水氧化催化），从而增强电化学水氧化。此处 Fe（Ⅲ）—Cr（Ⅲ）混合氧化物中电荷转移效率的改善是可能的原因。为研究电荷转移效应，测量电化学阻抗谱。测量是在磷酸盐缓冲溶液（pH=7.5）中进行的，该溶液含有 3%（体积分数）H$_2$O$_2$ 作为还原剂，用于促进表面氧化反应，同时抑制 Cr（Ⅲ）氧化。图 2.11（c）显示了 Fe$_2$O$_3$、Fe$_{1.6}$Cr$_{0.4}$O$_3$ 和 Fe$_{0.7}$Cr$_{1.3}$O$_3$ 的 Nyquist（奈奎斯特）图。Nyquist 图的半圆形直径表示给定电化学过程的电荷转移电阻。在此情况下，得到的结果反映了 Fe$_{2-x}$Cr$_x$O$_3$ 体相的电荷转移电阻，而不是液/固界面上的电阻，这是由于 H$_2$O$_2$ 的存在导致其容易发生氧化。如图 2.11（c）所示，在所有测试电位下，Fe$_{1.6}$Cr$_{0.4}$O$_3$

和 $Fe_{0.7}Cr_{1.3}O_3$ 得到的 Nyquist 图中的半圆弧直径远小于 Fe_2O_3 的半圆弧直径。这些结果表明，$Fe_{1.6}Cr_{0.4}O_3$ 和 $Fe_{0.7}Cr_{1.3}O_3$ 中的电子电导率高于 Fe_2O_3 中的电子电导率。因此，完全有理由相信，相对于原始 Fe_2O_3 而言，Fe（Ⅲ）—Cr（Ⅲ）固溶体电导率的提高有助于催化剂实现更高的电化学水氧化性能。

2.4 结论和展望

本章介绍了光诱导合成水分解助催化剂纳米材料的最新进展。通过使用同步光沉积方法，在典型的 n 型半导体 $SrTiO_3$ 光催化剂表面制备各种过渡金属和 Cr 的助催化剂组合，并进行了 HER 测试。在大多数情况下，当 Cr 与过渡金属配对共存时，HER 速率降低，但在 Au—Cr 和 Pd—Cr 的组合时活性得到了增强。在 Au—Cr 体系中，无论合成中的 Au/Cr 含量比如何，沉积的物质都是由 Au 核和 Cr_2O_3 薄壳组成的核/壳结构纳米粒子。这意味着在金属单质状态下稳定的元素（如金等），可以形成金属/Cr_2O_3 异质功能纳米结构。而 Pd—Cr 体系表现出不同的趋势。在较低的 Cr 浓度（相对于 Pd）下可以看到类似的核/壳纳米结构，而较高的初始 Cr 含量会导致 Pd—Cr 混合氧化物纳米颗粒的生成。此外，通过增加 Cr 的含量，沉积 Pd 的电子状态从金属转变为氧化物，同时保持其 Cr（Ⅲ）状态。因此，当使用具有形成氧化物倾向的过渡金属时，例如 Pd 和 Rh，纳米颗粒随着 Cr 的比例不同具有不同的形态和电子状态。

在 OER 助催化剂的开发中，发现 Fe—Cr 的组合颇具研究价值，因为 Fe_2O_3 和 Cr_2O_3 都具有刚玉结构，可以形成固溶体，从而提供更好的电子相互作用。通过光诱导光沉积法，可以将具有非晶态特征的 Fe（Ⅲ）—Cr（Ⅲ）复合纳米粒子负载到 $SrTiO_3$ 上。与仅含 Fe 或 Cr 对应物相比，Fe 和 Cr 结合形成的 Fe—Cr 混合氧化物（$Fe_{2-x}Cr_xO_3$）对于获得更高的 OER 活性是必不可少的。为了研究在 OER 过程中 Cr 离子在 $Fe_{2-x}Cr_xO_3$ 中的作用，以体相氧化物 $Fe_{2-x}Cr_xO_3$ 作为 OER 的模型催化剂。在光化学水氧化反应中，用 Cr^{3+} 取代 Fe^{3+} 后，Fe_2O_3 的 OER 活性降低。但另一方面，在电化学反应下，Cr 取代提高了 Fe_2O_3 的 OER 活性。这些结果表明，在 OER 过程中，Cr^{3+} 在 $Fe_{2-x}Cr_xO_3$ 中的作用不是增强表面反应，而是加快材料中的电荷转移过程。

在这些研究中，发现几种过渡金属和 Cr 的组合可用作 HER 或 OER 助催化剂，揭示了同步光沉积法形成纳米颗粒的趋势。在作为 HER 助催化剂的情况下，活性增强主要是由于抑制了与 O_2 相关的逆反应和（或）改善了配对过渡金属纳米颗粒的固有 HER 活性。此外，Cr 取代对 OER 没有积极影响，但可以改善纳米颗粒内部的电荷转移，从而提高光催化 OER 活性。基于这些认识，未来可能会开发出更高效、选择性更高的 HER 和 OER 助催化剂。

参考文献

［1］ K. Maeda，Photocatalytic water splitting using semiconductor particles：history and recent developments，J. Photochem. Photobiol. C 12（2011）237–268.

［2］ A. Kudo，Y. Miseki，Heterogeneous photocatalyst materials for water splitting，Chem. Soc. Rev. 38（2009）253–278.

［3］ R. Abe，Recent progress on photocatalytic and photoelectrochemical water splitting under visible light irradiation，J. Photochem. Photobiol. C 11（2010）179–209.

［4］ K. Sayama，H. Arakawa，Effect of carbonate salt addition on the photocatalytic decomposition of liquid water over Pt–TiO$_2$ catalyst，J. Chem. Soc. Faraday Trans. 93（1997）1647–1654.

［5］ S. Ikeda，K. Hirao，S. Ishino，M. Matsumura，B. Ohtani，Preparation of platinized strontium titanate covered with hollow silica and its activity for overall water splitting in a novel phase–boundary photocatalytic system，Catal. Today 117（2006）343–349.

［6］ K. Maeda，N. Sakamoto，T. Ikeda，H. Ohtsuka，A. Xiong，D. Lu，et al.，Preparation of core–shell–structured nanoparticles（with a noble–metal or metal oxide core and a chromia shell）and their application in water splitting by means of visible light，Chem. Eur. J. 16（2010）7750–7759.

［7］ K. Domen，S. Naito，T. Onishi，K. Tamaru，M. Soma，Study of the photocatalytic decomposition of water vapor over a NiO–SrTiO$_3$ catalyst，J. Phys. Chem. 86(1982) 3657–3661.

［8］ F. Zhang，A. Yamakata，K. Maeda，Y. Moriya，T. Takata，J. Kubota，et al.，Cobalt–modified porous single–crystalline LaTiO$_2$N for highly efficient water oxidation under visible light，J. Am. Chem. Soc. 134（2012）8348–8351.

［9］ K. Maeda，K. Teramura，H. Masuda，T. Takata，N. Saito，Y. Inoue，et al.，Efficient overall water splitting under visible–light irradiation on（Ga$_{1-x}$Zn$_x$）（N$_{1-x}$O$_x$）dispersed with Rh–Cr mixed–oxide nanoparticles：effect of reaction conditions on photocatalytic activity, J. Phys. Chem. B 110（2006）13107–13112.

[10] K. Maeda, K. Teramura, T. Takata, N. Saito, Y. Inoue, K. Domen, Improvement of photocatalytic activity of（$Ga_{1-x}Zn_x$）（$N_{1-x}O_x$）solid solution for overall water splitting by co–loading Cr and another transition metal, J. Catal. 243（2006）303–308.

[11] K. Maeda, K. Teramura, D. Lu, T. Takata, N. Saito, Y. Inoue, et al., Characterization of Rh–Cr mixed–oxide nanoparticles dispersed on（$Ga_{1-x}Zn_x$）（$N_{1-x}O_x$）as a cocatalyst for visible–light–driven overall water splitting, J. Phys. Chem. B 110（2006）13753–13758.

[12] G.C. Morales–Guio, T.M. Mayer, A. Yella, D.S. Tilley, M. Grätzel, X. Hu, An optically transparent iron nickel oxide catalyst for solar water splitting, J. Am. Chem. Soc. 137（2015）9927–9936.

[13] J. Rosen, S.G. Hutchings, F. Jiao, Synthesis, structure, and photocatalytic properties of ordered mesoporous metal–doped Co_3O_4, J. Catal. 310（2014）2–9.

[14] H. Wakayama, K. Hibino, K. Fujii, T. Oshima, K. Yanagisawa, Y. Kobayashi, et al., Synthesis of a layered niobium oxynitride, $Rb_2NdNb_2O_6N \cdot H_2O$, showing visible–light photocatalytic activity for H_2 evolution, Inorg. Chem. 59（9）（2019）6161–6166.

[15] M. Yoshida, T. Yomogida, T. Mineo, K. Nitta, K. Kato, T. Masuda, et al., In situ observation of carrier transfer in the Mn–oxide/Nb : $SrTiO_3$ photoelectrode by X–ray absorption spectroscopy, Chem. Commun. 49（2013）7848–7850.

[16] K. Maeda, D. Lu, K. Teramura, K. Domen, Direct deposition of nanoparticulate rhodium–chromium mixed–oxides on a semiconductor powder by band–gap irradiation, J. Mater. Chem. 18（2008）3539–3542.

[17] K. Maeda, D. Lu, K. Teramura, K. Domen, Simultaneous photodeposition of rhodium–chromium nanoparticles on a semiconductor powder : structural characterization and application to photocatalytic overall water splitting, Energ. Environ. Sci. 3（2010）471–478.

[18] T. Kanazawa, K. Maeda, Light–induced synthesis of heterojunctioned nanoparticles on a semiconductor as durable cocatalysts for hydrogen evolution, ACS Appl. Mater. Interfaces. 8（2016）7165–7172.

[19] M. Yoshida, K. Takanabe, K. Maeda, A. Ishikawa, J. Kubota, Y. Sakata, et al., Role and function of noble–metal/Cr–layer core/shell structure cocatalysts for

photocatalytic overall water splitting studied by model electrodes, J. Phys. Chem. C 113（2009）10151–10157.

［20］ K. Maeda, K. Teramura, D. Lu, N. Saito, Y. Inoue, K. Domen, Noble-metal/ Cr_2O_3 core/shell nanoparticles as a cocatalyst for photocatalytic overall water splitting, Angew. Chem. Int. Ed. 45（2006）7806–7809.

［21］ Y. Song, J. Yang, Q.X. Gong, Prediction of $Ir_{0.5}M_{0.5}O_2$（M 5 Cr, Ru or Pb）mixed oxides as active catalysts for oxygen evolution reaction from firstprinciples calculations, Top. Catal. 58（2015）675–681.

［22］ O. Diaz-Morales, I. Ledezma-Yanez, T.M.M. Koper, F. Calle-Vallejo, Guidelines for the rational design of Ni-based double hydroxide electrocatalysts for the oxygen evolution reaction, ACS Catal. 5（2015）5380–5387.

［23］ D.K. Cerbo, U.A. Seybolt, Lattice parameters of the $\alpha-Fe_2O_3-Cr_2O_3$ solid solution, J. Am. Ceram. Soc. 42（1959）430–431.

［24］ T. Kanazawa, D. Lu, K. Maeda, Photochemical synthesis of Fe（Ⅲ）–Cr（Ⅲ）mixed oxide nanoparticles on strontium titanate powder and their application as water oxidation cocatalysts, Chem. Lett. 45（2016）967–969.

［25］ J.W. Youngblood, A.S. Lee, K. Maeda, E.T. Mallouk, Visible light water splitting using dye-sensitized oxide semiconductors, Acc. Chem. Res. 42（2009）1966–1973.

［26］ K. Maeda, A. Xiong, T. Yoshinaga, T. Ikeda, N. Sakamoto, T. Hisatomi, et al., Photocatalytic overall water splitting promoted by two different cocatalysts for hydrogen and oxygen evolution under visible light, Angew. Chem. Int. Ed. 49（2010）4096–4099.

［27］ T. Kanazawa, K. Maeda, Chromium-substituted hematite powder as a catalytic material for photochemical and electrochemical water oxidation, Catal. Sci. Technol. 7（2017）2940–2946.

第3章 CO_2还原光催化剂和系统优化设计

Jeannie Z.Y. Tan Stelios Gavrielides Xiaojiao Luo
Warren A. Thompson M. Mercedes Maroto-Valer

英国爱丁堡 碳解决方案研究中心（RCCS） 赫瑞瓦特大学

3.1 光催化还原 CO_2

大气中二氧化碳浓度增加造成全球变暖和不利的气候环境变化。迄今为止，全球在减少大气中的二氧化碳排放方面做出了巨大的努力。光催化二氧化碳还原是一种在减少碳排放的同时生产太阳能燃料，如氢气、一氧化碳、甲烷、甲醇和高附加值化学品的有效方法。

3.1.1 光催化还原 CO_2 的反应原理

二氧化碳因其储量丰富、成本低、无毒、不易燃等特点而成为颇具价值的C_1资源小分子。由于二氧化碳中 C—O 键的离解能为 750kJ/mol，是热力学稳定分子，因此其转换需要消耗大量的能量。最普遍的二氧化碳光还原反应（CO_2PR）是利用 CO_2、H_2O 和太阳能，通过多相光催化来生产太阳能燃料。二氧化碳首先吸附在光催化剂的表面，然后被还原成主要的 C_1 化合物，最后从光催化剂的表面解吸脱附为产物。最常见的产物是一氧化碳、甲烷、甲醇、氢气和甲酸。当特定波长的光照射到半导体上，光生电子被激发到半导体的导带上，在价带中留下空穴。只有当光照的能量超过半导体的带隙能量 E_g 时（图 3.1）才会发生这种现象，这通常被称为载流子的光激发过程。在光照射下，光生电子被激发到导带上，在价带中留下光生空穴。被激发的电子可以用来将二氧化碳还原为二氧化碳自由基。同时，在价带中发生氧化反应，水生成 OH^-、O_2 和

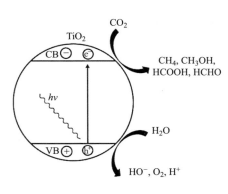

图 3.1 带隙、电子激发和常见的
CO_2PR 机制

H⁺。这些产物与二氧化碳自由基反应生成 C₁ 碳氢化合物，如甲烷、甲醇和甲酸。如果被激发电子不能足够快地还原二氧化碳，它们会更倾向于返回价带和空穴重新复合，并通过热的形式释放能量。一般来说，半导体激发电子的寿命范围从皮秒到微秒，取决于具体的材料和复合路径。

　　对于 CO₂ 光催化还原应用来说，尽管也使用其他的半导体催化剂，但最常见和广泛应用的催化剂还是二氧化钛（详见第 3.3 节）。选择光催化剂的关键因素是带隙宽度，它决定了光催化剂所吸收的辐照波长范围和氧化还原电位（图3.2）。如果考虑实际应用和商业化需要，光催化剂的热稳定性和化学稳定性以及催化剂的成本是额外的考量因素。

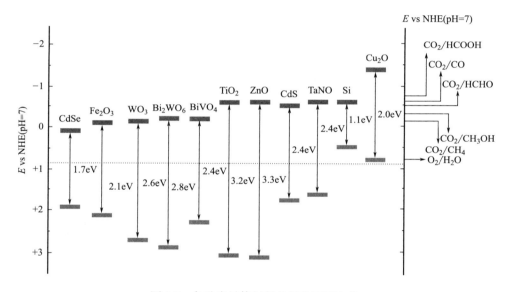

图 3.2　各种半导体材料的氧化还原电位

　　二氧化钛是一种资源丰富、易于获取的光催化剂，具有较高的光催化活性。金红石和锐钛矿相二氧化钛分别具有 3eV 和 3.2eV 的带隙能量，并具有能够将二氧化碳还原为所需产物的还原电位（图 3.2）。太阳辐照由约 5% 紫外线、约 45%可见光和约 50% 的红外辐射组成。然而，由于其带隙较宽，二氧化钛催化剂在可见光区域的吸光度很低，只能被约 5% 的紫外光激活，因而主要在紫外范围内有光催化活性，这是制约其光催化效率的主要不利因素。宽带隙催化剂需要带隙能量相当或更高的光子能量才能将电子从价带激发到导带。与可见光和红外辐射相比，紫外线照射的波长较小，能量更大，因此能够激活带隙 ≥ 3eV 的光催化剂。对于二氧化钛，可以通过各种改性技术来提升光催化性能，例如负载和掺杂其他金属元素或染料来增强其感光度，或在带隙内引入杂质能级，提高其可见光吸光度（详见第 3.2 节）。值得注意的是，调控半导体材料的形貌、厚薄和暴露的比表面积可调控其光吸收能力，进而改善其光催化活性。

现阶段已发表的大量研究工作通过引入电子空穴分离技术来降低光生电子和空穴的复合速率，以增加用于所需反应的电子数量，从而提高光催化反应效率。半导体耦合或金属纳米颗粒负载通过产生电子或空穴陷阱来促进电子空穴对的有效分离。CO_2 光催化还原的另一个挑战是在水环境下的析氢竞争反应。因此，开发能够抑制析氢反应而有利于选择性形成 C_1 碳氢化合物的的光催化剂具有重要的意义。

3.1.2 光催化还原 CO_2 的反应模型研究

二氧化碳光催化还原反应的太阳能—燃料转化效率取决于光催化剂的物理性质、化学性质、电子性质、反应器的配置和工艺参数。因此，除了光催化剂的合成外，模型研究与试验研究应该同步发展，以应对二氧化碳光还原的科学和工程技术挑战，如光催化体系内的质量传输和光分布。

光反应器的开发是提高二氧化碳转化效率和实现工业规模光催化过程的关键环节。反应器系统一般可分为流化浆料反应器和固定床反应器。在设计光反应器时，还需要考虑以下三个问题：一是有效防止二氧化碳还原时的逆向反应；二是充分利用太阳光光谱能量；三是有效减少光生电子和空穴对的复合。

光反应器是一种复杂的装置，它能使光子、光催化剂和反应物充分接触，在从纳米到厘米的大尺度范围内，不同的温度和压力下收集不同的反应产物。因此，光反应器中的某些特性或部件的任何变化都可能影响太阳能—燃料的转换效率。因此，详细了解质量输运、流体流动、电荷传输、热传递、光传递和反应动力学是非常必要的。通过反应器设计和工艺条件优化，有助于制订光催化还原二氧化碳的性能优化策略。比如，通过优化工艺参数和反应器设计来控制光的传输过程，进而提高光的利用效率，而对电荷传输的详细了解则有助于促进半导体中的电荷分离和抑制复合。除此之外，热管理系统的建立可以充分利用高温运动和传输速度快的优势，同时克服光催化剂中电荷传输缓慢的问题。然而，很难从试验中直观地理解这些典型的非线性效应，并揭示它们在反应过程中复杂的相互作用。因此，多物理场建模结合了质量输运、流体流动、电荷传输、热传递、光传递和反应动力学的多个过程，对于深入理解反应机理、优化工艺参数和设计反应器具有重要意义。这种建模方法有助于深入分析设计理念，对反应器进行可行性研究，并定量化光催化性能的研究。

本章讨论了被广泛研究的二氧化钛基光催化剂。尝试通过各种催化剂修饰改性方法来探讨二氧化钛在二氧化碳光催化还原中应用的可行性（详见第 3.2 节）。然后介绍了一系列非二氧化钛光催化剂，包括硫化物、氧化物、氮氧化物和氮化物在光催化二氧化碳还原中的应用（详见第 3.3 节）。文献中报道的各种空穴牺牲剂将在第 3.4 节中进行论述。光反应器的工艺开发和设计以及二氧化碳还原的产品检测，将在本章的最后一部分（第 3.5 节）中加以讨论。

3.2　光催化还原 CO$_2$ 的 TiO$_2$ 基催化剂

二氧化钛基催化剂在二氧化碳还原（CO$_2$PR）中得到了广泛的研究。一方面是由于二氧化钛具有化学稳定性、热稳定性、可用性、良好的光活性和高电荷转移能力等显著优点；另一方面二氧化钛具有无毒、高氧化电位、低成本的特点。由于二氧化钛的带隙很宽，使用二氧化钛作为光催化剂生产太阳能燃料的主要问题是拓宽其光吸收范围，使其可以利用占整个太阳光谱能量 45% 的可见光能量（详见第 3.1.2 节）。因此，在不影响其将二氧化碳还原为甲烷和甲醇的前提条件下，尽量减小带隙并诱导红移尤为关键。另一个挑战是抑制二氧化钛光生电荷的快速复合。因此，使用了不同的改性方法来拓宽光响应范围和促进光生电荷有效分离，这将在第 3.2.2 节中深入讨论。

3.2.1　TiO$_2$ 的结构和性质

二氧化钛的晶体结构包括金红石、锐钛矿和板钛矿。然而，板钛矿结构即不容易合成，也没有证据表明其具有光催化活性。Luttrell 等研究表明，虽然金红石的带隙较窄，锐钛矿相的光催化活性却高于金红石相（表 3.1）。实验中通过一种有机染料（甲基橙）的分解速率计算光催化活性。从图 3.3（a）中可以观察到，相比于金红石的四方晶系［图 3.3（b）］，锐钛矿相的晶体结构（表 3.1）具有更长的结构单元，因此暴露出更多的活性位点。对锐钛矿和金红石薄膜进行的测试表明，当薄膜厚度达 2nm 时，锐钛矿和金红石的光催化活性基本相同，由于金红石较低的带隙宽度，其光催化活性稍微高一些。而当膜厚达到 5nm 时，锐钛矿的活性高于金红石。光催化活性对厚度的依赖性表明，二氧化钛的体相性质对其催化活性有一定的影响。

不同混合晶相的二氧化钛表现出协同效应，与纯相相比其光催化活性有所增加。更具体地说，根据 Bouras 等报道，以锐钛矿相为主和少量的金红石相掺杂的最佳混合相具有较高的光催化效率。这是由于金红石相的带隙能量较低，因此产生可以捕获电子和空穴的电子—空穴能阱，从而延迟了光生电子—空穴对的复合。

表 3.1　各种二氧化钛晶相的性质

特征	锐钛矿	金红石	板钛矿
晶体结构	四方晶系	四方晶系	正交晶系
晶胞 /nm	$a=b=0.3733$，$c=0.937$	$a=b=0.4584$，$c=0.29537$	$a=0.5436$，$b=0.9166$，$c=0.5135$
密度 / (g · cm^{-3})	3.83	4.24	4.17
带隙 /eV	3.2	3.0	—
折射率	$n_\omega=2.561$，$n_\omega=2.488$	$n_\omega=2.613$，$n_g=2.909$	$n_\alpha=2.583$，$n_\beta=2.584$，$n_\gamma=2.700$
熔点 /℃	转变为金红石	1870	转变为金红石
分子质量 / (g · mol^{-1})	79.88	79.88	79.88

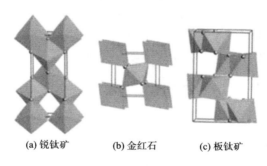

(a) 锐钛矿　　　(b) 金红石　　　(c) 板钛矿

图 3.3　二氧化钛晶体结构示意图

Shirke 等用微波辅助溶胶—凝胶法制备了纯锐钛矿相二氧化钛。图 3.4 是二氧化钛的 X 射线衍射（XRD）谱图，可以看到其中的晶体结构（锐钛矿和金红石相）随烧结温度的变化而改变，说明在较高的温度下（＞773K）煅烧锐钛矿相会转化成金红石相。

3.2.2　TiO$_2$ 基光催化剂的修饰改性

为了将二氧化钛的光学性质扩展到可见区域，降低光生电荷的复合速率，本研究综合介绍了一些修饰改性方法，包括广泛使用的掺杂和将外来元素负载到 TiO$_2$ 表面。此外，还讨论了光催化剂的形貌变化对催化性能的影响，因为这些变

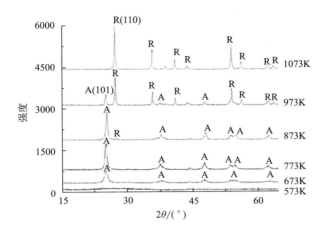

图 3.4　在不同煅烧温度下热处理的溶胶凝胶合成 TiO_2 的 XRD 图

化可以控制光催化剂的比表面积、活性位点以及捕光能力。

3.2.2.1　掺杂

　　优化光催化剂活性的方法不胜枚举。通过改变光催化剂的比表面积、粒径、体积、晶体结构和形态等因素，可以有效增强其光学性质、电子性质和化学性质。对于二氧化钛的修饰方法报道最多的是掺杂和负载外来元素。掺杂可以描述为在材料的原始晶格中添加一个外来原子的过程（图 3.5）。如果外来原子位于晶格位置［图 3.5（b）］称为取代掺杂；如果外来原子位于晶格间隙位置［图 3.5（c）］，则称为间隙掺杂。负载可以描述为在不改变晶格结构的情况下，在晶格表面加入外来原子的过程。晶格掺杂通常会导致半导体的晶格常数发生变化，这可以用 XRD 来鉴别且可以观察到新的衍射峰。相反，负载将在 XRD 谱图上同时出现半导体和负载材料的衍射峰。外源原子的类型将决定掺杂半导体中的多数载流子，因此可以用于产生正（p）型或负（n）型半导体。p 型半导体的价带中有可移动的空穴，随着时间的推移这些空穴倾向于堆积到价带的上方。n 型半导体在其导带中有大量的电子，这些电子往往会堆积到导带的下方。

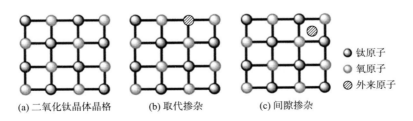

(a) 二氧化钛晶体晶格　　(b) 取代掺杂　　(c) 间隙掺杂

图 3.5　取代掺杂和间隙掺杂

3.2.2.1.1 金属掺杂

在二氧化钛晶格中加入金属掺杂剂，无论是取代掺杂［图 3.5（b）］还是间隙掺杂［图 3.5（c）］，都可以通过调控电子陷阱能级来改变带隙。如图 3.6 所示，掺杂前，一个电子被激发到导带中所需的能量如式（3.1）所示。掺杂后，在导带下方形成附加电子能级，使得电子以较低的能量［式（3.2）］被激发到这些缺陷能级，因此，电子被捕获形成羟基自由基，从而降低了复合率，提高了光电效率。

$$E_g \leqslant hv \tag{3.1}$$

$$(E_g - E_t) \leqslant hv \tag{3.2}$$

式中，E_g 为带隙能量；E_t 为电子陷阱能带的下边缘；hv 为光子能量。

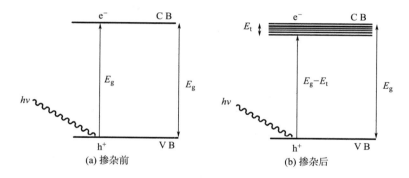

图 3.6　掺杂前后导带和价带的位置关系图

3.2.2.1.2 非金属掺杂

非金属掺杂常用来将二氧化钛的光吸收范围拓宽到可见光，这也是前面提到的二氧化钛光催化面临的主要挑战之一。Asahi 等报道了 N 掺杂二氧化钛，无论 TiO_2 是薄膜还是粉末，由于带隙变窄，其光响应范围均可显著拓宽到大于 500nm 的可见波长，其可见光催化活性也显著增加。电子态密度计算表明，在二氧化钛晶格中掺杂非金属阴离子是提高二氧化钛光学性能和降低复合率的最有效方法。Xue 等以柠檬酸为掺杂剂制备了碳掺杂二氧化钛，产生与 N 掺杂二氧化钛类似的效果。较低的带隙引起了光吸收范围向可见光范围明显偏移，同时提高了电荷分离效率，在日光灯下 6h 甲酸产率高达 2633.98μmol/g_{cat}。据报道，在大于 500nm 的可见波长下，硫掺杂二氧化钛的光催化活性有所提高。催化剂的效率与煅烧温度有关，最佳优化温度为 400℃。此外，掺杂氟可以延长电子—空穴对的寿命，并通过在二氧化钛表面产生氧空位来诱导可见光催化活性。Tan 等报道了有趣的微观结构演变过程，由于 Ti-F 电子陷阱位点的存在，光还原二氧化碳制备甲烷的有效产率为 36μmol/（$g_{cat}\cdot h$）。综上所述，非金属掺杂对二氧化钛特性的影响是很重要的，因为它们可以将吸光波长范围拓展到＞500nm，从而使太阳能的利用效率更高。

3.2.2.2　金属负载

由于出众的光催化效果，Pt 和 Au 等贵金属与 In、Cu 和 Ni 等其他金属催化剂均得到了广泛的研究。据报道，Pt 负载的二氧化钛可以提高光催化活性和甲烷产率。Zhang 等报道在 0.12%（质量分数）的 Pt 负载量下甲烷产量为 4.8μmol/（$g_{cat}\cdot h$），正如预期，甲烷产率随紫外照射时间的增加而增加。更为有趣的是，甲烷产率随 H_2O/CO_2 比值和反应温度的升高而增加。Li 开发了一种用于可见光氧化废水处理的 Au/Au^{3+}—TiO_2 催化剂。在二氧化钛表面上 Au 和 Au^{3+} 的存在有利于光生电子向 Au 的迁移，减少电子和空穴（e^-/h^+）的复合，进而提高了电荷分离效率，同时增加了在可见光范围内的吸收，最佳负载量为 0.5%（质量分数）。然而，昂贵的贵金属不利于大规模的工业化生产。为此研究人员已经研究出了可替代的低成本催化材料。与 Au 和 Pt 系催化剂相比，廉价易得的 Cu 系催化剂具有优异的二氧化碳还原活性。

除了贵金属 Au 和 Ag 纳米粒子（NPs）之外，Cu NPs 也可以通过局域表面等离子体共振来增强二氧化钛对可见光的光响应与电子—空穴对的分离。Tan 等研究表明，Cu NPs 负载于二氧化钛可以显著提高光催化效率，使甲烷产率提高 4 倍，达到 2.91μmol/（$g_{cat}\cdot h$）。Liu 等研究 Cu 纳米颗粒高度分散负载和 CuO_2 局域表面等离子体共振增强的二氧化钛光催化剂，其甲烷产率是未负载二氧化钛的 10 倍。Liu 等的试验表明，经 H_2 预处理的 Cu/TiO_2 可使甲烷产量提高 189 倍。Ola 等的研究表明，在可见光下使用 1.5%（质量分数）Ni/TiO_2 复合催化材料时，甲醇和甲烷产率分别为 19.51μmol/（$g_{cat}\cdot h$）和 7.71μmol/（$g_{cat}\cdot h$）。Ni^{2+}/TiO_2 在紫外和可见光范围内活性和选择性显著提高。在长达 4h 的反应过程中产量随时间呈正比增加。Kwak 等报道 Ni/TiO_2 [1.0%（摩尔分数）] 催化生产甲烷的产率为 14μmol/（$g_{cat}\cdot h$），不过随着循环地进行，产率显著降低，表明吸附位点的饱和率很高。

3.2.2.3　改变 TiO_2 的纳米结构

纳米光催化剂材料的形貌对其物理、化学和电子性能都有重要影响。目前许多研究通过改变光催化剂的形貌，如纳米棒、纳米线以及各种更复杂的构造，如核壳结构、珊瑚礁结构来调控其光催化剂的性能。这些纳米结构催化剂通常比微米级催化剂具有更好的电化学性能。这是由于纳米结构催化剂的物理性质，同时纳米结构催化剂具有较高的比表面积，从而增加了暴露的活性位点，并缩短了电荷传输的距离。研究表明，纳米结构光催化剂的取向生长可以改变其性能。特别是，一维（1D）纳米结构可以提高电子的传递速率，降低电荷的复合速率，从而提高光的吸收能力。对不同纳米锐钛矿二氧化钛性能的研究表明，纳米二氧化钛的尺寸对染料敏化太阳能电池的性能有显著影响。研究人员在导电玻璃上将修饰或掺杂金属杂质的纳米结构半导体制成薄膜，以提高光催化剂性能。例如，Kong 等提出了在金红石二氧化钛纳米棒上负载 Ag 纳米粒子，以增强光催化剂的光吸收范围，提高二氧化碳还原生成甲烷的效率。Tan 等研究了 Cu 修饰二氧化钛金红石纳米棒在紫外光照射下生成甲烷的性能，得到甲烷的生成速率为 $2.91\mu mol/$（$g_{cat} \cdot h$）。纳米棒结构增大了二氧化碳的吸附能力和受激发电子的扩散距离。Cu NPs 协助进行电荷分离，并增加了光诱导电子的寿命，提高了光催化剂的性能。

3.3 光催化还原 CO_2 的非 TiO_2 催化剂

3.3.1 纳米结构无机光催化剂

金属氧化物、硫化物、氮氧化物和氮化物等无机半导体材料是最早用于太阳能驱动反应的半导体之一。它们具有稳定性高、成本低和光吸收范围宽的特点，即能吸收能量等于或大于半导体带隙的光子能量。无机光催化材料体系包含窄带隙半导体和宽带隙半导体，其中有很多半导体的带隙宽度比二氧化钛更有利于吸收太阳能。此外，许多二氧化碳光催化还原研究的最新进展与光催化水解颇为相似，因为这两类反应对催化剂的能带结构有类似的要求。从热力学上讲，能够催化还原二氧化碳的半导体的导带边缘应该比二氧化碳还原电位更高（或更负）（图3.2）。同时，半导体的价带边缘应低（或更正）于水的氧化电位。然而，与钛基光催化剂相比，因缺乏对用于二氧化碳光还原的非二氧化钛半导体催化剂（金属硫化物、氧化物、氮氧化物和氮化物）的系统研究，严重制约了这些非二氧化钛半导体催化剂的应用。与二氧化钛及其衍生物类似，利用非二氧化钛光催化剂还原二氧化碳制造碳基燃料仍存在一些理论和技术方面的挑战。

（1）光生电子—空穴对的快速复合。电荷复合速率（约 $10^{-9}s$）通常比反应速率（$10^{-3} \sim 10^{-8}s$）要快得多，因此电子—空穴对的分离是二氧化碳光催化还原和其他光催化反应的关键因素。

（2）较弱的还原能力。导带电子的电势低于或仅略高于二氧化碳的多电子还原电势，因此几乎没有或仅有非常小的反应驱动力，而价带空穴的电势比水氧化电势更正。

由于半导体的带隙较宽，限制了其在可见光范围光能的吸收。为了克服这些不足，对新型半导体材料的探索主要集中在以下几方面：一是提高价带能量，减小带隙；二是将导带移动到更高的还原电位；三是提高电子—空穴对形成的光量子效率，同时抑制电荷复合；四是利用新的纳米尺度形貌，提供高比表面积和多活性位点。为了实现上述目标，提出各种改进方法并加以论述，具体如下。

3.3.1.1　硫化物

硫化物半导体在二氧化碳光还原中受到了广泛的关注。这是因为它们的价带是由硫原子的 3p 轨道组成，比相似氧化物的位置更高，导致其导带具有更好的还原能力。许多硫化物带隙较窄（如 PbS，Bi_2S_3），光吸收范围在可见光和红外光区域。在硫化物半导体中，ZnS 和 CdS 是研究最多的二氧化碳光还原硫化物催化剂。ZnS 是一种宽带隙半导体（$E_g = 3.66eV$，体相材料），但它的导带具有较强的还原能力（$E_{CB} = -1.85V$，pH=7 标准氢电极）。

除了带隙以外，比表面积、复合率等其他因素也会显著影响光催化反应的效率。例如，Koci 等提出了在具有较高的比表面积和层状结构的天然黏土矿物蒙脱土上固定 ZnS，以提高二氧化碳光还原的效率（表 3.2 第 1 条）。CdS（2.4eV，吸收边始于 520nm）是一种窄带隙的金属硫化物光催化剂，因此，CdS 光生电子—空穴复合速率很快。为提高光生电子—空穴对的分离效率，提出了由相同半导体材料形成表面异质结的结构。Chai 等制备了由纤锌矿和闪锌矿组成的混合相硫化镉（表 3.2 第 2 条），所制备的样品具有长的光生电子寿命和高电荷转移效率。CO 和甲烷的最大产生速率分别为 1.61μmol/（h·g）和 0.31μmol/（h·g），即使在 100h 后速率仍保持不变。

相比于硫化锌，硫化镉的导带还原性较弱（$E_{CB} = -0.9V$，pH=7 标准氢电极）。因此，通常用贵金属（如 Ag）修饰硫化镉。例如，Zhu 等提出了用 Ag 修饰硫化镉，Ag 可以作为电子陷阱和二氧化碳光还原的活性位点，与未修饰的硫化镉相比，光催化 CO 产率提高了 3 倍。另外，硫化镉可以与其他宽带隙半导体搭配使用，以增强其对二氧化碳的光还原能力。Kisch 等研究发现，相比由二氧化硅负载硫化镉或硫化锌，硫化镉与硫化锌的复合样品的二氧化碳光还原活性显著增强，这是由于硫化镉和硫化锌可以分别吸收 ≤ 530nm 和 ≤ 330nm 处的光。该研究报告称，与未经修饰的硫化镉和硫化锌相比，负载 5%（质量分数）硫化镉的硫化锌可使甲酸产量增加 16 ~ 40 倍（约 80mmol/L，$\lambda \geqslant 320nm$，3h）。

近年来，由于能带结构可调控性，构建 $Zn_xCd_{1-x}S$ 固溶体光催化剂受到了广泛的关注。此外，Zn 的引入会引起硫化镉中表面原子结构的变化，从而影响光催化反应中反应物、中间产物和产物的吸附或解离。遗憾的是，大多数硫化物在二氧化碳光还原中的稳定性较差。因此，更为稳定的金属氧化物半导体依然是首选光催化材料。

3.3.1.2　氧化物

半导体氧化物因其具有稳定性和抗光腐蚀能力而被广泛应用于光催化剂。金属氧化物的这些本征特性在决定二氧化碳光还原的可行性方面起着关键作用。目前使用的两大类金属氧化物催化剂普遍具有封闭壳层电子结构，它们一直是二氧化碳光还原体系的主体催化剂。第一大类是包含八面体配位的 d^0 过渡金属离子（Ti^{4+}、Zr^{4+}、Nb^{5+}、Ta^{5+}、V^{5+} 和 W^{6+}）。除了二氧化钛表现最为突出以外，其他二元氧化物（如 ZrO_2、Nb_2O_5、Ta_2O_5）也被用于二氧化碳光还原。第二大类是包含 d^{10} 构型的金属氧化物，通式为 M_yO_z 或 A_xM_yO，其中 M 代表 Ga、Ge、In、Sn 或 Sb。这些二元氧化物和三元氧化物早期主要用于光催化水裂解，但近期陆续开始应用于二氧化碳光还原。

通过掺杂在价带上方引入杂质能级，这一方法目前已经被广泛用于将宽带隙半导体的光吸收范围扩展到长波区域。然而，这种方法不仅增加半导体的复合速率，同时也降低电荷迁移速率。为了避免以上弊端，可以考虑在二元半导体中引入外来阳离子来避免掺杂。例如，三元 Zn_2GeO_4 半导体能够在紫外照射下进行二氧化碳光还原。超长超薄形貌的 Zn_2GeO_4 单晶纳米带用于光催化二氧化碳还原甲烷的产率为 $25.0\mu mol/（g_{cat}\cdot h）$。

在第一大类金属氧化物中，WO_3 的带隙宽度最小，带隙能为 2.7eV，由于其导带边缘位于 0V（pH=7 标准氢电极），因此不能进行二氧化碳还原。然而，Xie 等发现，当 WO_3 的结构从等比例 {002}{200} 和 {020} 晶面分布的准立方体变成 {002} 晶面为主的矩形片状晶体时，会影响 WO_3 的电子结构，其中矩形片状 WO_3 具有稍大的带隙（2.8eV），并且导带升高 0.3eV。因此，导带的位置略高于 CH_4/CO_2 的电位（−0.24V），故二氧化碳还原生成甲烷的速率为 $0.34\mu mol/（g_{cat}\cdot h）$。

铜铁矿材料具有 ABO_2 的一般化学计量通式，其中 A 代表一价金属离子（如 Cu、Ag）；B 代表三价金属离子（如 Al、Ga、Fe）。它们代表了一类用于二氧化碳光还原的新型光催化剂。$CuGaO_2$（带隙 3.7eV，并在 2.6eV 时呈弱吸收）和铁掺杂样品 $CuGa_{1-x}Fe_xO$（带隙 1.5eV）在氙灯照射下能将二氧化碳光还原合成 CO，但不同浓度的 Fe 掺杂 $CuGaO_2$ 并没有显著提高二氧化碳光还原性能（表 3.2 第 35 条）。

总之，金属氧化物具有上述能促进二氧化碳光催化还原的能力。然而，由于带隙较宽（>3eV），大多数只能在紫外光照射下工作。金属氧化物相对较宽的带隙源于组成价带的 O 2p 轨道最大值超过 3V NHE（pH =7）。因此，如果金属氧化物要同时满足光催化二氧化碳还原和光催化水氧化的热力学要求，那么金属氧化物的带隙将超过 3.0eV，导致带隙太宽而无法吸收可见光。

表 3.2　各种光催化剂的光催化二氧化碳还原效率

序号	光催化剂	光还原产物	产量 / $(\mu mol \cdot g_{cat}^{-1} \cdot h^{-1})$	光源
硫化物				
1	ZnS/ 蒙脱石纳米复合材料	CH₄ CO	1.17 0.125	UV 8W 汞灯 （λ =254nm）
2	CdS 纤锌矿 / 闪锌矿纳米 复合物	CO CH₄	1.61 0.31	300W 氙灯 （$\lambda \geq$ 420nm）
3	Bi₂S₃/CdS	CH₃OH	6.13mmol/ （$g_{cat} \cdot$ h）	500W 氙灯 （$\lambda \geq$ 320nm）
4	ZnₓCd₁₋ₓS 固溶体和铁（Ⅲ） （4- 羧基苯基）氯化卟啉	CO	1.28μmol	300W 氙灯 （420nm < λ < 780nm）
5	Cu₂S/CuS	CH₄	（46.21 ± 6.50） μmol · m⁻² · h⁻¹	A.M 1.5 模拟太阳辐照
6	RuO₂ 修饰 CuₓAgᵧInᵤZn_kS_m 固溶体	CH₃OH	118.5	1000W 氙灯 （λ > 400nm）
氧化物				
7	ZnO	CH₃OH	325	355nm 激光束
8	NiO	CH₃OH	388	
9	蓬松介孔 ZnO	CO	0.73	8W 日光灯
10	N 掺杂 ZnO	CO	0.04	（7mW · cm⁻²）
11	ZnO 板	CO CH₄	763.5ppm/（$g_{cat} \cdot$ h） 205.2ppm/（$g_{cat} \cdot$ h）	300W 氙弧光灯
12	超长超薄单晶 Zn₂GeO₄ 纳 米带	CH₄	25	300W 氙弧光灯
13	Zn₂GeO₄ 纳米棒	CO CH₄	179ppm/（$g_{cat} \cdot$ h） 35ppm/（$g_{cat} \cdot$ h）	300W 氙弧光灯
14	RuO₂ 和 Pt 共担载 纳米束 Zn₁.₇GeN₁.₈O		约 55	300W 氙弧光灯 （λ > 420nm）
15	ZnGa₂O 纳米片 支撑的微球		69	300W 有红外切割过滤器的 氙弧光灯
16	Zn₂SnO₄ 六角纳米片		47	300W 氙弧光灯
17	Ce 掺杂 ZnFe₂O₄	CO	约 20	可见光

续表

序号	光催化剂	光还原产物	产量/ ($\mu mol \cdot g_{cat}^{-1} \cdot h^{-1}$)	光源
氧化物				
18	准立方体状 WO_3		约 0.34	300W 氙灯
19	超薄单晶 WO_3		约 1.1	300W 氙弧光灯
20	超薄 $W_{18}O_{49}$	CH_4	2200	全光谱氙灯
21	暴露 {001} 晶面的 Bi_2WO_6 纳米片		1.1	300W 氙弧光灯
22	Bi_2WO_6	CH_3OH	32.6	300W 氙灯 （$\lambda \geq 420nm$）
23	$NaNbO_3$ 纳米线	CH_4	653ppm/（$g_{cat} \cdot h$）	300W 氙灯
24	KNb_3O_8 纳米带	CO	3.58	350W 氙灯
25	HNb_3O_8 纳米带	CO	1.71	
26	$SrNb_2O_6$ 纳米棒	CO	51.2	400W 汞灯
27	$3\%NiO_x$-Ta_2O_5-1% 还原石墨烯	CH_3OH	197.92	400W 金属卤素灯
28	核壳 Ni/NiO 负载 N-$InTaO_4$	CH_3OH	160	氙灯（100mW, $390 \leq \lambda \leq 770$
29	$LaTa_7O_{19}$	CO	50	400W 汞灯
30	$CaTa_4O_{11}$	CO	70	
31	1.0%（质量分数） Ag 改性 Ba 掺杂 $NaTaO_3$	CO	约 50	400W 汞灯
32	$K_2YTa_5O_{15}$	CO	91.9	4000W 汞灯
33	Ag 修饰 Ga_2O_3	CO	10.5	紫外光
34	层状 $BiVO_4$	CH_3OH	5.52	300W 全光谱氙灯
35	$CuGa_{1-x}Fe_xO$	CO	约 9.2	300W 氙弧光灯
36	CoAl 层状双氢氧化物	CH_4	4.2	500W 氙灯
氮氧化物				
37	多孔 TaON	CH_3CHO C_2H_5OH	0.52 2.03	300W 氙灯
38	$ZnAl_2O_4$ 修饰 $ZnGa_2ON$	CH_4	9.2	300W 氙灯 （$\lambda \geq 420nm$）
氮化物				
39	GaN	CO CH_4	1130 1.3	300W 氙灯
40	Rh/Cr_2O_3 装饰的 GaN 纳米线	CO CH_4	120 3.5	

3.3.1.3　氮氧化物

由于金属氧化物光催化剂的带隙较大，因此，引入 N 等非金属元素来调控带隙是一种普遍使用的有效方法 [见 3.2.2.1（2）]。N 的 2p 轨道比 O 的 2p 轨道具有更高的势能，可将金属氮氧化物和金属氮化物的光吸收范围拓展到可见光区域。例如，在氮氧化钽和氮化钽中，当氮的 N 2p 原子轨道被引入 Ta$_2$O$_5$ 时，产生具有束缚态能级的新分子轨道，导致带隙能量减小。结果表明，TaON 和 Ta$_3$N$_5$ 的带隙分别为 2.5eV 和 2.1eV，均小于 Ta$_2$O$_5$ 的带隙 3.9eV，所以可有效地吸收可见光，驱动光催化反应。此外，氮含量对氮氧化物的带隙结构有着重要的影响。

二氧化碳光催化还原是一种多电子过程，使用单一的半导体光催化剂只能产生多种还原产物。高效和选择性地生产高附加值燃料是实现光催化二氧化碳还原商业化运行的关键因素。使用钙钛矿结构的氮氧化物，如由 Ag 助催化剂和双核 Ru（Ⅱ）络合物光敏剂共同修饰的 CaTaO$_2$N，由于增强了界面电子转移，在可见光照射下提高了二氧化碳合成甲酸的选择性（>99%）。

3.3.1.4　氮化物

通过对助催化剂的纳米结构进行系统调控，AlOtaibi 等证明使用氮化物半导体可以显著提高目标产物的选择性。在非极性 GaN 纳米线上负载 Rh@非晶态 Cr$_2$O$_3$ 核壳助催化剂，在 24h 内使甲烷的产量从 1.3μmol/（g$_{cat}$·h）（原始 GaN）增加到 3.5μmol/（g$_{cat}$·h），而 CO 产量从 1130μmol/（g$_{cat}$·h）（原始 GaN）下降到 120μmol/（g$_{cat}$·h）。由于 Rh 核和非晶态 Cr$_2$O$_3$ 助催化剂能有效收集光生电子，在没有 Rh 修饰 GaN 表面时，不发生明显的还原反应（如 CO$_2$ 光还原为 CO）。负载后，在紫外—可见光照射下二氧化碳光还原反应产物的甲烷选择性有所增强。此外，Rh/Cr$_2$O$_3$ 负载在 GaN 纳米线上可以抑制 H$_2$ 和 O$_2$ 生成 H$_2$O 的逆反应，并为 CO$_2$ 提供吸附位点。

综上所述，与大多数金属氧化物相比，金属氮氧化物和氮化物都表现出更强的光还原二氧化碳的催化性能。遗憾的是，这类材料还没有得到广泛的研究。

3.3.2　纳米结构碳基光催化剂

碳基半导体在光催化剂中得到了广泛的应用，包括光合成化学品和燃料。例如，Xia 等研究通过 NH$_3$ 媒介的热剥离法合成胺功能化的 g-C$_3$N$_4$。此类材料具有更大的比表面积、吸附能力和增强的二氧化碳光还原能力，这也促进了电子—空穴对的分离。甲烷和甲醇的产量分别显著增加到 1.39μmol/（g$_{cat}$·h）和 1.87μmol/（g$_{cat}$·h）。Yu 等报道了在 550℃ 下硫脲热解直接合成 g-C$_3$N$_4$，然后将 Pt 负载到 g-C$_3$N$_4$ 表面，在太阳照射下提高了二氧化碳光还原的效率。生成甲醇和甲醛的最佳 Pt 负载量为 0.75%（质量分数）。

碳基光催化剂与无机光催化剂的耦合可进一步增强二氧化碳光还原的能力。例如，Nie 等报道了一种静电自组装法，利用带相反电荷单一材料的表面静电相互作用组装分级结构 $g-C_3N_4/ZnO$。使用这些复合微球催化剂得到的甲醇产率为 1.32μmol/（g_{cat}·h）。Zhu 等使用还原氧化石墨烯（RGO）、Ag 和 CdS 纳米棒合成了一种复合催化剂材料用于二氧化碳光还原生产太阳能燃料。当负载1% Ag、3% RGO—CdS（质量分数）时，表现出更高的 CO 光催化活性。Yu 等采用微波水热法合成了 RGO—CdS 纳米棒型复合材料。然而，当 RGO 含量为 0.5%（质量分数）时，该复合材料对甲烷而非 CO 的选择性提高到 2.51μmol/（g_{cat}·h）。Qin 等利用 $MoS_2/g-C_3N_4$ Z 型异质结作为催化剂，在可见光照射下增强了 CO 的选择性，产率为 58.59μmol/（g_{cat}·h）。在浓度为 10% 的 $MoS_2/g-C_3N_4$ 时性能最好，性能的提高归因于可见光响应的增强和光诱导电子—空穴对有效分离，以及较大的比表面积。与此类似，Di 等采用水热法合成了一种 Z 型的 $g-C_3N_4/SnS_2$ 催化剂，在 $g-C_3N_4$ 表面沉积 SnS_2 量子点，提高了催化剂的二氧化碳吸附能力，促进了电荷有效分离，其甲醇产率达到 2.24μmol/（g_{cat}·h）。

综上所述，目前已在光催化剂的设计以及光催化体系的优化方面取得了重大进展。可使用金属硫化物、氧化物、氮氧化物和氮化物替代二氧化钛光催化材料进行二氧化碳光还原。通过控制合成过程中的结构和形态变化来调节材料的性能，包括比表面积、集光性、电荷产生、电荷分离和运输，从而提高二氧化碳光还原性能。关于提高可见光催化活性的策略和方法，以及改善二氧化碳光还原为太阳能燃料过程中的电荷转移和分离的相关信息在其他地方报道过。

3.4 光催化还原 CO_2 的空穴牺牲剂

3.4.1 引言

如第 3.2 和 3.3 节所述，许多半导体催化剂材料能用于紫外光或可见光条件下的光催化二氧化碳还原。然而，光催化二氧化碳还原转化为碳氢化合物的量子效率仍然很低，仅提高光催化剂性能远远不够。因此，通过引入空穴牺牲剂来提高光催化二氧化碳还原的效率引起了广泛关注。

3.4.2 无机空穴牺牲剂

如第 3.3.1.1 节所述，由于晶格氧化 S^{2-} 离子会被氧化成单质 S，再氧化为硫酸盐，所以金属硫化物易于在水分散体系中受到光腐蚀。基于此提出了通过添加还原剂消耗光生空穴来防止晶格 S^{2-} 离子氧化的策略。Kanemoto 等以 0.35mol/L NaH_2PO_2 和 0.24mol/L Na_2S 作为空穴牺牲剂，添加到含有 ZnS 光催化剂的二氧化碳还原体系中，在 313nm 的紫外光照射下的累积量子产率达到 72%，甲酸和一氧化碳的产率分别为 75.1μmol/（g_{cat}·h）、1.7μmol/（g_{cat}·h）。

最近科学家系统研究了 Na_2S 作为空穴牺牲剂对 ZnS 光催化二氧化碳还原的影响（λ=345nm）。研究表明，ZnS 表面的光生空穴被 Na_2S 捕获消耗，同时光生电子传递到导带。另外，不同的 pH 下二氧化碳的反应速率与溶解度呈正比，不是通过 HCO_3^- 和 CO_3^{2-} 直接参与光还原过程。最近的一项研究支持了这种观点，在含有 ZnS 的水溶液中使用 $KHCO_3$ 作为空穴牺牲剂。研究表明，$KHCO_3$ 是一种有效的空穴牺牲剂，同时作为缓冲液减缓了由于二氧化碳饱和引起的 pH 变化。然而，在仅使用 K_2SO_3 作为空穴牺牲剂时并没有观察到这种现象。

据报道，无机盐（NaOH、Na_2S 等）在光催化二氧化碳还原方面也起着重要的作用。与水相比，氢氧化钠的加入增加了二氧化碳的溶解度，这是因为氢氧化钠水溶液中的 OH^- 与溶液中的二氧化碳发生反应产生 CO_3^{2-}，并且进一步溶解到二氧化碳饱和溶液中产生 HCO_3^-。研究表明，在整个体系中高浓度的 HCO_3^- 可以加速光催化反应，进而增加光催化的性能。Zn 掺杂 Ga_2O_3 光催化剂在二氧化碳水溶液中可以观察到直接消耗 HCO_3^- 产生 CO。Nakanishi 等进一步研究了这一试验结果，他们认为，HCO_3^- 先转化为 CO_2，再还原产生 CO。因此，添加 HCO_3^- 增加了水溶液中 CO_2 的含量，但是并没有增加反应电子和空穴的数量。换句话说，在碱性条件下，H_2 的生成可能会受到显著抑制从而提高 CO_2 转化为 CO 的选择性。

在光催化二氧化碳还原水溶液中加入 NaOH、Na_2CO_3 和 $NaHCO_3$，可以促进光催化生产 CO；然而加入 H_2SO_4 和 NaCl 则有利于水的分解进而产生 H_2。有研究表明，在 Ni—Al 层状双氢氧化物的水溶液催化体系中，NaCl 中的 Cl^- 可以消耗光催化二氧化碳还原过程中产生的光生空穴。在光催化体系中加入 NaCl，CO 对 H_2 的选择性达到了 82%，其中 CO 的浓度为 6.95μmol/（g·h），H_2 的浓度为 1.16μmol/（g·h）。相反，如果在没有牺牲剂的情况下，CO 对 H_2 的选择性只有 54%，其中 CO 的浓度为 3.15μmol/（g·h），H_2 的浓度为 2.63μmol/（g·h）。研究人员还指出，$NaHCO_3$ 和 Na_2CO_3 的加入促进了水中 H^+ 还原为 H_2，而不是光催化还原二氧化碳。无论是 Na_2SO_4 还是 $NaNO_3$ 都不能提高 CO 的产量。当添加其他的氯盐如 CsCl［CO 的产率 8μmol/（g·h），选择性 82%］、$MgCl_2$［CO 的产率 7μmol/（g·h），选择性 82%］，$CaCl_2$［CO 的产率 7.5μmol/（g·h），选择性 82%］，也观察到类似的

CO 产物和选择性。然而，添加其他卤化物盐（如溴化钠、碘化钠）的光催化能力比报道的氯化钠弱。

3.4.3　有机空穴牺牲剂

自 20 世纪以来，ZnS 一直被用作二氧化碳光催化还原的催化剂。三乙胺可以作为空穴牺牲剂来使用，它可以抑制亚硫酸盐类光催化剂在光催化过程中的腐蚀。在 ZnS 体系中，异丙醇是一种常见的二氧化碳光催化还原的空穴牺牲剂。在之前的工作中提出光能可以储存在由光引发的反应中。

$$CO_2+(CH_3)_2CHOH \longrightarrow HCOOH+(CH_3)_2CO$$

在 25℃时，这个反应的吉布斯自由能是 +62.8kJ/mol。

一项研究表明，在含有 1%（体积分数）水的 N, N— 二甲基甲酰胺（DMF）体系中硫化镉可以将二氧化碳光催化还原为一氧化碳。另一项研究则报告了相同的试验结果，在装有 300nm 滤波器的 500W 汞灯照射下，将硫化镉分散在 DMF 中会在光照的条件下产生一氧化碳。当 DMF 被低极性溶液，如四氯化碳、二氯甲烷取代时，一氧化碳是主要产物，而用高极性溶剂，如水来代替 DMF 时，甲酸盐是主要产物。这是由于二氧化碳活化后的中间产物 $CO_2{}^{\cdot-}$ 的吸附能力依赖于所用溶液的极性。低极性分子使中间产物 $CO_2{}^{\cdot-}$ 的碳原子在硫化镉中的镉位点上发生吸附，中间产物 $CO_2{}^{\cdot-}$ 在低极性溶剂中的溶解度不高进而导致了 CO 的形成。当使用高极性溶液时，中间产物 $CO_2{}^{\cdot-}$ 在溶液中能够稳定存在，且与光催化剂之间的相互作用较弱，最终导致中间产物 $CO_2{}^{\cdot-}$ 倾向于和质子反应并生成甲酸盐。

最近的一项研究表明，当使用甘油（一种从植物油中提取的绿色溶剂）作为空穴牺牲剂替代石油衍生溶剂时，光催化二氧化碳还原工艺可以更加绿色环保。研究中，以甘油和异丙醇作为空穴牺牲剂时，纤锌矿 ZnS 光催化二氧化碳还原为甲酸的表观量子效率分别为 3.2% 和 0.9%。

3.5　光催化还原 CO_2 的工艺过程开发和数据收集

3.5.1　引言

光催化反应设备种类繁多，如连续流动式［图 3.7（a）~（c）］、再循环式［图 3.7（d）］以及批量式［图 3.7（e）、（f）］，已被广泛应用于光催化二氧化碳还原。连续流动式光催化反应装置有许多优点，包括混合搅拌效率改进，温度场分布均匀，反应气体与辐照光催化剂面积比高，用于跟踪转化过程的在线分析系统以及可以提供反应过程的详细实时信息等。正是由于这些特点，在此对连续流动式光催化反应器的过程开发进行讨论。

3.5.2　试验和分析实例

正如第 3.2 和第 3.3 节所讨论的，尽管已经做了大量的工作，目前仍没有找到合适的方法来优化和筛选二氧化碳还原光催化剂。这是由于所使用的光催化设备和试验流程都存在很大的差异。幸运的是，很多应用实例都采用了类似的试验和分析方法。通过避免使用有机溶剂、高纯度试剂和分析气体以及较少聚合物成分的不锈钢光催化反应装置，来减少外部碳源对光催化二氧化碳还原数据的影响。另外，使用了连续流动式光催化反应装

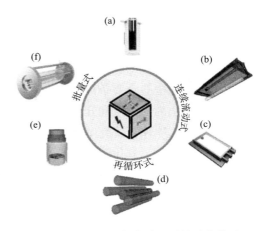

图 3.7　光催化二氧化碳还原的反应装置

置和在线分析。这些试验和实例分析获得了高质量的数据，为研究制备工艺参数对光催化二氧化碳还原性能的影响奠定了良好的基础。由于转化率很低，所使用的分析方法应具有可重复性和稳定性，并且对预期产率作线性校准。Hong 等描述了理想的光催化二氧化碳还原的气相色谱装置。该论文详细描述了分析方法以及使用火焰电离和热导率探测器的局限性。原位红外和原位拉曼技术为实时检测光催化二氧化碳还原过程提供可能。了解光催化剂表面的光催化二氧化碳还原的过程对于推动该技术的发展至关重要。使用原位光谱或低成本分析传感器的平行反应装置加快了工艺过程的开发速度。

3.5.3　光催化还原 CO$_2$ 过程参数

正如第 3.2 和第 3.3 节所述，大部分研究集中在光催化剂的发展，因此探究辐照度、温度、分压、二氧化碳纯度对水系中光催化二氧化碳还原的影响具有重要意义。Dilla 等在高纯度条件下研究了辐照度、二氧化碳分压对水系光催化二氧化碳还原的影响。无论是在室外光照下，还是在由可再生能源供电的室内光下，通过了解不同波长光辐照度的影响，可以指导未来光催化反应装置的工业放大问题。光催化反应装置的设计和形状将直接影响光辐射度与光催化剂表面的相

互作用方式（图 3.7）。

户外使用的设备，比如光伏电池，需要具有大的光催化比表面积。在室内使用的设备，除了通过控制光源和光催化反应设备形状以减小体积外，也需要大的光催化比表面积。二氧化碳和水的分压和纯度也会影响这些系统。将这些系统应用在二氧化碳排放点进行耦合是可行的，也有利于排放二氧化碳的发电站的发电系统和供电系统等基础设备的共享。现在人们普遍认为，光是光催化二氧化碳还原的主要驱动能量，因此反应的温度经常被忽视。Poudyal 等利用优代的试验参数和密度泛函理论模型研究表明，在光催化二氧化碳还原过程中，温度很可能是克服机械能垒的必要条件。这提供了一个令人振奋的研究思路，因为它很可能会改善光催化剂的生产和开发条件，而不只是考虑其体电子和光学特性。有趣的是，最近的一项计算研究阐述了包括光强、温度和进入的二氧化碳摩尔分数等工艺参数对光催化二氧化碳还原的影响。虽然建立的二维数值模型是在光催化二氧化碳和固体氧化物燃料电池的混合体系中开发的，但该研究为光催化二氧化碳还原的工艺优化提供了思路。

3.5.4 光催化还原 CO_2 动力学模型和系统工具

工艺参数对光催化二氧化碳还原过程的影响仍有待深入研究。有些试图描述光催化二氧化碳还原的动力学过程的研究，这些研究虽然打下了良好的基础，但因几何相关性的限制而难以为工业放大提供依据。利用 3.5.1 节中所描述的条件和光差分光反应器，在二氧化碳光还原活性位点等概率参与的情况下，可以得到几何无关的动力学模型，其可扩展性更大。在光催化二氧化碳还原过程的工艺参数优化中，系统实验设计为理解最关键的工艺过程参数提供了机会。此外，最近一项研究提出了实验和数据分析的标准方法，以获得高质量的实验数据。

3.5.5 光催化还原 CO_2 产物确认

在光催化剂的合成中不可避免地使用有机化合物前驱体，有机物残留是近年来光催化二氧化碳还原研究中重点关注的问题。在光催化二氧化碳还原体系中使用有机空穴牺牲剂很可能产生污染碳源，这些碳源通过光催化二氧化碳还原形成碳氢化合物产品。为了确认光催化二氧化碳还原形成的碳氢化合物产品中碳的真正来源，近期的一些研究中进行了同位素标记试验。在同位素标记试验中，使用 $^{13}CO_2$ 代替 CO_2，并对产物进行质谱分析。

来自光催化剂和反应器的有机污染物也会形成碳氢化合物。然而，光催化二氧化碳还原中的产物验证还未普及使用。一项研究表明，在紫外光辐射、180 ～ 200℃、100 ～ 600kPa 条件下，使用含有 5% 钴的二氧化钛催化剂在水系中进行了光热催化二氧化碳还原的同位素标记实验。遗憾的是，即使经过高温处理（400℃，6h）去除光催化剂上的外来污染碳，也只检测到不足 5% 的 ^{13}C 标记产物，表明从试验中产生的碳氢化合物并非来源于二氧化碳。

因此，要更加关注光催化二氧化碳还原产物的验证，以找到碳氢化合物的真正来源。碳污染的预防措施应该考虑光催化剂的碳污染、反应容器是否洁净、水或其他电子供体的纯度等方面。同时进行空白测试也必不可少，如无光催化剂、无光源、无二氧化碳对照试验。

3.5.6　结论

到目前为止，光催化二氧化碳还原效率依然很低，难以实现商业化生产。因此，应在开发光催化剂、优化工艺过程和设计反应器这几个方面齐头并进行研究。就此而言，应该引入标准的试验方法，并实现数据收集、产物验证和光催化剂的标准化流程，以便与文献结果进行客观比较。

致谢

感谢工程和物理科学研究理事会（EP/K021796/1）提供的研究经费支持，也感谢碳解决方案研究中心（RCCS）、詹姆斯·瓦特奖学金计划和赫瑞瓦特大学可持续能源工程中心 Buchan 教授提供的支持。

参考文献

［1］X. Chang，T. Wang，J. Gong，Energy Environ. Sci. 9（2016）2177–2196.

［2］R.L. Paddock，S.T. Nguyen，J. Am. Chem. Soc. 123（2001）11498–11499.

［3］O. Ola，M.M. Maroto–Valer，J. Photochem. Photobiol. C：Photochem. Rev. 24（2015）16–42.

［4］K. Li，X. An，K.H. Park，M. Khraisheh，J. Tang，Catal. Today 224（2014）3–12.

［5］K. Ozawa，M. Emori，S. Yamamoto，R. Yukawa，S. Yamamoto，R. Hobara，et al.，J. Phys. Chem. Lett. 5（2014）1953–1957.

［6］S. Xie，Q. Zhang，G. Liu，Y. Wang，Chem. Commun. 52（2016）35–59.

［7］S.N. Habisreutinger，L. Schmidt–Mende，J.K. Stolarczyk，Angew. Chem. Int. Ed.

52（2013）7372-7408.

［8］ V.-H. Nguyen, J.C.S. Wu, Appl. Catal. A 550（2018）122-141.

［9］ S. Tembhurne, S. Haussener, J. Electrochem. Soc. 163（2016）H988-H998.

［10］ M. Tahir, N.S. Amin, Appl. Catal. A : Gen. 467（2013）483-496.

［11］ Y. Liao, W. Que, Q. Jia, Y. He, J. Zhang, P. Zhong, J. Mater. Chem. 22
（2012）7937-7944.

［12］ T. Luttrell, S. Halpegamage, J. Tao, A. Kramer, E. Sutter, M. Batzill, Sci.
Rep. 4（2014）4043.

［13］ P. Bouras, E. Stathatos, P. Lianos, Appl. Catal. B : Environ. 73（2007）
51-59.

［14］ O. Ola, M. Mercedes Maroto-Valer, Catal. Sci. Technol. 4（2014）1631-1637.

［15］ B.S. Shirke, P.V. Korake, P.P. Hankare, S.R. Bamane, K.M. Garadkar, J.
Mater. Sci. Mater. Electron. 22（2011）821-824.

［16］ R. Asahi, T. Morikawa, T. Ohwaki, K. Aoki, Y. Taga, Science 293（2001）
269-271.

［17］ R. Asahi, T. Morikawa, Chem. Phys. 339（2007）57-63.

［18］ L.M. Xue, F.H. Zhang, H.J. Fan, X.F. Bai, Adv. Mater. Res. 183-185（2011）
1842-1846.

［19］ T. Ohno, M. Akiyoshi, T. Umebayashi, K. Asai, T. Mitsui, M. Matsumura,
Appl. Catal. A : Gen. 265（2004）115-121.

［20］ J. Kim, W. Choi, H. Park, Res. Chem. Intermediat 36（2010）127-140.

［21］ J.Z. Yie Tan, J. Zeng, D. Kong, J. Bian, X. Zhang, J. Mater. Chem. 22（2012）
18603-18608.

［22］ Q.-H. Zhang, W.-D. Han, Y.-J. Hong, J.-G. Yu, Catal. Today 148（2009）
335-340.

［23］ X.Z. Li, F.B. Li, Environ. Sci. Technol. 35（2001）2381-2387.

［24］ J.Z.Y. Tan, Y. Fernández, D. Liu, M. Maroto-Valer, J. Bian, X. Zhang,
Chem. Phys. Lett. 531（2012）149-154.

［25］ L. Liu, F. Gao, H. Zhao, Y. Li, Appl. Catal. B : Environ. 134（2013）349-
358.

［26］ O. Ola, M.M. Maroto-Valer, J. Catal. 309（2014）300-308.

［27］ B.S. Kwak, K. Vignesh, N.-K. Park, H.-J. Ryu, J.-I. Baek, M. Kang, Fuel
143（2015）570-576.

［28］ Z. Yan，L. Liu，J. Tan，Q. Zhou，Z. Huang，D. Xia，et al.，J. Power Sources 269（2014）37–45.

［29］ J.Z.Y. Tan，N.M. Nursam，F. Xia，M.–A. Sani，W. Li，X. Wang，et al.，ACS Appl. Mater. Interfaces 9（2017）4540–4547.

［30］ X. Hua，Z. Liu，P.G. Bruce，C.P. Grey，J. Am. Chem. Soc. 137（2015）13612–13623.

［31］ J.–Y. Liao，J.–W. He，H. Xu，D.–B. Kuang，C.–Y. Su，J. Mater. Chem. 22（2012）7910–7918.

［32］ D. Kong，J.Z.Y. Tan，F. Yang，J. Zeng，X. Zhang，Appl. Surf. Sci. 277（2013）105–110.

［33］ A. Nikokavoura，C. Trapalis，Appl. Surf. Sci. 391（2017）149–174.

［34］ X. Chen，S. Shen，L. Guo，S.S. Mao，Chem. Rev. 110（2010）6503–6570.

［35］ K. Maeda，K. Domen，J. Phys. Chem. C 111（2007）7851–7861.

［36］ K. Maeda，K. Domen，J. Phys. Chem. Lett. 1（2010）2655–2661.

［37］ J.L. White，M.F. Baruch，J.E. Pander，Y. Hu，I.C. Fortmeyer，J.E. Park，et al.，Chem. Rev. 115（2015）12888–12935.

［38］ O. Carp，C.L. Huisman，A. Reller，Prog. Solid State Chem. 32（2004）33–177.

［39］ F.R.F. Fan，P. Leempoel，A.J. Bard，J. Electrochem. Soc. 130（1983）1866–1875.

［40］ K. Kočí，L. Matějová，O. Kozák，L. Čapek，V. Valeš，M. Reli，et al.，Appl. Catal. B 158–159（2014）410–417.

［41］ Y. Chai，J. Lu，L. Li，D. Li，M. Li，J. Liang，Catal. Sci. Technol. 8（2018）2697–2706.

［42］ X. Li，J. Chen，H. Li，J. Li，Y. Xu，Y. Liu，et al.，J. Nat. Gas Chem. 20（2011）413–417.

［43］ P. Li，X. Zhang，C. Hou，L. Lin，Y. Chen，T. He，Phys. Chem. Chem. Phys. 20（2018）16985–16991.

［44］ P. Kar，S. Farsinezhad，X. Zhang，K. Shankar，Nanoscale 6（2014）14305–14318.

［45］ J.–Y. Liu，B. Garg，Y.–C. Ling，Green Chem. 13（2011）2029–2031.

［46］ A.H. Yahaya，M.A. Gondal，A. Hameed，Chem. Phys. Lett. 400（2004）206–212.

［47］J. Núñez, V.A. de la Peña O'Shea, P. Jana, J.M. Coronado, D.P. Serrano, Catal. Today 209（2013）21–27.

［48］L. Wan, X. Wang, S. Yan, H. Yu, Z. Li, Z. Zou, CrystEngComm 14（2012）154–159.

［49］Q. Liu, Y. Zhou, J. Kou, X. Chen, Z. Tian, J. Gao, et al., J. Am. Chem. Soc. 132（2010）14385–14387.

［50］S. Yan, L. Wan, Z. Li, Z. Zou, Chem. Commun. 47（2011）5632–5634.

［51］Q. Liu, Y. Zhou, Z. Tian, X. Chen, J. Gao, Z. Zou, J. Mater. Chem. 22（2012）2033–2038.

［52］Q. Liu, D. Wu, Y. Zhou, H. Su, R. Wang, C. Zhang, et al., ACS Appl. Mater. Interfaces 6（2014）2356–2361.

［53］Z. Li, Y. Zhou, J. Zhang, W. Tu, Q. Liu, T. Yu, et al., Cryst. Growth Des. 12（2012）1476–1481.

［54］J. Guo, K. Wang, X. Wang, Catal. Sci. Technol 7（2017）6013–6025.

［55］Y.P. Xie, G. Liu, L. Yin, H.-M. Cheng, J. Mater. Chem. 22（2012）6746–6751.

［56］X. Chen, Y. Zhou, Q. Liu, Z. Li, J. Liu, Z. Zou, ACS Appl. Mater. Interfaces 4（2012）3372–3377.

［57］G. Xi, S. Ouyang, P. Li, J. Ye, Q. Ma, N. Su, et al., Angew. Chem. Int. Ed. 51（2012）2395–2399.

［58］Y. Zhou, Z. Tian, Z. Zhao, Q. Liu, J. Kou, X. Chen, et al., ACS Appl. Mater. Interfaces 3（2011）3594–3601.

［59］H. Cheng, B. Huang, Y. Liu, Z. Wang, X. Qin, X. Zhang, et al., Chem. Commun. 48（2012）9729–9731.

［60］H. Shi, T. Wang, J. Chen, C. Zhu, J. Ye, Z. Zou, Catal. Lett. 141（2011）525–530.

［61］X. Li, H. Pan, W. Li, Z. Zhuang, Appl. Catal. A 413–414（2012）103–108.

［62］R. Pang, K. Teramura, H. Asakura, S. Hosokawa, T. Tanaka, Appl. Catal. B 218（2017）770–778.

［63］X.-J. Lv, W.-F. Fu, C.-Y. Hu, Y. Chen, W.-B. Zhou, RSC Adv 3（2013）1753–1757.

［64］C.-W. Tsai, H.M. Chen, R.-S. Liu, K. Asakura, T.-S. Chan, J. Phys. Chem. C 115（2011）10180–10186.

［65］ T. Takayama，H. Nakanishi，M. Matsui，A. Iwase，A. Kudo，J. Photochem. Photobiol. A 358（2017）416–421.

［66］ H. Nakanishi，K. Iizuka，T. Takayama，A. Iwase，A. Kudo，ChemSusChem 10（2017）112–118.

［67］ Z. Huang，K. Teramura，H. Asakura，S. Hosokawa，T. Tanaka，Catal. Today 300（2018）173–182.

［68］ M. Yamamoto，T. Yoshida，N. Yamamoto，H. Yoshida，S. Yagi，E–j. Surf. Sci. Nanotechnol 12（2014）299–303.

［69］ J. Mao，T. Peng，X. Zhang，K. Li，L. Zan，Catal. Commun. 28（2012）38–41.

［70］ J.W. Lekse，M.K. Underwood，J.P. Lewis，C. Matranga，J. Phys. Chem. C 116（2012）1865–1872.

［71］ K. Wang，L. Zhang，Y. Su，D. Shao，S. Zeng，W. Wang，J. Mater. Chem. A 6（2018）8366–8373.

［72］ Q. Han，Y. Zhou，L. Tang，P. Li，W. Tu，L. Li，et al.，RSC Adv 6（2016）90792–90796.

［73］ S. Yan，H. Yu，N. Wang，Z. Li，Z. Zou，Chem. Commun. 48（2012）1048–1050.

［74］ B. AlOtaibi，S. Fan，D. Wang，J. Ye，Z. Mi，ACS Catal 5（2015）5342–5348.

［75］ Z. Zhu，J. Qin，M. Jiang，Z. Ding，Y. Hou，Appl. Surf. Sci. 391（2017）572–579.

［76］ H. Kisch，P. Lutz，Photochem. Photobiol. Sci. 1（2002）240–245.

［77］ W. Li，D. Li，W. Zhang，Y. Hu，Y. He，X. Fu，J. Phys. Chem. C 114（2010）2154–2159.

［78］ Q. Li，H. Meng，P. Zhou，Y. Zheng，J. Wang，J. Yu，et al.，ACS Catal. 3（2013）882–889.

［79］ Z. Han，G. Chen，C. Li，Y. Yu，Y. Zhou，J. Mater. Chem. A 3（2015）1696–1702.

［80］ T. Inoue，A. Fujishima，S. Konishi，K. Honda，Nature 277（1979）637–638.

［81］ G.R. Bamwenda，H. Arakawa，Appl. Catal. A 210（2001）181–191.

［82］ D.E. Scaife，Sol. Energy 25（1980）41–54.

［83］ K. Maeda，Prog. Solid State Chem. 51（2018）52–62.

［84］K. Maeda，Phys. Chem. Chem. Phys. 15（2013）10537-10548.

［85］M. Hara，G. Hitoki，T. Takata，J.N. Kondo，H. Kobayashi，K. Domen，Catal. Today 78（2003）555-560.

［86］W.-J. Chun，A. Ishikawa，H. Fujisawa，T. Takata，J.N. Kondo，M. Hara，et al.，J. Phys. Chem. B 107（2003）1798-1803.

［87］F. Yoshitomi，K. Sekizawa，K. Maeda，O. Ishitani，ACS Appl. Mater. Interfaces 7（2015）13092-13097.

［88］P. Xia，B. Zhu，J. Yu，S. Cao，M. Jaroniec，J. Mater. Chem. A 5（2017）3230-3238.

［89］J. Yu，K. Wang，W. Xiao，B. Cheng，Phys. Chem. Chem. Phys. 16（2014）11492-11501.

［90］N. Nie，L. Zhang，J. Fu，B. Cheng，J. Yu，Appl. Surf. Sci. 441（2018）12-22.

［91］Z. Zhu，Y. Han，C. Chen，Z. Ding，J. Long，Y. Hou，ChemCatChem 10（2018）1627-1634.

［92］J. Yu，J. Jin，B. Cheng，M. Jaroniec，J. Mater. Chem. A 2（2014）3407-3416.

［93］H. Qin，R.-T. Guo，X.-Y. Liu，W.-G. Pan，Z.-Y. Wang，X. Shi，et al.，Dalton Trans. 47（2018）15155-15163.

［94］T. Di，B. Zhu，B. Cheng，J. Yu，J. Xu，J. Catal. 352（2017）532-541.

［95］X. Li，J. Wen，J. Low，Y. Fang，J. Yu，Sci. China Mater. 57（2014）70-100.

［96］D. Meissner，R. Memming，B. Kastening，J. Phys. Chem. 92（1988）3476-3483.

［97］M. Kanemoto，T. Shiragami，C. Pac，S. Yanagida，J. Phys. Chem. 96（1992）3521-3526.

［98］R. Zhou，M.I. Guzman，J. Phys. Chem. C 118（2014）11649-11656.

［99］X. Meng，Q. Yu，G. Liu，L. Shi，G. Zhao，H. Liu，et al.，Nano Energy 34（2017）524-532.

［100］S. Kaneco，Y. Shimizu，K. Ohta，T. Mizuno，J. Photochem. Photobiol. A 115（1998）223-226.

［101］I.H. Tseng，W.-C. Chang，J.C.S. Wu，Appl. Catal. B 37（2002）37-48.

［102］S. Liu，Z. Zhao，Z. Wang，Photochem. Photobiol. Sci. 6（2007）695-700.

［103］K. Teramura，Z. Wang，S. Hosokawa，Y. Sakata，T. Tanaka，Chem. Eur. J.

20（2014）9906–9909.

［104］S. Iguchi, K. Teramura, S. Hosokawa, T. Tanaka, Phys. Chem. Chem. Phys. 17（2015）17995–18003.

［105］I. Hiroshi, T. Tsukasa, S. Takao, M. Hirotaro, Y. Hiroshi, Chem. Lett. 19（1990）1483–1486.

［106］H. Inoue, H. Moriwaki, K. Maeda, H. Yoneyama, J. Photochem. Photobiol. A 86（1995）191–196.

［107］K. Masashi, I. Ken–ichi, W. Yuji, S. Takao, M. Hirotaro, Y. Shozo, Chem. Lett. 21（1992）835–836.

［108］B.–J. Liu, T. Torimoto, H. Yoneyama, J. Photochem. Photobiol. A 113（1998）93–97.

［109］D.P. Leonard, H. Pan, M.D. Heagy, ACS Appl. Mater. Interfaces 8（2016）1553.

［110］S. Poudyal, S. Laursen, J. Phys. Chem. C 122（2018）8045–8057.

［111］A. Pougin, M. Dilla, J. Strunk, Phys. Chem. Chem. Phys. 18（2016）10809–10817.

［112］M. Dilla, A. Mateblowski, S. Ristig, J. Strunk, ChemCatChem 9（2017）4345–4352.

［113］M. Dilla, A.E. Becerikli, A. Jakubowski, R. Schlögl, S. Ristig, Photochem. Photobiol. Sci. 18（2019）314–318.

［114］C.–C. Lo, C.–H. Hung, C.–S. Yuan, J.–F. Wu, Sol. Energy Mater. Sol. Cells 91（2007）1765–1774.

［115］A.E. Nogueira, J.A. Oliveira, G.T.S.T. da Silva, C. Ribeiro, Sci. Rep. 9（2019）1316.

［116］J.C.S. Wu, H.–M. Lin, C.–L. Lai, Appl. Catal. A 296（2005）194–200.

［117］J. Hong, W. Zhang, J. Ren, R. Xu, Anal. Methods 5（2013）1086–1097.

［118］C.–C. Yang, Y.–H. Yu, B. van der Linden, J.C.S. Wu, G. Mul, J. Am. Chem. Soc. 132（2010）8398–8406.

［119］F. Fresno, P. Reñones, E. Alfonso, C. Guillén, J.F. Trigo, J. Herrero, et al., Appl. Catal. B 224（2018）912–918.

［120］M. Dilla, R. Schlögl, J. Strunk, ChemCatChem 9（2017）696–704.

［121］S. Poudyal, S. Laursen, Catal. Sci. Technol. 9（2019）1048–1059.

［122］H. Xu, B. Chen, P. Tan, Q. Sun, M.M. Maroto–Valer, M. Ni, Appl. Energy

240（2019）709–718.

［123］M. Tahir，N.S. Amin，Chem. Eng. J. 230（2013）314–327.

［124］L.–L. Tan，W.–J. Ong，S.–P. Chai，A.R. Mohamed，Chem. Eng. J. 308（2017）248–255.

［125］A. Khalilzadeh，A. Shariati，Sol. Energy 164（2018）251–261.

［126］S. Delavari，N.A.S. Amin，Appl. Energy 162（2016）1171–1185.

［127］M. Tahir，N.S. Amin，Appl. Catal. B 162（2015）98–109.

［128］W.A. Thompson，E. Sanchez Fernandez，M.M. Maroto–Valer，Probability Langmuir–Hinshelwood based CO_2 photoreduction kinetic models，Chem. Eng. J. 384（2020）123356.

［129］W.A. Thompson，E. Sanchez Fernandez，M.M. Maroto–Valer，ACS Sustain. Chem. Eng. 8（2020）4677–4692.

［130］W.A. Thompson，C. Perier，M.M. Maroto–Valer，Appl. Catal. B 238（2018）136–146.

［131］W.A. Thompson，E. Sanchez Fernandez，M.M. Maroto–Valer，Chem. Eng. J. 384（2019）123356.

［132］S. Zeng，P. Kar，U.K. Thakur，K. Shankar，Nanotechnology 29（2018）052001.

［133］Y. Tong，Y. Zhang，N. Tong，Z. Zhang，Y. Wang，X. Zhang，et al.，Catal. Sci. Technol. 6（2016）7579–7585.

［134］M.F.I. Wilaiwan Chanmanee，B.H. Dennis，F.M. MacDonnell，Proc. Natl. Acad. Sci. 115（2018）E557.

第 4 章　多相光催化水净化处理

Spyros Foteinis　　**Efthalia Chatzisymeon**

英国爱丁堡　英国爱丁堡大学工程学院　基础设施与环境研究所

4.1　引言

近年来，随着人口快速增长和城市化发展的加快，在全球范围内，清洁饮用水的供应面临巨大压力。据估计，近 9 亿人缺乏基本的安全饮用水，2010 年联合国第 64/292 号决议已经将获得安全饮用水作为实现所有人权的必要先决条件之一。据估计，到 2025 年，世界人口数量的一半（还在不断增加）将生活在缺水地区。随着人口的不断增加，对淡水的需求越来越多，与此同时产生的废水量也越来越多。特别是在发展中国家，现有的废水处理设施老化，多数情况下无法满足日益增加的处理需求。更需注意的是，除了有机污染物的增加，在处理或未处理的废水，甚至在地表水、地下水和饮用水中检测出极少量的毒性物质和具有生物积累性的有机物、矿物污染物（微污染物或新兴污染物）。这些情况的出现，进一步加剧了世界各国面临的淡水短缺问题。

近些年，先进氧化工艺（advanced oxidation processes，AOPs），如旨在生产安全清洁用水的光催化技术，已成为一个新兴的科学研究领域。光催化氧化是 20 世纪 30 年代出现的一种催化类型，它是通过半导体吸收足够能量的光辐射，产生能够净化水的中间催化物质，这些物质通过氧化还原反应来实现水的净化。光催化处理的主要优势在于能够将污染物转化为矿化产物，而不是像传统处理技术那样将污染物从一相转移到另一相。此外，这些技术的主要用到的是光辐射，而光辐射是一种清洁的处理手段。当光催化技术使用自然光或节能的辐射源，如发光二极管（light emitting diode，LED），该过程可以看作是环境友好的过程。光催化的其他优点为具有通用性、易于自动化、所需设备简单便于操作，以及温和环境条件下安全操作等。

光催化氧化可以是均相（即催化剂与反应物处于相同的相）或多相（即催化剂与反应物处于不同的相），这两种工艺均可用于水的净化。均相光催化主要基于光芬顿（Photo-Fenton）过程，其中铁离子（通常为 Fe^{3+} 或 Fe^{2+}）与过氧化氢（H_2O_2）在紫外线（UV）/可见光照射下生成羟基自由基（HO·）和其他活性氧化性物质，生成的活性物质与污染物发生氧化反应。然而，由于难以从水中分离和回收溶解的催化剂，所以该工艺在工业利用上缺乏吸引力。多相光催化使用固体催化剂，特别是二氧化钛（TiO_2），已被证明是去除水中污染物的有效手段。此外，使用多相催化剂（固相铁基催化剂或碳基催化剂）的 Photo-Fenton 工艺也有很多研究，由于其具有简单、高效的特点且在较宽 pH 范围内的可行性，以及使用太阳能的可能性，多相光催化对工业和环境废水的处理以及水净化应用具有吸引力。多相光催化中使用的固体催化剂为浆状，即催化剂颗粒悬浮在污染水中，或固定在多种类型和结构的基质表面，这使得催化剂的回收和再利用相对简单。总而言之，多相光催化已成为一种非常有前途的水净化技术，主要原因有：

（1）能够在自然环境的温度和压力下运行。

（2）不产生二次废物。

（3）直接利用大气中的氧气产生氧化剂。

（4）市面上有性价比高、抗化学分解和耐光腐蚀且稳定、无毒、可回收的催化剂。

（5）催化剂可以固定在惰性基体上，避免了后分离处理的步骤。

4.2　氧化机理

多相光催化反应基于形成了氧化性很强的氧化中间体［如羟基自由基（HO·）］，生成的氧化剂通过氧化—还原反应可以有效净化水。半导体的多相光催化依赖氧化—还原反应来矿化污染物，也就是说，催化剂将光能转化为化学能，然后用于水净化。更具体地说，适当辐射源（视催化剂而定，是可见光或紫外线）发射的光子激活光催化剂（即半导体），产生氧化中间体，从而破坏污染物。

根据能带理论（energy band theory），一定能量范围内彼此间隔紧密排列的能级轨道称为能带。半导体材料独特的性质在于价带（valence band）的最高能级（E_{vb}）和导带（conduction band）的最低能级（E_{cb}）之间存在能隙或带隙（E_{bg}）。当半导体材料吸收了等于或大于其带隙能量的光子（hv）时，价带中的电子（e^-）被激发（光激发）跃迁到导带，从而在价带中产生光生空穴（h^+），形成电子—空穴对。如 TiO_2、ZnO、CdS 和 ZnS 等半导体材料，它们的晶体结构能够在吸收能量高于阈值的光子时诱发光电效应。这意味着一个价带电子被激发，产生一个导带电子和一个价带空穴，而后者很容易接受一个新的电子。以 TiO_2 作为模型半导体，光激发机制如反应（4.1）所示。

$$TiO_2 + h\nu \longrightarrow e^-_{cb}(TiO_2) + h^+_{vb}(TiO_2) \tag{4.1}$$

在没有受体和电子供体的情况下，光诱导电子—空穴对很快（在几纳秒内）进行复合，同时产生热量。如果自由电子和空穴被截留在半导体表面，并且阻止其复合，就会发生一系列氧化—还原反应，从而完成水的净化。具体而言，由于催化剂可作为附着在其表面分子的电子供体或受体，激发电子和空穴可参与和水、氢氧根离子（OH^-）、有机化合物或溶解氧的氧化—还原反应，导致污染物的破坏并最终矿化。催化剂表面发生的导致水净化的氧化反应，如反应式（4.2）和（4.3）所示：

$$OH^- + h^+ \longrightarrow HO^\cdot \tag{4.2}$$

$$R-H + HO^\cdot \longrightarrow R^{\cdot\cdot} + H_2O \tag{4.3}$$

需要指出的是，光催化是一种基于自由基氧化机制的非选择性过程。这意味着污染物的降解主要通过光生自由基（$^\cdot OH$、$^\cdot O_2$、$^\cdot R$）实现。这些自由基可以氧化吸附在催化剂表面的有机和无机化合物，直到它们最终矿化。因此，多相光催化反应的最终产物通常为惰性产物，如：H_2O 和 CO_2。中间产物可根据水基质的初始物理化学特征而变化，如反应式（4.4）所示。

$$HO^\cdot + 污染物 + O_2 \longrightarrow CO_2 + H_2O + 中间产物 \tag{4.4}$$

多相光芬顿工艺也被广泛研究，其中使用水不溶性铁制剂用以增强多相半导体光催化的工艺性能。此外，均相光芬顿工艺在水处理过程中会发生铁浸出，而多相光芬顿工艺通过调整 pH 到酸性范围，可以避免铁沉积物的积累，这是其工艺上的一个很大优势。因此，通常将 Fe_3O_4 和 Fe_2O_3 等催化剂负载在载体上，如活性炭、Al_2O_3、介孔二氧化硅、泡沫镍、沸石、黏土矿物和碳气凝胶等，最后可通过磁分离技术轻松地从水中回收催化剂。也可以将多相光芬顿工艺与半导体多相光催化相结合，提高工艺效率，但也会使过程变得过于复杂。

4.3　影响多相光催化的因素

4.3.1　温度

光催化的主要优点之一是其反应可以在室温下进行，但光催化反应的温度可能仍需要控制，因为反应温度会随着照射时间的增加而大幅度提高，同时也会受到气候条件的影响。反应温度在整个光催化过程中的作用尚不完全清楚，根据试验数据分析，使用的光催化材料不同，温度对反应的影响也不同。例如，Shen等发现，Cr^{6+}、Ni^{2+} 和 Cd^{2+} 的吸附率随着温度的升高（在 0 ~ 80℃范围内）而增加，而 Cu^{2+} 的吸附率几乎不受温度的影响。另有文献认为，由于量子产率的增强，在紫外光照射下降解污染物时，较高的温度会使其具有更好的性能。另外，如果对温度敏感的步骤，如催化剂吸附、脱附、表面迁移和重排，在某些情况下并非决定反应速率步骤，那么污染物的分解可能与温度无关。尽管如此，孟等还指出，当使用 $g-C_3N_4$、TiO_2 和 ZnO 作催化剂时，温度从 4℃升高到 45℃，可使光催化反应速率分别提高 36.1%、45.7% 和 111.2%。

4.3.2 水基质

另一个影响工艺效率的因素是水基质的物理性质和化学性质。一般而言，当水基质的组分复杂程度增加时，工艺效率就会降低。复杂的水基质中含有其他无机和有机物质，这些物质可以起到羟基自由基牺牲剂的作用，从而大大降低了目标污染物的光催化降解效率。这些物质包括有机物（如由腐殖酸和富里酸、碳水化合物和蛋白质组成的天然有机质）或无机物（如碳酸盐、碳酸氢盐、硝酸盐、硫酸盐、氯化物等）。这些物质同样可以与羟基自由基反应，即可以与污染物竞争氧化，如下列反应式所示：

$$HO^{\cdot}+HPO_4^{2-} \longrightarrow HPO_4^{\cdot -}+HO^- \tag{4.5}$$

$$HO^{\cdot}+CO_3^{2-} \longrightarrow CO_3^{\cdot -}+HO^- \tag{4.6}$$

$$HO^{\cdot}+HCO_3^- \longrightarrow CO_3^{\cdot -}+H_2O \tag{4.7}$$

它们也可以形成相应的自由基，具有相对较低的氧化电势。例如，氯化物存在下的羟基自由基转化为氯自由基 [反应式（4.8）~ 式（4.10）]，其氧化电位低于羟基自由基的氧化电位，也就是其氧化能力低于羟基自由基的氧化能力，从而降低了该过程的降解效率。

$$HO^{\cdot}+Cl^- \longrightarrow [ClOH]^{\cdot -} \tag{4.8}$$

$$[ClOH]^{\cdot -}+H^+ \longrightarrow [HClOH]^{\cdot} \tag{4.9}$$

$$[HClOH]^{\cdot}+Cl^- \longrightarrow Cl_2^{\cdot -}+H_2O \tag{4.10}$$

另外，由于光在水基体的照射过程中发生吸收和衰减，所以水基质中的某些组分（包括悬浮物）还可能对氧化过程产生抑制作用。此外，还可能发生催化剂失活、活性位点中毒、表面污染等现象，以及由于复杂水基质的 pH 或离子强度的影响，从而改变表面电荷。

有报道表明，水基质中的某些溶解组分可以对光催化效率产生促进作用。例如，水基质中的光敏剂可以通过紫外线照射增加活性氧的产生，导致间接光解。此外，水中天然存在的铁离子能激活芬顿反应，加快污染物的降解速率。如果存在酚类化合物或其他含有羧基和羟基的化合物，可以把铁离子还原为亚铁离子，使催化剂再生，从而加快氧化反应的速率。

4.3.3　催化剂浓度

反应器中催化剂的添加量是一个重要的参数，这直接关系到该工艺的效率和运行成本。已发现光催化反应速率和去除率与催化剂用量呈正比，这是因为随着催化剂用量的增加，其有效表面积增加，活性位点数量增加，导致活性氧的光生速率提高，最终去除污染物的速率也随之提高。

然而，这种线性关系存在一个极限值（在大多数情况下为 0.5 ~ 2g/L），此后反应速率将不再受催化剂浓度的影响。这是由于催化剂负载量在超过某一临界点后与筛分效应有关，过量的催化剂颗粒阻碍了光的穿透，掩蔽了光敏活性位点，因此去除效率变得与催化剂含量无关。不仅如此，在催化剂浓度过高时，由于光反射率的增加，去除率也可能降低。催化剂添加量极限值取决于光反应器的几何形状和操作条件、光源的波长和强度，以及被充分照射的催化剂的总表面积等因素。因此，在水处理应用中，需要适当估计催化剂的最佳添加量，避免催化剂的过度使用，并确保光子的有效吸收。

4.3.4　光的波长和强度

辐射源的特性会极大地影响光催化效率。首先，光波长（λ）应处于催化剂的吸收光谱范围内，即光子提供能量应等于或大于催化剂禁带的能量，因为这些光子是激发催化剂和引发氧化—还原反应的关键。光催化氧化合适的光波长与光催化剂的种类有很大关系，这说明辐射源的光波长应根据所使用的光催化剂量身定做。例如，对于市售纳米级 TiO_2，需要 $\lambda \leqslant 380nm$ 即处于光谱的 UV–A 电磁区域。

为了达到较高的反应速率，需要较高的光照强度，以确保在每个催化剂活性位上提供足够的光子数量。一般来说，光强对工艺性能的影响可分为 3 个区域：一是低光强区，光催化反应速率随光强线性增加，这是由于阻止了电子—空穴对的复合；二是中等光强区，由于电子—空穴对的分离与复合竞争，反应速率随光强的平方根增加；三是高光强区，降解速率与光强无关，传质过程变为控制步骤。最后，在反应速率与光强呈线性关系的区域，最优光子效率（即反应速率与光子吸收速率的比值）对应于最优的光功率利用率。

4.3.5 基质的初始浓度

很多动力学研究探讨了底物初始浓度与反应速率的动力学关系。在多相光催化处理水的过程中，其降解速率符合 Langmuir–Hinshelwood（L–H）动力学模型 [等式（4.11）]。根据该模型，反应速率（r）与催化剂表面被底物覆盖的分数（θ_x）呈正比，所以反应速率常数（k_r）与底物浓度 X（C）和反应物吸附常数（K）呈正比。

$$r=\frac{-\mathrm{d}C}{\mathrm{d}t}=k_r\,\theta_x=\frac{k_r KC}{1+KC} \tag{4.11}$$

光催化降解过程中，底物被矿化，因此，催化剂的表面被覆盖的区域越来越少，最终，随着辐射时间的增加，在完全矿化时，反应动力学级数由 1 变为 0，反应速率减小。因此，L–H 模型稍作修改就可以用来表示水体污染物的光降解速率。此外，研究表明，光催化降解有机微污染物在污染物浓度方面符合准一级动力学模型。当底物浓度过高时，处理过程中形成的有机化合物及其中间副产物会导致催化剂表面饱和，影响光子效率，最终导致降解效率下降。

4.3.6 pH

水的 pH 是一个影响光催化反应的重要因素，它可以影响催化剂团聚体的大小、催化剂颗粒上的电荷以及导带和价带的位置。催化剂的零电荷点（point of zero charge，PZC）通常被用来研究 pH 对工艺性能的影响。不同催化剂的特性不同，所以其零电荷点也是不同的。当达到零电荷点时，催化剂表面电荷为中性，由于没有任何静电力，光催化剂颗粒与水污染物之间的相互作用最小。因此，应避免 pH 接近零电荷点，以抑制催化粒子的聚集。在 pH < PZC 时，催化剂表面吸附 H⁺ 而带正电，并对带负电的组分产生静电引力，从而加快其吸附速率。当存在低浓度阴离子有机物时尤其显著。在 pH > PZC 时，催化剂表面吸附 OH⁻ 而带负电，排斥水中的阴离子化合物。

4.4 水净化应用

水净化是从水中去除有机、无机和生物污染物的过程。水的用途非常广泛，如饮用水、医疗、化工和工业应用。这里重点介绍最近引起科学界兴趣的用于饮用水生产的多相光催化净化技术。在过去的几十年，特别是在过去的几年中，用于水净化应用的多相光催化出版物大量增加，如图 4.1 所示。

从图 4.1（a）中，可以看出，该领域的出版物数量从 2000 年开始，尤其是在 2013 年之后显著增加。这表明，多相光催化的优势已得到科学界的认可，并在优化水净化工艺效率方面做出了巨大贡献。还有一点值得注意的是，大部分论文主要来源于在夏季水资源短缺较为严重［图 4.1（b）］但同时可以高效利用太阳辐射的国家，这可能与光催化能在自然太阳光下运行有关，因此光催化提供了一种高效、可持续的净水技术。

此外，光催化氧化还可对许多有机杂质、生物污染物、有毒金属离子进行光催化降解，也可用于海水溢油处理，特别是原油水溶性组分的去除。人们发现光催化对处理有机和生物污染物非常有效，因此，以下将重点讨论这一点。

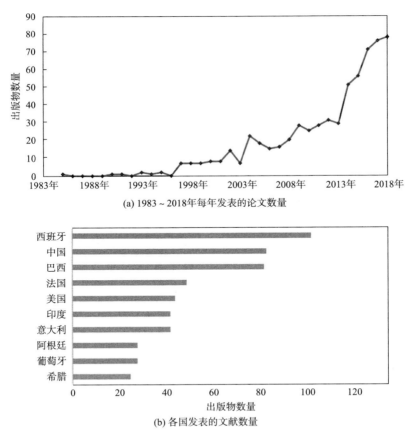

(a) 1983 ~ 2018年每年发表的论文数量

(b) 各国发表的文献数量

图 4.1　使用关键词："异相催化剂""光催化剂""水"和"处理"查询到的
有关异相光催化剂的文献资料

4.4.1 有机污染物

光催化用于降解持久性和顽固性有机污染物是一种很有前途的技术，已被广泛应用于新兴污染物的处理。新兴污染物，俗称微污染物，是在水中发现的微量浓度物质，其实它们在环境中已经存在了很长时间，只是因为在过去二十年分析化学和仪器取得重大进展，导致其最近才在地下和地表水体中检测到。这些污染物对人类健康、水生生物、野生动物和生态系统都有负面影响，因为它们与男性和女性的生殖功能改变、乳腺癌和前列腺癌的发病率增加、生长模式的异常以及儿童神经发育迟缓等都有关。

微污染物来源于工业应用和日常生活中使用的各种天然和合成化学物质，包括药物、个人护理产品、工程化纳米材料、激素、类固醇、表面活性剂和表面活性剂代谢产物、农药（除草剂、杀菌剂）、工业添加剂以及人工甜味剂。天然水体基质中微污染物的主要来源包括：生活废水（即从排泄、沐浴、剃须、洗衣、洗碗、淋出物料、冲洗未使用的药物等），临床用水，工业废水，动物浓缩饲养作业以及水产养殖和农业活动的径流。

人类对导致微量元素释放产品的依赖和频繁使用以及微量元素的异源性，导致淡水资源污染增加，以及食物链中的生物累积风险。此外，传统的处理方法不能有效地处理这些污染物，因此有必要评估、发展和应用新的、可靠的处理方法，以净化淡水，生产清洁、安全的饮用水。考虑到这些新兴污染物的异源性和顽固性，光催化技术是一个有前景的水处理技术。

目前已有大量的文献综述了多相光催化处理微污染物的效率。其中，激素、抗生素、抗抑郁药和精神病药、非甾体抗炎药、解热药和兴奋剂等药物的光降解已被广泛研究。其他新兴污染物，如个人护理产品、内分泌干扰物和杀虫剂也得到了深入研究。人工甜味剂如安赛蜜和糖精等，直到最近才被列为新兴污染物，目前对其光降解机制的优化研究很少。一方面，光催化的主要局限性（即高能耗）可以通过使用自然阳光或 LED 辐射来解决，使其成为一种可靠、环保、经济高效的处理技术。另一方面，其应用仍受到几个主要技术问题的制约，主要涉及其操作参数，如光催化剂、紫外线辐射用、光反应器等。为了提高光催化技术的产业接受度、有效性和实际应用程度，还需要进一步的研究和改进。

4.4.2 生物污染物

多相光催化可以灭活多种微生物，因此成为一种很有前景的水消毒技术。该工艺既可以应用于废水处理工序的末端，也可以直接用于水净化。

大量的微生物，包括细菌、病毒和微藻，利用多相光催化技术已经成功地灭活。然而，光催化抗菌的失活机理尚不十分清楚，这主要是由于微生物的种类、催化剂的结构以及水基质的理化特性（如 pH）会影响失活机理。一般来说，光催化氧化对细菌的初始损伤发生在细胞外壁的脂多糖层和肽聚糖层上，随后是脂质膜的过氧化，以及膜蛋白和多糖的氧化。

微生物细胞对催化剂的吸附和催化剂最终透过细胞壁的能力很大程度上取决于催化剂的平均粒径。由于细菌和催化剂之间的相对尺寸有很大的差别，催化剂团簇可能不会与细菌充分接触。此外，已经观察到，由于革兰氏阳性菌和革兰氏阴性菌的细胞壁化合物不同，所以光催化消毒机制也不同。例如，活性氧物种可以影响革兰氏阳性菌中的肽聚糖层，同时影响革兰氏阴性菌中的脂多糖。目标微生物的种类可以显著影响光催化效率，研究发现不同微生物对处理的敏感性如下：病毒＞细菌＞酵母＞霉菌。

4.5　多相光催化过程可持续性

多相光催化被认为是一种环境友好的净水技术，主要是由于它可以分别利用紫外光或自然阳光而几乎不需要电力。表面上看，这个假设似乎很有说服力，因为在利用自然光时，光催化过程理论上可以在零能量输入下运行；然而，这却是以牺牲过程效率为代价的。这是由于光催化剂应该非常接近或直接接触目标污染物。这意味着，为了实现有效的水净化应用，固体颗粒催化剂应该始终保持悬浮状态，以便能够与水基体中的污染物接触。然而，催化剂悬浮意味着巨大的能量输入，在大多数情况下通过水泵来实现的，这是一个能源密集型的过程。此外，对于大型净水厂来说，人工紫外线是首选的辐射光源，有两个原因：第一，紫外线比阳光能量更高，因此在污染物矿化方面更有效；第二，紫外线作为人造辐射源，可以每天 24h 工作，而阳光只能在白天提供，阴天效果不好，雨天更差。

与自然光相比，人工紫外线照射在水净化应用上更有吸引力，但它也有一些缺点，因为通常使用的人工辐射源耗电量大，而且还含有微量但有毒的重金属。因此，尽管在理论上多相光催化可以在接近零能量输入的情况下净化水基质，但事实并非如此，因为在实践中，这仍是一个需要能量输入的过程。不仅如此，与其他 AOPs 相比（图 4.2），多相光催化具有更高的碳排放量，这表明需要研究改善其环境可持续性的途径。值得注意的是，水泵在整个水处理过程中都是能源消耗者，而使用更高效的水泵可以节省大量能源。因此，为了有效地扩大光催化规模，识别和评估其整体环境排放和主要环境热点至关重要。为了实现这一转变，本节将介绍和讨论多相光催化过程在环境性能方面的最新进展。

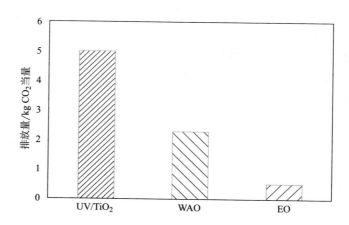

图 4.2　用紫外多相光催化（UV/TiO$_2$）、湿空气氧化（WAO）和电化学氧化（EO）处理 1L 橄榄油加工废水

4.5.1　辐射源

用多相光催化技术净化水，光子能量的阈值在 UV 至可见电磁光谱范围，因此 UVA 光谱是首选方案。也有很多研究考察了改性 TiO$_2$ 半导体的应用，这种半导体可以在可见光波段工作，即可以利用自然光。然而，如上文所述，对于在大规模净水方面的应用，人工辐射比自然光具有更多的优势，因为它更稳定、可靠，并且可以每天 24h 工作，全年运行。此前，UVA 光谱的人工辐射是由传统的气体放电灯提供的，而 LED 作为新一代的节能辐射源，在水处理方面的应用正日益普及。

紧凑型荧光灯（compact fluorescent lamps，CFLs）是一种典型的气体放电灯，广泛应用于多相光催化领域。从技术经济角度来看，由于传统的人工放射源可在商业上获得，因此初始投资不高，而且容易获得和操作。然而，从环境的角度来看，它们工作时需要消耗很多电能，同时，也存在一些缺点。具体地说，气体放电灯含微量的有毒重金属，主要是汞和铅。无论是单质还是化合物，汞都是荧光灯运行所必需的。据报道，每盏报废荧光灯的汞含量在 0.1 ~ 50mg。通常，荧光灯的汞平均浓度为 1.5 ~ 3.5mg/ 盏，这在一定程度上符合欧盟目前规定的 5mg/盏的最大含量。但是，汞是一种剧毒元素，如果它泄漏到环境中，即使浓度极低

（ng/mL），也会对环境和人类健康造成威胁。荧光灯的铅报告值为 0.07 ~ 0.75mg/盏，而镍、砷、铬的平均含量分别为 0.064mg/ 盏、0.056mg/ 盏、0.012mg/ 盏。此外，无论是通过电弧激发汞蒸气产生光子能量的中低压汞蒸气灯，还是充满氙气和少量气体汞的氙—汞短弧灯，均含有汞和其他有害物质。因此，由于重金属的存在，气体放电灯可能会对环境造成严重影响。此外，气体放电灯耗电量很大，因为消耗的大部分电能用于产生热量，而不是产生光子能量。这不仅会造成直接的经济损失，也会对环境产生影响，因为全世界的发电主要来自化石燃料的燃烧。为了解决这一问题，目前人们正在研究毒性更小、更节能、更环保的光源（如 LED）用于光催化应用。

LED 是由半导体材料制成的，如砷化镓（GaAs）、磷砷化镓（GaAsP）、磷化镓（GaP）或氮化铟镓（InGaN），以窄光谱发射不同波长的光（红外、可见光或近紫外光）。紫外光 LED 在多相光催化中的应用已经有十年的历史，由于其具有更高的外部量子效率、超长的使用寿命（超过 100000h）和无汞、无铅等优点，其应用正在兴起。因此，紫外发光二极管（UV–LEDs）作为一种环境友好的替代传统紫外灯的光源，可以降低光催化反应的成本，提高光催化反应的环境可持续性。

4.5.2 生命周期分析

在过去的几年里，多相光催化过程的环境可持续性已经引起了科学界的关注。目前为止，大多数研究都是基于实验室规模，较少是基于中试规模的应用。目前还没有对多相光催化过程的大规模净水应用的环境可持续性进行全面的研究。生命周期分析（life cycle assessment，LCA）已被用于评价多相光催化的环境可持续性研究。生命周期分析是一种评估和确定环境影响和损害的方法框架，通常产生于所研究的生产系统或过程的整个生命周期，即从原材料提取和利用到处置。生命周期分析也可以应用于较短的时间跨度，例如部分生产周期的评价，在这里分析的重点是产品的部分生命周期，也就是到功能单元的生产，因此不包括使用和处置阶段；或者是整个生产环节中的某一小段的评价，这是一种局部生命周期评价，只关注整个过程链中的一个特定过程。对于在水净化方面的应用，通常实行部分生命周期的评价，即从原材料的提取和可利用到净水的过程，从而排除其最终（再）使用、回收或处置。

Munoz 等在这一领域进行了早期研究，他们研究了实验室规模的多相光催化、多相光催化与光芬顿（Photo–Fenton）耦合以及多相光催化与过氧化氢结合处理硫酸盐厂漂白废水对环境的影响。催化剂的生产过程对环境的影响较小，对环境的影响主要是由于耗电。研究人员还指出，使用自然光代替人工照射（案例中是荧光灯）可以减少90%以上的环境影响。最近，Chatzisymeon等研究了三种不同AOPs的环境可持续性，即紫外多相光催化（UV/TiO$_2$）、湿空气氧化（wet air oxidation，WAO）和掺硼金刚石电极上的电化学氧化（electrochemical oxidation，EO）用于橄榄厂废水的常规处理。研究人员发现，所有工艺的环境可持续性都与其能源需求密切相关，EO对环境的影响最低，而UV/TiO$_2$对环境的影响最高。具体来说，UV/TiO$_2$对环境的影响大部分是由400W高压汞灯驱动过程消耗的电能造成的，而催化剂的影响数值与前者相比低了一个数量级。

Gimenez等以TiO$_2$作为催化剂，使用人工（1000W氙灯）或太阳光在实验室规模上处理酒石酸美托洛尔盐，研究了多相光催化对环境的影响。据观察，环境影响主要来自灯或其他设备（如搅拌器）所消耗的电力，而自然光则大大减少了这一过程的能源消耗，进而降低了它的环境影响。同样，催化剂的生产对总的环境排放量的贡献也很低。尽管Rodriguez等的工作是基于催化而不是光催化，但从环境的角度来看，研究结果表明，多相芬顿工艺更具优越性。具体而言，均相光催化过程中的大部分环境影响可追溯到含铁污泥的处理，其导致的全球升温潜能为0.15kgCO$_2$当量，而多相芬顿工艺则为0.03kgCO$_2$当量。Foteinis等对包括UV/TiO$_2$光催化在内的不同光驱动AOPs进行了生命周期分析，发现过程的环境可持续性与处理效率呈正比，与处理时间呈反比，因为处理时间增加了电能的输入。主要的环境热点是电能消耗，总体为88.4%，而TiO$_2$作为催化剂材料，对环境的影响极小（0.24%）（图4.3）。当系统规模扩大（中试规模及以上）时，搅拌器将被泵取代，传统的紫外灯及催化剂材料，分别占环境排放量的9%和2%。与催化剂类似，光反应器对环境影响的贡献也很小。最后，研究人员还指出，如果电力完全由可再生能源（renewable energy sources，RESs）提供，紫外线驱动的AOPs的环境排放量可减少88%。

综上所述，一是因为传统灯具需要大量能源，所以人工辐射对多相光催化过程的环境可持续性有较大的影响。二是TiO$_2$

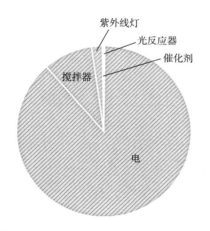

图4.3 在17α-乙炔基雌二醇的多相光催化（UV—A/TiO$_2$）处理过程中，该技术对环境影响的主要因素

作为催化剂材料的整体环境影响较低。因此，就环境可持续性而言，研究应该集中于优化 LED 的光催化应用，并尽可能将这一过程与可再生能源生产（如太阳能光伏）结合起来，以最大限度地降低环境排放量。

4.6　结论和展望

本章主要对多相光催化净化水进行了介绍和讨论。为此，阐述了光催化处理过程中涉及的机理，以及可严重影响该技术有效性和效率的因素，并讨论了近年来多相光催化技术在净水方面应用的进展。

本章还以该技术的环境影响为重点，讨论可持续性问题，并提出了减少排放量的途径，例如，通过引入可再生能源以完全满足电力需求，以及使用 LED 作为辐照源。这些对于实现大规模光催化应用至关重要。主要结论如下：

（1）多相光催化是一种非常有吸引力的水净化技术，它能在环境温度和压力下工作，而且不会导致二次废水流的产生。

（2）已发现光催化技术可有效去除有机持久性污染物，包括药品和个人护理产品、优先污染物、激素和杀虫剂以及若干微生物（即细菌和病毒）。

（3）操作因素（如催化剂和底物浓度、水基质、光波长及其强度）可以显著影响技术的效率，因此在扩大工艺规模之前，必须对其进行优化。

（4）传统上，光催化技术在水净化方面的应用吸引了科学界的兴趣，因其有潜力利用自然阳光照射作为可持续的照射源，而最近的研究重点是使用 LED 作为一种节能和环境友好的水净化光源。

在今后的研究应侧重于通过使用环保型辐射源，如 LED 或太阳能灯，进一步改进和调整这项技术。此外，还应扩大光催化应用范围，将最近出现的对水质和人类健康构成全球性威胁的目标持久性污染物包括在内，如水中的微塑料。具体来说，水环境中普遍存在塑料，如大塑料（碎片状塑料颗粒直径 > 5000μm），特别是微塑料（直径 1 ~ 5000μm）的存在，是公认的全球性环境威胁，影响海洋和海岸生活、生态系统，并会潜在影响人类健康。塑料具有尺寸微小、分布广、无法控制以及寿命长的特点，已成为一个重大的环境问题。研究表明，平均每人每周摄入的微塑料多达 5g，全球 81% 的自来水含有微污染物。现有少量的研究表明，多相光催化有能力促进微塑料在水环境中的降解，因此，多相光催化的未来研究应侧重于这一方面，并发挥其在水净化方面的潜力。

参考文献

［1］UN General Assembly，The Human Right to Water and Sanitation：Resolution/ Adopted by the General Assembly，August 3，2010，A/RES/64/ 292，2010.

［2］WHO，Drinking-Water，World Health Organization. 2019，2018.

［3］Y. Mokhbi，M. Korichi，Z. Akchiche，Combined photocatalytic and Fenton oxidation for oily wastewater treatment，Appl. Water Sci. 9（2019）35.

［4］M.A. Fendrich，A. Quaranta，M. Orlandi，M. Bettonte，A. Miotello，Solar concentration for wastewaters remediation：a review of materials and technologies，Appl. Sci. 9（2018）118.

［5］B. Jain，A.K. Singh，H. Kim，E. Lichtfouse，V.K. Sharma，Treatment of organic pollutants by homogeneous and heterogeneous Fenton reaction processes，Environ. Chem. Lett. 16（2018）947-967.

［6］S.N. Ahmed，W. Haider，Heterogeneous photocatalysis and its potential applications in water and wastewater treatment：a review，Nanotechnology 29（2018）342001.

［7］R.V. Prihod'ko，N.M. Soboleva，Photocatalysis：oxidative processes in water treatment，J. Chem. 2013（2013）8.

［8］A.O. Ibhadon，P. Fitzpatrick，Heterogeneous photocatalysis：recent advances and applications，Catalysts 3（2013）189-218.

［9］K. Davididou，Sustainable Photocatalytic Oxidation Processes for the Treatment of Emerging Microcontaminants（Ph.D. thesis），The University of Edinburgh，Edinburgh，2018，p. 253.

［10］M. Yasmina，K. Mourad，S.H. Mohammed，C. Khaoula，Treatment heterogeneous photocatalysis；factors influencing the photocatalytic degradation by TiO_2，Energy Procedia 50（2014）559-566.

［11］C. Wang，H. Liu，Z. Sun，Heterogeneous photo-Fenton reaction catalyzed by nanosized iron oxides for water treatment，Int. J. Photoenergy 2012（2012）10.

［12］S. Qiu，S. Xu，G. Li，J. Yang，Synergetic effect of ultrasound，the heterogeneous Fenton reaction and photocatalysis by TiO_2 loaded on nickel foam on the degradation of pollutants，Materials（Basel），9，2016，p. 457.

［13］F. Meng, Y. Liu, J. Wang, X. Tan, H. Sun, S. Liu, et al., Temperature dependent photocatalysis of g-C$_3$N$_4$, TiO$_2$ and ZnO : differences in photoactive mechanism, J. Colloid Interface Sci. 532（2018）321-330.

［14］Y.F. Shen, J. Tang, Z.H. Nie, Y.D. Wang, Y. Ren, L. Zuo, Preparation and application of magnetic Fe$_3$O$_4$ nanoparticles for wastewater purification, Sep. Purif. Technol. 68（2009）312-319.

［15］T. Zhang, G. Pan, Q. Zhou, Temperature effect on photolysis decomposing of perfluorooctanoic acid, J. Environ. Sci. 42（2016）126-133.

［16］A.R. Lado Ribeiro, N.F.F. Moreira, G. Li Puma, A.M.T. Silva, Impact of water matrix on the removal of micropollutants by advanced oxidation technologies, Chem. Eng. J. 363（2019）155-173.

［17］M.A. Rauf, S.S. Ashraf, Fundamental principles and application of heterogeneous photocatalytic degradation of dyes in solution, Chem. Eng. J. 151（2009）10-18.

［18］A.-G. Rincón, C. Pulgarin, Effect of pH, inorganic ions, organic matter and H$_2$O$_2$ on E. coli K12 photocatalytic inactivation by TiO$_2$: implications in solar water disinfection, Appl. Catal. B : Environ. 51（2004）283-302.

［19］S. Malato, P. Fernández-Ibáñez, M.I. Maldonado, J. Blanco, W. Gernjak, Decontamination and disinfection of water by solar photocatalysis : recent overview and trends, Catal. Today 147（2009）1-59.

［20］M.N. Chong, B. Jin, C.W.K. Chow, C. Saint, Recent developments in photocatalytic water treatment technology : a review, Water Res. 44（2010）2997-3027.

［21］K. Davididou, E. Hale, N. Lane, E. Chatzisymeon, A. Pichavant, J.F. Hochepied, Photocatalytic treatment of saccharin and bisphenol-A in the presence of TiO$_2$ nanocomposites tuned by Sn（Ⅳ）, Catal. Today 287（2017）3-9.

［22］E. Chatzisymeon, E. Stypas, S. Bousios, N.P. Xekoukoulotakis, D. Mantzavinos, Photocatalytic treatment of black table olive processing wastewater, J. Hazard. Mater. 154（2008）1090-1097.

［23］E. Chatzisymeon, N.P. Xekoukoulotakis, D. Mantzavinos, Determination of key operating conditions for the photocatalytic treatment of olive mill wastewaters, Catal. Today 144（2009）143-148.

［24］J.-M. Herrmann, Heterogeneous photocatalysis : fundamentals and applications

to the removal of various types of aqueous pollutants, Catal. Today 53（1999）
115–129.

［25］S. Malato, P. Fernández–Ibáñez, I. Oller, I. Polo, M.I. Maldonado, S. Miralles–
Cuevas, et al., Chapter 6 Process integration. Concepts of integration and coupling
of photocatalysis with other processes, Photocatalysis: Applications, The Royal
Society of Chemistry, 2016, pp. 157–173.

［26］K. Sornalingam, A. McDonagh, J.L. Zhou, Photodegradation of estrogenic
endocrine disrupting steroidal hormones in aqueous systems: progress and future
challenges, Sci. Total. Environ. 550（2016）209–224.

［27］E.R. Kabir, M.S. Rahman, I. Rahman, A review on endocrine disruptors and
their possible impacts on human health, Environ. Toxicol. Pharmacol. 40（2015）
241–258.

［28］D. Kanakaraju, B.D. Glass, M. Oelgemöller, Advanced oxidation process mediated
removal of pharmaceuticals from water: a review, J. Environ. Manag. 219（2018）
189–207.

［29］C.M. Lee, P. Palaniandy, I. Dahlan, Pharmaceutical residues in aquatic
environment and water remediation by TiO_2 heterogeneous photocatalysis: a
review, Environ. Earth Sci. 76（2017）6–11.

［30］D. Awfa, M. Ateia, M. Fujii, M.S. Johnson, C. Yoshimura, Photodegradation
of pharmaceuticals and personal care products in water treatment using
carbonaceous–TiO_2 composites: a critical review of recent literature, Water Res.
142（2018）26–45.

［31］M. Salimi, A. Esrafili, M. Gholami, A. Jonidi Jafari, R. Rezaei Kalantary, M.
Farzadkia, et al., Contaminants of emerging concern: a review of new approach
in AOP technologies, Environ. Monit. Assess. 189（2017）414.

［32］H.C. Yap, Y.L. Pang, S. Lim, A.Z. Abdullah, H.C. Ong, C.–H. Wu, A
comprehensive review on state–of–the–art photo–, sono–, and sonophotocatalytic
treatments to degrade emerging contaminants, Int. J. Environ. Sci. Technol. 16
（2019）601–628.

［33］S. Kanan, M.A. Moyet, R.B. Arthur, H.H. Patterson, Recent advances on
TiO_2–based photocatalysts toward the degradation of pesticides and major organic
pollutants from water bodies, Catal. Rev.（2019）1–65.

［34］A. Mudhoo, A. Bhatnagar, M. Rantalankila, V. Srivastava, M. Sillanpää,

Endosulfan removal through bioremediation, photocatalytic degradation, adsorption and membrane separation processes : a review, Chem. Eng. J. 360 （2019）912–928.

［35］D.W. Zelinski, T.P.M. dos Santos, T.A. Takashina, V. Leifeld, L. Igarashi–Mafra, Photocatalytic degradation of emerging contaminants : artificial sweeteners, Water Air Soil Poll. 229（2018）207.

［36］G. Matafonova, V. Batoev, Recent advances in application of UV lighte–mitting diodes for degrading organic pollutants in water through advanced oxidation processes : a review, Water Res. 132（2018）177–189.

［37］Y. Liu, X. Zeng, X. Hu, J. Hu, X. Zhang, Two–dimensional nanomaterials for photocatalytic water disinfection : recent progress and future challenges, J. Chem. Technol. Biotechnol. 94（2019）22–37.

［38］J. You, Y. Guo, R. Guo, X. Liu, A review of visible light–active photocatalysts for water disinfection : features and prospects, Chem. Eng. J. 373（2019）624–641.

［39］C. Zhang, Y. Li, D. Shuai, Y. Shen, D. Wang, Progress and challenges in photocatalytic disinfection of waterborne viruses : a review to fill current knowledge gaps, Chem. Eng. J. 355（2019）399–415.

［40］C. Zhang, Y. Li, D. Shuai, Y. Shen, W. Xiong, L. Wang, Graphitic carbon nitride（g–C₃N₄）–based photocatalysts for water disinfection and microbial control : a review, Chemosphere 214（2019）462–479.

［41］L. Ioannou–Ttofa, S. Foteinis, E. Chatzisymeon, I. Michael–Kordatou, D. Fatta–Kassinos, Life cycle assessment of solar–driven oxidation as a polishing step of secondary–treated urban effluents, J. Chem. Technol. Biotechnol. 92（2017）1315–1327.

［42］E. Chatzisymeon, S. Foteinis, D. Mantzavinos, T. Tsoutsos, Life cycle assessment of advanced oxidation processes for olive mill wastewater treatment, J. Clean. Prod. 54（2013）229–234.

［43］E. Chatzisymeon, Reducing the energy demands of wastewater treatment through energy recovery, in : K.P.T.K. Stamatelatou（Ed.）, Sewage Treatment Plants : Economic Evaluation of Innovative Technologies for Energy Efficiency, IWA Publishing, London, 2015.

［44］W.–K. Jo, R.J. Tayade, New generation energy-efficient light source for

photocatalysis：LEDs for environmental applications，Ind. Eng. Chem. Res. 53
（2014）2073–2084.

[45] H. Taghipour，Z. Amjad，M.A. Jafarabadi，A. Gholampour，P. Nowrouz,
Determining heavy metals in spent compact fluorescent lamps（CFLs）and their
waste management challenges：some strategies for improving current conditions,
Waste Manag. 34（2014）1251–1256.

[46] N. Kallithrakas–Kontos，S. Foteinis，Recent advances in the analysis of mercury
in water–review，Curr. Anal. Chem. 12（2016）22–36.

[47] O. Tokode，R. Prabhu，L.A. Lawton，P.K.J. Robertson，UV LED sources for
heterogeneous photocatalysis，in：D.W. Bahnemann，P.K.J. Robertson（Eds.），
Environmental Photochemistry Part Ⅲ，Springer，Berlin，Heidelberg，2015,
pp. 159–179.

[48] J. Giménez，B. Bayarri，Ó. González，S. Malato，J. Peral，S. Esplugas,
Advanced oxidation processes at laboratory scale：environmental and economic
impacts，ACS Sustain. Chem. Eng. 3（2015）3188–3196.

[49] I. Muñoz，J. Rieradevall，F. Torrades，J. Peral，X. Domènech，Environmental
assessment of different solar driven advanced oxidation processes，Sol. Energy 79
（2005）369–375.

[50] R. Rodríguez，J.J. Espada，M.I. Pariente，J.A. Melero，F. Martínez，R.
Molina，Comparative life cycle assessment（LCA）study of heterogeneous and
homogenous Fenton processes for the treatment of pharmaceutical wastewater，J.
Clean. Prod. 124（2016）21–29.

[51] S. Foteinis，A.G.L. Borthwick，Z. Frontistis，D. Mantzavinos，E. Chatzisymeon,
Environmental sustainability of light–driven processes for wastewater treatment
applications，J. Clean. Prod. 182（2018）8–15.

[52] C.G. Avio，S. Gorbi，F. Regoli，Plastics and microplastics in the oceans：from
emerging pollutants to emerged threat，Mar. Environ. Res. 128（2017）2–11.

[53] T.S. Tofa，K.L. Kunjali，S. Paul，J. Dutta，Visible light photocatalytic
degradation of microplastic residues with zinc oxide nanorods，Environ. Chem.
Lett.（2019）.

[54] K. Senathirajah，T. Palanisami，How Much Microplastics Are We Ingesting?：
Estimation of the Mass of Microplastics Ingested，The University of Newcastle,
Callaghan，2019.

[55] M. Kosuth, S.A. Mason, E.V. Wattenberg, Anthropogenic contamination of tap water, beer, and sea salt, PLoS One 13（2018）. e0194970-e0194970.

[56] M.C. Ariza-Tarazona, J.F. Villarreal-Chiu, V. Barbieri, C. Siligardi, E.I. Cedillo-González, New strategy for microplastic degradation : green photocatalysis using a protein-based porous N-TiO$_2$ semiconductor, Ceram. Int. 45（2019）9618-9624.

第 5 章　光催化空气净化

Jose Fermoso[1]　**Benigno Sánchez**[2]　**Silvia Suarez**[2]

[1] 西班牙马德里　卡迪夫科技中心；[2] 西班牙马德里　可再生能源部门

5.1　前言

空气质量是影响人类健康和寿命的关键因素之一。我们呼吸的空气可能被各种各样的杂质所污染。根据空气中悬浮颗粒的典型尺寸，空气污染物可以分为分子杂质和机械杂质，分子杂质是指在气体状态下分子尺寸 < 10nm 的各种无机和有机化合物分子；机械杂质包括典型颗粒尺寸为 100nm ~ 0.1mm 的固态和液态气溶胶。

大气污染危害人类健康，不仅是区域性、泛欧化的问题，更涉及全球。世界上很大一部分人，尤其是城市人口，生活在空气质量超标的地区。人们普遍认为直径小于 2.5μm（PM2.5）的颗粒污染物、二氧化氮（NO_2）和地面臭氧（O_3）是对人类健康影响最大的三种污染物。长期和高强度暴露在这些污染下可能造成呼吸系统衰竭甚至过早死亡。在欧洲大约 90% 的城市居民暴露于浓度高于空气质量标准的有害健康污染物中。除了人类健康，生物多样性和生态系统也受到空气污染的威胁。此外，空气污染造成的经济损失也十分巨大。

20 世纪末，在颗粒、二氧化氮（NO_2）、亚硫氧化物（SO_x）、一氧化碳（CO）、臭氧（O_3）等空气污染物的基础上，又添加了一类挥发性有机化合物（VOCs）。Haagen-Smit 和 Fox 首次发现 VOCs 可以作为二次污染的前体物质，含有 VOCs 和氮氧化物（NO_x-NO+NO_2）的混合物通过光化学氧化产生臭氧，这是造成"洛杉矶光化学烟雾"事件的罪魁祸首。因此，随着运输和能源生产所用化石燃料和新化学品需求的增加，空气中挥发性有机化合物的含量也在急剧增加，这对人类的健康和环境都造成了短期或长期的影响。自此以后，环境中这些污染物的含量一直在持续增长。世界卫生组织调查发现，2016 年全球有 700 万人的死亡是由于室内外环境空气污染的共同影响所致。这一数字占同年死亡总数的 12%。

预计到 2050 年，印度和尼日利亚将分别增加 4.16 亿 和 1.89 亿城市居民。由于大城市中空气污染更为严重，因此将污染控制工作的重点放在污染最严重的城市地区更为合理。应该谨记，最有效的方法是直接在源头进行控制，一旦污染物被稀释，再试图降低污染物的浓度就会变得异常困难。

5.2　光催化室内外气体

光催化反应是通过带隙低于入射光子能量的半导体吸收紫外线（UV）、可见光或红外辐射能量进行化学反应。当这种入射光能量能激活半导体（通常是二氧化钛）使之发生光敏化作用时，就会产生电子—空穴对，能够在水和氧气存在下激活氧化还原反应，将所有反应物（包括污染物）矿化为 CO_2 和水。处于激发态的光催化剂将反应物化学转化成产物，并在每个化学转化循环后返回基态，这就是光催化反应的基本原理，更为复杂的光催化机理解释可以在相关文献中查阅。

在过去 50 年间，光催化空气净化得到了广泛研究，Teichner 等在气相中部分氧化异丁烯和石蜡，Stone 等在金红石表面光致吸附氧和光催化氧化异丙醇，这是光催化领域的开创性工作。在此期间，也提出了几种先进的空气氧化净化技术。光催化是其中研究最多的技术之一，二氧化钛（TiO_2）由于其具有价格低廉、（光）稳定、无毒、易于获取、易于被紫外线激发活化且光催化效率高等优点，因此被认为是典型的光催化剂。

在 20 世纪 90 年代初期，可使用太阳能辐射激活催化剂，这推动了具有太阳能集热系统经验的科学研究中心展开试探性的研究，如美国的 SERI 1989（后称为 NREL，国家可再生能源实验室）和西班牙的 PSA 1990 中心（Almeria Solar Platform–CIEMAT，阿尔梅里亚太阳能平台—能源研究中心），探索了光催化在消除废水中污染残留物的实际应用。针对光催化氧化过程的实际应用，陆续开发出一些新型光反应器，并且对其进行了概念化设计（图 5.1、图 5.2）。

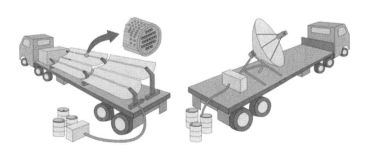

图 5.1　车载反应器的概念化设计

来源：B.Sánchez 许可。

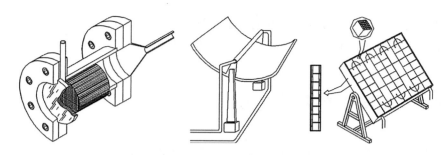

图 5.2　实验室测试反应器、复合抛面集光器和平面散光器的概念化设计
来源：B.Sánchez 许可。

最初集热式光反应器因温度过高而出现效率低、管壁结垢和反应器窗口泄漏等问题，后来人们发现降低温度反而能有效提升效率，这导致太阳能集热催化的方法被摒弃。进而人们提出了一个更简单、更环保且不需要太阳能聚光器的设想。因工业生产上需要开发每天 24h 连续运行的系统，这一需求促进了夜间灯的使用和混合反应器的发展。

近年来，室外空气净化的基本概念是将大面积的建筑物作为空气净化平台，例如墙壁、屋顶、道路、人行道、桥梁和建筑物。在室外空气的光催化处理方面有相当多的专利。这些专利绝大多数是利用二氧化钛涂漆道路或使用光催化涂层建筑的科学研究。NO_x 是光催化氧化研究的主要室外目标空气污染物，而对 O_3、VOC 和油脂沉积物（自清洁材料）的关注相对较少。

一方面，人类有 70% ~ 90% 的时间生活在室内，室内空气净化与人类健康密切相关，所以必须更有效地控制室内空气中现有的污染物。目前最需要控制的是通风和过滤之间的平衡，优化操作条件实现颗粒物和生物气溶胶的有效截留。然而，因 VOCs 和一些微生物难以截留而未能实现达标排放。另一方面，无论是通风还是过滤，这两种方法都是将污染物从一个空间转移到另一个空间，并没有完全消除。相比之下，光催化处理可以实现 VOCs 或微生物的直接矿化。光催化过程在室温进行，再循环系统增加了光催化剂和空气的接触时间，这些有利条件为光催化空气净化的研究提供了发展空间。

用于空气处理的紫外光催化氧化系统的反应速率和催化剂的种类（半导体的特性、所用的基材和配置）、光源配置（光的类型、光强度）以及工艺参数（反应物的类型和浓度、反应器设计、流速、温度和湿度）有关。表 5.1 显示了室外和室内光催化处理空气的主要参数差异。与水相中进行的光反应相比，光催化空气净化过程的主要优点之一是反应速率更高。在气相中，水分子和目标化合物在光催化活性位点上的竞争性吸附并非关键因素，空气中的高氧含量促进了整个过程的进行。然而，在气相中研究的主要问题之一是测定光催化性能的实验装置更加复杂，这也是为什么绝大多数发表文献仅涉及新型材料的光催化水处理性能。正确评估光催化活性需要精准的流量控制系统，并对所研究化合物进行体积校准。

表 5.1　室外和室内光催化处理的主要参数差异

范围	室外空气	室内空气
光	太阳（主要的）	灯（主要的）
半导体	无差异化要求	无差异化要求
基材	水泥、沥青、陶瓷等	石膏、家具、陶瓷、活性炭等
反应物	以 NO_x 为主，SO_2、VOCs 等	以 VOCs 为主，NO_x 等
反应器模型	建筑物和街道的外表面	定制的特殊反应器
流动	真实环境条件	可根据需要调节
湿度等级	真实环境条件	舒适条件 30% ～ 50%（相对湿度）
温度	真实环境条件	可根据需要调整（20 ～ 30℃）

5.3　在太阳辐射下操作

5.3.1　氮氧化物控制

一般来说，NO_x 是指存在于大气中的主要氮氧化物（$NO + NO_2$）的总量。这些氮氧化物不仅会造成地面臭氧和酸雨等众所周知的环境问题，而且会影响人类的呼吸和免疫系统。因此，美国的环境保护署（EPA）和欧洲经济区（EEA）等环保组织都严格规定了这类污染物的控制排放标准。

尽管采用了选择性催化和非催化还原 NO_x 等技术来减少管道末端排放，但大多数大城市的 NO_2 水平仍远超规定值。在此情况下，二氧化钛（TiO_2）光催化氧化技术被视为减少这些污染物的颇有前景的补救方法。光催化氧化技术利用太阳光作为能源，并在常压大气条件下对低浓度的污染物进行氧化处理。在光催化过程中，暴露在太阳光辐射下的半导体吸收了比其带隙能量更高的光子，并将电子从价带激发到导带，产生电子—空穴对。空穴有一个足够正的电位将吸附在半导体表面的水分子氧化为 OH·自由基。此外，激发态电子与氧分子反应形成超氧阴离子 $O_2\cdot$，OH·自由基会氧化氮氧化物污染物。OH·自由基能使 NO 和 NO_2

发生氧化，当NO与OH·发生反应时，会形成一些其他物质，如HNO_2（H^++NO_2^-）、HNO_3（H^++NO_3^-）和NO_2。图5.3是NO_x可能的光催化氧化还原路径。为了从空气中除去NO_x，理想的反应产物是（NO_2^-和NO_3^-）。对于反应过程的深入分析可以参考 Nick Serpone 教授的综述论文。

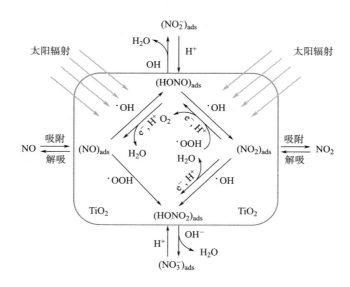

图5.3　NO_x可能的光催化氧化还原路线（ads 指吸附在 TiO_2 表面的分子）

据报道，可以使用含有二氧化钛光催化剂的建筑材料，如瓷砖、水泥砂浆和油漆等来净化空气。对于一种理想的具有光催化活性的建筑材料来说，光催化材料附着的基体材料不应干扰或影响其光催化活性。各种支撑材料，如水泥基涂层、涂料、瓷砖、屋面粒渣、屋顶瓦等是广泛研究和使用的基体材料。在过去20年间，大部分NO_x脱除研究都是在实验室条件下完成的，很少有研究报道在实际室外条件下的光催化NO_x转化率及其对空气质量的影响。

近年来，很多项目中使用不同的方法评估了这些材料的光催化性能。早期的项目和论文显示了一些令人振奋的研究结果，例如，在意大利贝加莫（Bergamo）的一条街道上铺设了光催化铺路石（材料上涂有 TX Active 涂层），并连续两周监测NO_x浓度。通过与未铺设光催化铺路石的普通沥青路面进行了对比研究，发现铺设了光催化路面的周围空气中NO_x浓度比未铺设的降低30%～40%。在法国进行的室外实验中，对使用 TiO_2 砂浆板（也涂有 TX Active 涂层）进行 NO_x 光氧化的效果进行了测试。在研究中，建造了三个人工城市街道，并对NO_x浓度水平进行了监测。铺设 TiO_2 砂浆板的街道NO_x转换值在37%～82%，具体数值取决于污染物浓度、风向和阳光朝向等因素。在意大利罗马的 Umberto 一号隧道进行的另一个实验使用了光催化涂料（水泥基涂料与 TX Active），并配备了人工紫外线照明系统。该研究报告表明，光催化涂料可减少 20% 的 NO_x 排放。还有一个独立研究报道，Maggos 等在一个涂有光催化涂料并进行紫外线灯照亮的停车场中检测到了 20% 的 NO_x 减排效果。

在欧洲"生命 + 项目"PhotoPAQ（2010—14）中，在人工街道上研究了水泥基涂层材料对氮氧化物（NO_x）、臭氧（O_3）、VOCs 和悬浮颗粒的光催化效果，并与同一尺寸（5m × 5m × 53m）的无光催化涂层的参照街道进行了对比。尽管在实验室研究中，光催化材料表现出相当高的活性，但在现场实验中，并没有观察到 NO_x、O_3 和 VOCs 含量的显著降低，也没有对催化剂的颗粒质量、粒径分布和化学成分产生显著影响。当比较两个使用光催化净化空气涂层的街道在夜间和白天的相关实验数据时，发现 NO_x 浓度变化的平均上限 ≤ 2%。这一结果与之前使用街道模型进行的其他研究结果（10% ~ 80%）不一致。在 Nick Serpone 教授的综述中讨论并解释这些差异的主要因素：街道的形状（表面—体积比，S_{active}/V）和光活性表面的气体取样距离可能是影响结果的主要因素。

对 $MINO_x$–STREET 和 EQUINOX 两个"生命项目"进行了相关研究，讨论了 2013 ~ 2019 年期间在道路、人行道和临街店面等真实环境中使用光催化材料的可行性。

从 $MINO_x$–STREET 项目得到的结论主要有：

（1）不同商业化光催化材料的 NO_x 还原效率存在巨大差异（约 20% 的光催化材料的 NO_x 转化率高于 25%，其中 8% 的光催化剂几乎没有或仅有很弱的光催化活性）。该项目的 NO_x 实验室转化率在 25% ~ 55%（ISO 22197-1: 2007），具体数值取决于所使用的光催化剂产品和基材（图 5.4）。

（2）使用光催化材料可能会对路面的表面特性产生一定影响，如纹理和防滑性等，其中表面纹理对于路面的寿命影响更大。

（3）表面清洁、光活性材料的施工流程、表面孔隙率和干燥时间是保证高光量子效率建筑材料的关键参数。

（4）在城市交通道路上，经过 24 个月的使用，选定沥青的 NO_x 转化率为 10%。清洗之后转化率有所升高。

（5）对这些材料在城市道路、人行道和临街外墙的净化效果进行了测试和建模，评估在社区层面使用可能产生的效果。然而，只有在临街外墙的场景中，才有可能观察到光催化材料产生的 NO_x 沉降效应，且在环境空气中总体发生率较低。

（6）三种场景下均检测到光催化表面临近处的 VOCs（特别是甲苯、苯、二

图 5.4　ISO 22197—1：2007 标准分析测试样品和光催化处理路段以及空气采样点位置
来源：Life Minox–Street 项目，获得 B. Sánchez 的许可。

甲苯和乙苯）总浓度降低。

MINO$_x$–STREET 项目就光催化材料对空气质量的影响进行了评估，与 PICADA 和 Photo PAQ 等其他项目一样，采用了 Street Canyon 的研究模式。

在真实的城市场景中评估光催化效应的影响是一项具有挑战性的工作。由于大气参数（温度、太阳照射、相对湿度和风）变化的影响，目标污染物浓度的变化、大气中其他污染物的存在，以及风量和光催化表面之间的高比值，使数据分析变得很困难。例如，采样点的位置不同可能是 PICADA 项目和 Photo PAQ 与 MINO$_x$–STREET 项目获得的结果之间存在差异的一个重要原因。在临街外墙上观察到的结果是在光催化表面上方 8cm 处得到的数据。因此，建议设置采样点与光催化表面之间的距离小于 8cm，以确保检测到光催化效果。此外，明确设置比较污染物浓度变化的参考点是正确定义光催化性能的一个重要因素。表 5.2 给出了前面提到的三个项目的一些试验条件。

表 5.2　PICADA、Photo PAQ 和 MINO$_x$–STREET 项目研究中的一些测试条件

街道	PICADA	Photo PAQ	MINO$_x$—STREET
尺寸	18.0m × 2.4m × 5.2m 高（180m³）	53.0m × 5.0m × 5.0m 高（1.325m³）	20.0m × 4.0m × 5.0m 高（400m³）
NO$_x$ 来源	外置内燃机（NO$_x$+HC）	无	无
测定 NO$_x$ 效率的位置	光催化和非光催化街道，以及风力区域	活跃与非活跃参考街道	光催化街道的起点和终点
感光性	墙面	墙壁和地面	地面

续表

街道	PICADA	Photo PAQ	MINO$_x$—STREET
采样点位置	—	高：3m 样品放置高度：2.5m 和 25m	样品放置高度 8cm、 30cm、40cm
NO$_x$ 浓度范围	10 ~ 150ppb	1 ~ 30ppb	1 ~ 260ppb

注　Life MINO$_x$-STREET 提供了更多关于产品再生和稳定性的信息，包括天气和交通状况、应用、维护，甚至成本效益分析。

Life EQUINOX 项目采用不同的方法研究了沥青路面光催化涂层对空气质量的影响（图 5.5）。他们在马德里市中心一个占地约 90000m^2 的城区内，在 3.5m 的高度上设置了 84 个测量点，评估了一种未商业化的光催化产品对周边 NO$_2$ 浓度的影响，根据 ISO 221971—2007 标准测定这种光催化材料的 NO$_x$ 实验室转换值为 29%。该产品的处理分两个阶段进行，第一个阶段是在现有沥青路面上进行，第二个阶段是在新的开放式沥青路面上进行。他们对比研究了光催化和参照区域内的 NO$_2$ 浓度。尽管光催化处理后的大部分数据显示 NO$_2$ 浓度有所下降，但除实施后第一个月（即 7 月）的街道 NO$_2$ 浓度有显著变化，其他月份前后的差异没有统计学意义（根据项目中特定的数据处理方法）。尽管这些数据可能表明一些现象，但是在人类呼吸高度的环境中检测光催化效应仍非常具有挑战性，特别是在交通流量大的地区（每天 1 万 ~ 8 万辆车）。另外，他们指出，在交通负荷高的地区，寻找长期有效的沥青路面光催化产品也面临着挑战。

图 5.5　Life EQUINOX 项目的部分图片
来源：经 J. Fermoso 许可。

此外，该项目通过使用 ADMS 道路商业软件，利用平均交通日、气象数据、马德里的往来车辆和该区域的地形信息进行建模，以此研究该区域 NO$_2$ 浓度，并对光催化处理的沉降效应进行了探讨。在日照时间更少，NO$_2$ 浓度更高的寒冷季节，光催化处理没有产生显著的影响。然而，在温暖季节，这种影响比较明显。

Life-PHOTOCITYTEX 项目致力于开发用于控制 NO_x 污染的光活性纺织材料，例如，PVC 或腈纶织物制成的遮阳棚和墙壁覆盖物等。为此，用 $200m^3$ 的 Euphore 半球相机进行了实验。使用自然光结合被动和密集运动模拟不同欧洲城市的典型大气条件。在学校和隧道区域，NO_2 的减少率在 24% ~ 50%。

另一个需要考虑的问题是，在高浓度 NO 的情况下，光催化剂也可以释放大量的 NO_2，这是由空气氧化产生的，但速度较慢。一些学者提出了一个问题，即在考虑活性（氧化）和选择性（对硝酸）两个因素时，如何正确地评价 NO_x 光催化剂的减排效果。为了解决这个问题，他们提出定义一个新的指标来评价 NO_x 光催化剂的减排效果，方法是将总 NO_x 去除率和选择性综合为一个值，即脱硝指数。通过给 NO 和 NO_2 分配一个毒性值（1:3），反映总毒性的变化，而不是单个氮氧化物浓度的变化。他们提出的这个指标可以用来设计和评估新的催化剂。

光催化降解 NO_x 过程中生成的硝酸盐并非是最终惰性产物，它会导致催化剂发生硝酸盐中毒，进而使催化剂失活，但更为显著的变化是催化剂的选择性大大降低，后者可能是硝酸盐反向还原的结果，这是一种与分子氧还原竞争的反应。这种不利的反应可以通过促进氧还原过程得到有效抑制，例如，使用氧还原共催化剂修饰光催化剂。研究结果表明，选择性更强的光催化剂普遍具有更好的氧还原能力。

如果以不损害材料固有光催化活性的可控方式进行，例如，选择性掺杂或以最小浓度的助催化剂修饰表面，则可以在没有任何不良副作用的情况下提高催化剂的选择性。

在此意义上，学者们采用各种方法来开发具有更高活性和选择性的新型光催化材料。如 Folli 等提出在 TiO_2 中掺杂 W 和 N（而不是稀有昂贵的 Pt 族金属），通过增强光诱导载流子捕获，提高硝酸盐的选择性。特别地，在 TiO_2 的各种晶体结构中，观察到 W 种类的减少在光生电子的储存和稳定中起着重要作用。这些电子并非针对硝酸盐进行还原，而是将氧还原成 NO_2，这也解释了为什么这些材料比未掺杂的 TiO_2 表现出更高的硝酸盐选择性。

另一种方法是利用可见光活性光催化材料。Irfan 等利用一种安全和低成本的合成方法制备了 Fe_3O_4 纳米颗粒锚定介孔石墨氮化碳高效光催化剂。与 P25 商用 TiO_2 基准光催化剂相比，Fe_3O_4/mpg-CN500 光催化剂在可见光下表现出显著的光催化 NO_x 减排性能。在光催化剂体系中加入 Fe 元素可增强其在可见光区光吸收总量，降低 mpg-C_3N_4 的电子带隙，产生结构缺陷，导致晶体结构的无序化。FeO_x 物质的引入显著提高了 mpg-CN500 的氧还原能力，使 NO_2 产量降低，最终提高 NO_x 减排的光催化裂解选择性。Fe_3O_4/mpg-CN500 光催化剂在连续 5 次实验中均表现出较高的活性、选择性和稳定性。光催化效率的提高主要是由于其独特的介孔结构、高比表面积、增强的电荷分离效率和延长的载流子寿命。这种光催化剂改性技术很可能成为生产下一代工业催化剂材料的方法。

从以上项目总结中得到的另一个经验是，应致力于延长在降雨活化再生之前的光催化剂使用寿命和在这段时间内表面的硝酸盐覆盖量，因为这代表了真实情况下的工作条件。目前补充缺乏的这些信息将有助于进一步优化催化剂，尽可能减少 NO_2 生成量。就此而言，一些新研究方法和材料正在被陆续开发，这些研究方法和材料在实际条件下颇具应用潜力。

应进一步充分了解多种氧还原途径的益处，在不影响整体活性的情况下通过修饰催化剂来提高其选择性。这些材料将取代目前使用的第一代光催化建筑材料，以减少环境空气污染。此外，还有望解决或减轻光催化材料在实际应用中产生的各种问题，例如，中间产物的释放、失活和支撑材料的选择等。同时通过定量评估光催化技术的作用来证明在建筑领域引入光催化材料相对于普通建筑覆盖物增加的额外成本是物有所值的。

5.3.2　臭氧

大气中高浓度的 NO_x 不仅会导致对流层臭氧的形成，而且能形成光化学烟雾，从而引起严重的呼吸问题。另外，少数学者研究了臭氧在 TiO_2 表面的分解。研究结果表明，紫外线辐射时，在 TiO_2 表面（或可见光照辐射改性光催化材料）可以以较高的活性降低臭氧的浓度。考虑实际应用的规模效应，这可能是光催化材料在城市环境净化方面的另一个有潜力的应用。

5.3.3　自清洁性能

空气污染会导致建筑材料过早老化。主要气态污染物（SO_2、NO_x、CO_2、VOCs）和次生污染物（O_3、HNO_3、H_2SO_4、醛类）对建筑基质会产生酸性侵蚀。含有 TiO_2 的涂层经常被称为"自清洁涂层"，原因是建筑材料上的光催化涂层可以避免煤烟和灰尘在表面的黏附和残留。虽然二氧化钛涂层表面可以用于自清洁和室外空气处理的双重目的，但产品优化难以同时满足这两种应用。为了获得良好的自清洁性能，需要降低比表面积，以限制黏着；而对于空气净化，高比表面积更为重要。因此，主要的挑战是光催化剂的耐久性，因为 TiO_2 表面很容易被户外环境中的污染物，如硅氧烷所钝化。

具有自清洁性能的涂料已被应用于不同种类的材料，如玻璃、高分子材料，或其他建筑材料。最近，人们研究了几种提高光催化自清洁效率的技术，包括金属和非金属掺杂，与其他低带隙半导体形成 TiO_2 异质结，制备石墨烯基半导体纳米复合材料，以及硅氧烷基材料层的沉积等。

5.4　使用人造光源

单通道流化床光催化反应器和固定床再循环光催化反应器是用于光催化反应研究的两种首选反应器配置。比较方便的光催化剂配置是固定催化活性材料，使催化材料易于回收利用，避免使用昂贵过滤系统回收半导体催化剂颗粒。影响光催化活性的重要因素包括气体流量、气体与光催化剂体积比、停留时间、线速度、光催化剂辐照面积和辐照度等（图 5.6）。

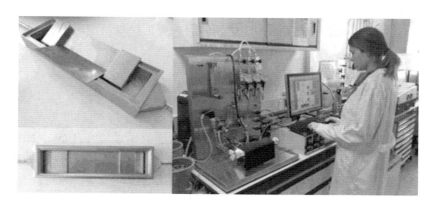

图 5.6　ISO 22197-1 所规定的扁平光反应器和 CIEMAT 实验室分析及研究使用的设备
来源：经 B. Sánchez 许可。

平板或管式反应器是用于空气处理材料光量子效率测试的常见设备。在平板反应器中，反应器顶部的高透光率玻璃窗使样品能接受光辐照。在管式反应器中，照明体可以选择放置在反应器的内部或外部。也可以使用具有一定厚度的整体结构，以确保整体通道能获得最大的辐照面积。使用"三明治"结构，其中光管位于两个整体板之间，适用于处理低压降、高流速气流，特别是悬浮颗粒。辐照光源通常选择低功率长波紫外线（UVA）或可见光灯管，这些器件逐渐被发光二极管（LED）等能耗更低的照明系统所取代。在过去的几年里，LED 光源的价格优势使其应用范围得到了拓展。优化设计独立单元与辐照场之间的距离等工艺参数能有效提升反应器的催化效率。

5.5　现行材料评定标准

数以百计的文献报道了如何利用复杂而精巧结构的新型催化剂进行光催化降解污染物的研究。因为反应器类型、催化剂负载量和操作工艺参数各不相同，当研究人员试图对比测试结果时，发现性能指标之间缺少可比性。因此，将评价方法标准化显得非常重要。表 5.3 收集了国际标准化组织对有机、无机化合物和微生物在不同介质中的光催化活性评价标准。

表 5.3　光催化材料活性评价的不同标准

化合物	化学式	标准	媒介
一氧化氮	NO	ISO 22197-1	气体
乙醛	CH_3—COH	ISO 22197-2	气体
甲苯	C_6H_5—CH_3	ISO 22197-3	气体
甲醛	HCHO	ISO 22197-4	气体
甲硫醇	CH_3—SH	ISO 22197-5	气体
一氧化氮 / 二氧化氮	NO/NO_2	UNI 11247	气体
苯系物	C_6H_6/C_6H_5—CH_3/ CH_3— C_6H_4—CH_3	UNI 11238	气体
一氧化氮	NO	CEN/TS16980-1	气体
氮氧化物	NO_x	XP B44-011	气体
挥发性有机化合物 / 气味	—	XP B44-013	气体
（碱性）亚甲基蓝	$C_{16}H_{18}ClN_3S$	ISO 10678	水

采用相同条件对材料进行光催化活性测定，以便于实验室之间相互比较测试结果。关于氮氧化物去除的评价标准，ISO 22197–1 中使用的扁平光催化反应器的样品池长（99.5 ± 0.5）mm，宽（49.5 ± 0.5）mm。在此系统中，采用 300 ~ 400nm 波长的荧光灯照射，光催化剂样品放置在距玻璃窗口（5.0 ± 0.1）mm 处。日本的 JIS R 1701–1：2004 标准的实验操作条件：3000mL/min，NO 浓度为 1000ppb，长波紫外线辐照度为（10 ± 0.5）W/m^2，相对湿度 50%。

意大利标准 UNI 11247 在更温和的条件下确定材料的脱硝性能。与 ISO 22197–1 相比，该标准的总气体流量减少到 1500mL/min，选择 NO 和 NO_2 的混合物作为目标化合物（NO：NO_2 =400：100ppb），总辐照度增加到 20W/m^2，选择更大的样品表面积（64cm^2）。新欧洲标准 CEN/TS 169801：2016 在总气体流量和样品表面积方面与 UNI 标准相似，在 40% 相对湿度下保持与 ISO 标准相同的辐照度，将 NO 浓度降低到 500ppb。反应器内使用一个风扇以保持 70m³/h 的湍流。在所有标准中，反应时间均为 300min。反应器如图 5.7 所示。

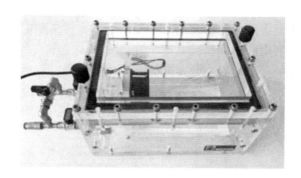

图 5.7　新型欧洲标准 CEN/TS 16980–1：2016 反应器
来源：经 B. Sánchez 许可。能源健康建筑项目 Fotoair–CIEMAT。

这个标准稍加修改就可用于评估 VOCs（如乙醛、甲苯、甲醛或甲硫醇）氧化光催化剂材料的性能。在 Normacat 项目中设计了一种标准化的密闭箱，用于评估室内空气 VOCs 处理的光催化活性。XP B44–013AFNOR 标准设计了一套标准化的测试台和操作流程，以确定在类似室内条件下处理 VOCs 和臭味气体的系统的光催化效率。该标准将浓度在 250 ~ 1000ppb 范围内的乙醛、丙酮、正庚烷、甲苯、邻二甲苯和甲醛的混合物引入反应室中。腔室内部涂有商用 TiO_2，并用短波紫外线（UVC）灯照射。目前正在开发基于吸附、光催化、活化极化的混合系统等其他更复杂的装置（图 5.8）。

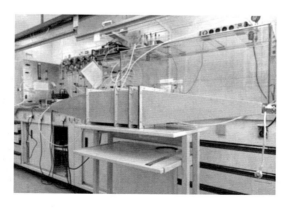

图 5.8　用于测量处理室内复杂空气混合物的光催化活性所用的光催化试验箱和混合反应器
来源：经 B. Sánchez 许可。能源健康建筑项目 Fotoair–CIEMAT。

　　在文献中，关于管式光反应器中的光催化剂有各种几何形状可供选择。从光量子效率和经济角度考虑，在透明衬底上固定 TiO_2 光催化剂是一个合适的选择。为了充分利用辐照能量，需要使用玻璃或有机聚合物等高透射率的基板。图 5.9 展示了一个将 TiO_2 固定在有机聚合物上的整体式管状光反应器和位于反应器轴线的长波紫外荧光管。该反应器连接到空气采样系统，用于处理室内空气中的微生物和 VOCs。另一种选择是使用吸附剂—光催化剂杂化系统，其中一种材料同时具有吸附和光催化性能。

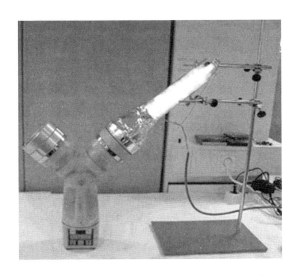

图 5.9　涂有 TiO_2 薄膜的玻璃棒制成的用于空气处理的管状光反应器
来源：经 B. Sánchez 许可。

5.6　利用太阳光处理室内外空气

　　开发具有光催化功能的建筑材料用于改善城市空气质量，引起了科学界和建筑界的关注。该领域需要解决的一个关键问题是评估材料的耐久性。老化过程需要考虑户外暴露、交通、污染或清洁过程等重要因素的影响。通常从道路、临街外墙或人行道上采集测试样品，然后在实验室进行分析。该过程会严重损坏样品表面，从而改变材料的最终性能。因此，需要设计可靠的实验装置来现场评估光催化活性。开发了不同的实验装置来评估建筑材料在与实际应用相似的环境下去除 NO_x 的光催化性能。双摄像系统（图 5.10）有三个室外真实空气采样点，具有评估大表面建筑材料在温度、空气成分和辐照变化下的光活性和昼夜循环特性的优势。此外，使用不含光催化材料的参照室可正确评估空气中 NO_x 和其他化合物的光催化去除效果。

基于相似的概念，EUROVIA 最近开发了一种用于现场测定沥青的脱硝光催化性能的新型光催化反应器，可将含有 NO 的人工合成气流送入反应器，测量结果再由标准化的 NO_x 分析仪或无源采样设备在线分析。该系统的不足之处在于，它们使用的人工合成空气与真实的城市空气相差甚远。

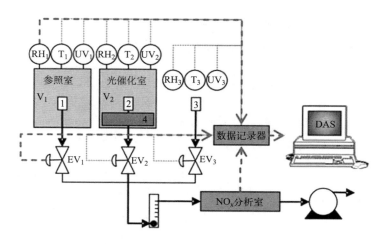

图 5.10　用于评估建筑材料在室外空气条件下的光催化性能的实验装置方案
来源：经 B. Sánchez 许可。

另外，在实际应用中复合抛物面聚光收集器（CPCs）是评估太阳照射条件下光催化性能的优选设备之一（图 5.11）。对于一个太阳能聚焦收集系统，几乎所有到达集电极孔径的辐射，无论是直接的还是漫射的，都会反射到反应器中。此外，CPCs 无须跟踪系统，廉价而易于维护。使用基于吸附剂和光催化剂的混合系统在连续空气中处理有如下几个优点：

（1）两种功能的结合提高了系统的光量子效率，提高了系统的可操作性。

（2）吸附剂通常是光催化过程中 OH^- 的来源。

（3）减少了非目标产物的形成，并促进了矿化。

板状结构的 TiO_2/海泡石在连续的空气流动（1 ~ 4L/min）和太阳照射下去除 VOC 的光量子效率优异。据报道，到达反应器的过剩能量促进了矿化过程。为了使反应全年无休地运行，开发了一种混合太阳能 / 灯光反应器。如前所述，这种混合光反应器将管状玻璃反应器与放置在中心的灯耦合，并与 CPC 结合使

用。因此，管状环形反应器位于 CPC 的轴线上，中心有一个低功率长波紫外线
灯［图 5.11（b）］。

(a) 基于 SiMgO$_x$/TiO$_2$ 板　　　　　　(b) 混合太阳能灯光反应器

图 5.11　CPCs 太阳能光敏反应器用于固定化光催化剂
在光催化剂板所在的位置有一个星形，以增加光催化剂 / 处理空气体积的比例
来源：经 Fotoir-CIEMAT 许可。

长波紫外线灯在黑暗或低照射条件下工作，保持系统全年无休地运行。多边
形星形设计允许调整光催化剂表面并改变陶瓷板的数量。与传统的 TiO$_2$/ 玻璃光
催化剂相比，该系统在废水处理中具有更好的脱除亚硫酸氢盐的性能。将光反应
器组装到带有存储系统（如锂离子电池）的光伏板上，可以使系统在自动模式下
操作（图 5.12）。

图 5.12　在马德里一家水处理厂的屋顶上安装的太阳能—紫外线灯混合处理系统，用于消除封
闭在建筑物内的初级污泥排放的 H$_2$S
来源：专利 PCT/ES2010/070799。经 B. Sánchez 许可，Fotoair-CIEMAT。

在密闭环境中的另一个可能的应用是将成熟水果释放的乙烯通过光催化氧化。水果出口产业部门希望能推迟水果的成熟时间，而消除水果释放的乙烯会延缓成熟周期。lorenco 等利用溶胶—凝胶法将 TiO_2 沉积在塑料和玻璃板上进行多相光催化，以降解成熟金木瓜所排放的乙烯（图 5.13）。报道称，对于金木瓜储存和运输来说，在典型温度（12 ~ 25℃）下，玻璃负载 TiO_2 降解低浓度乙烯非常有效。

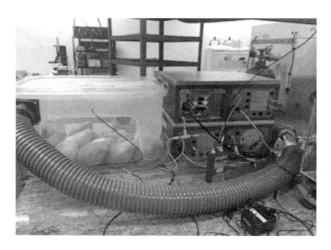

图 5.13 用于测定参照系统和使用光催化反应器的系统的乙烯排放的实验装置
来源：Fotoair–CIEMAT 和 C. Canela–UENF，经 B.Sánchez 许可。

5.7 结论

本章主要介绍使用光催化技术净化室外和室内空气的各种研究和应用进展。以 NO_x 为主要目标污染物，研究了光催化在室外空气中的实际应用。实验室结果表明，在建筑材料中加入光催化剂具有分解 NO_x 的可能性。

然而，很难评估在真实城市场景中影响光催化效果的关键因素。大气参数变化、目标污染物浓度的波动或大气中其他污染物的存在所造成的扰动，以及空气体积和光催化表面之间的高比值，使得数据分析工作十分困难。大多数研究的结果表明，光催化材料在实际环境中应用的直接影响较低，一般不推荐应用现代材料。即使在一些问题上需要采用新的方法，TiO_2 仍是一种能将 NO_x 氧化成硝酸盐的适宜光催化剂，并可在适当的条件下减少空气污染。

使用光催化技术进行室内空气处理需要考虑的重要问题：

（1）减少副产品的生成。需加深对光催化时主要室内空气污染物理想工作浓度的了解，得到高的光催化效率。

（2）最大限度地设计光催化结构。应提高微粒和硅氧烷的粗糙度、孔隙率和耐磨性。

（3）合理的表面积配置和适量辐照光活性位点。

（4）优化光催化剂在基底表面的固定方法，避免粒子在气流冲刷下发生脱落。

（5）必须考虑光催化剂的再生过程以保持其活性。应在实际操作条件下研究催化剂失活现象。

开发基于高孔隙率的多孔吸附剂和半导体的陶瓷结构催化剂是一个可行替代方案。陶瓷结构催化剂可以设计成不同的几何形状（如平板、圆柱体或蜂窝结构），易于操作，避免使用昂贵的过滤系统。适当控制吸附剂性能将决定污染物在光催化剂活性位点的吸附和扩散。此外，应合理配置光催化剂的活性位点，以提高光催化活性。因此，非目标反应产物可以迁移到吸附剂相，进一步与羟基反应发生氧化。文献中也报道了氧化自由基的远距离迁移。

光催化剂失活的一个原因是一种存在于室内空气中的化合物——硅氧烷中硅颗粒的沉积。可以通过在光催化床加入 EPA 过滤器来消除硅颗粒沉积。在充分考虑简单易用性和原材料价格的情况下，该技术的未来开发应用需要将吸附、光催化或活化极化等不同过程进行协同耦合。从此意义上说，天然硅酸盐 /TiO$_2$、沸石 /TiO$_2$ 或碳质 /TiO$_2$ 体系在去除有机氯化物和醛类化合物方面表现出良好的性能，可以在较长时期内避免二次反应产物的形成。因此，含有不同材料的光催化床可以提高系统处理室内空气中复杂混合污染物的效率。

另一个需要关注的是催化剂的再生问题，以保证系统长期运转。可通过空气和紫外线辐射清洗系统进行现场再生；也可设计一个双光催化床系统，其中一个在运行，另一个饱和后再生。最后，应由当地政府制定操作规程，以确保室内空气净化设备的正常运行。

参考文献

[1] European Environmental Agency（EEA）and World Health Organization（WHO）. <https://www.eea.europa.eu/themes/air/intro> and <https:// www.who.int/airpollution/

ambient/health-impacts/en/>

[2] EEA, Air quality in Europe - 2018 report ; Department for Environment, Food and Rural Affairs, UK, Air quality damage cost guidance ; EPA, Clean Air Act overview. <https://www.eea.europa.eu/publications/air-quality-ineurope- 2018/at_download/file>

[3] A.J. Haagen-Smit, M.M. Fox, Ozone formation in the photochemical oxidation of organic substances, Ind. Eng. Chem. 48（1956）1484-1487.

[4] B.C. McDonald, J.A. de Gouw, J.B. Gilman, S.H. Jathar, A. Akherati, C.D. Cappa, et al., Volatile chemical products emerging as largest petrochemical source of urban organic emissions, Science 359（2018）760-764.

[5] WHO, 2018. <https://www.who.int/airpollution/data/AP_joint_effect_BoD_results_May2018.pdf>.

[6] UN, 2018 Revision of World Urbanization Prospects, 2018. <https://population.un.org/wup/Publications/Files/WUP2018-Report.pdf>

[7] N. Serpone, E. Pelizzetti（Eds.）, Photocatalysis : Fundamentals and Applications, Wiley, New York, 1989.

[8] A. Mills, S. Le Hunte, An overview of semiconductor photocatalysis, J. Photochem. Photobiol. A 108（1997）1-35.

[9] J. Schneider, D. Bahnemann, J. Ye, G. Li Puma, D. Dionysiou, Photocatalysis : Fundamentals and Perspectives, The Royal Society of Chemistry, 2016.

[10] P.C. Gravelle, F. Juillet, P. Meriaudeau, S.J. Teichner, Surface reactivity of reduced titanium dioxide, Faraday Discuss. 52（1971）140.

[11] N. Djeghri, M. Formenti, F. Juillet, S.J. Teichner, Photointeraction on the surface of titanium-dioxide between oxygen and alkanes, Faraday Discuss. 58（1974）185-193.

[12] M. Formenti, F. Juillet, P. Meriaudeau, S.J. Teichner, Partial oxidation of paraffins and olefins by a heterogeneous photocatalysis process, Bull. Soc. Chim. Fr. 1（1972）69-76.

[13] R.I. Bickley, G. Munuera, F.S. Stone, Photoadsorption and photocatalysis at rutile surfaces. 2. Photocatalytic oxidation of isopropanol, J. Catal. 31（1973）398-407.

[14] R.I. Bickley, F.S. Stone, Photoadsorption and photocatalysis at rutile surfaces. 1. Photoadsorption of oxygen, J. Catal. 31（1973）389-397.

［15］B. Sánchez, A.I. Cardona, M. Romero, P. Avila, A. Bahamonde, Influence of temperature on gas-phase photo-assisted mineralization of TCE using tubular and monolithic catalysts, Catal. Today 54（2-3）（1999）369-377.

［16］M. Romero, J. Blanco, B. Sánchez, A. Vidal, S. Malato, A.I. Cardona, Solar photocatalytic degradation of water and air pollutants : challenges and perspectives, Int. J. Sol. Energy 66（2）（1999）169-182.

［17］Y. Paz, Application of TiO$_2$ photocatalysis for air treatment : patents' overview, Appl. Catal. B（2010）448-460.

［18］L. Cassar, R. Cucitore, C. Pepe, Cement-Based Paving Blocks for Photocatalytic Paving for the Abatement of Urban Pollutants, Patent WO2004/074202 A1, Italcementi S.P.A.

［19］J. Moracho, A. Moracho, Composition to Prepare Prefabricated Concrete and Cement Derivatives, Precast Concrete Containing It and Procedure for Obtaining Them, Patent ES2410729A1, 2013.

［20］S. Allevi, G.L. Guerrini, E. Scalchi, Process for the Preparation of Photocatalytic Slabs/Sheets/Blocks and Relative Photocatalytic Slabs/ Sheets/Blocks, Patent WO2019/043598AL, Italcementi S.P.A., 2019.

［21］EPA, <http://www.epa.gov>（accessed June 2019）.

［22］EEA, <http://www.eea.europa.eu>（accessed June 2019）.

［23］İ. Aslan Reşitoğlu, NO$_x$ pollutants from diesel vehicles and trends in the control technologies［Online First］, IntechOpen（November 5, 2018）, https://doi.org/10.5772/intechopen.81112. Available from : <https://www. intechopen.com/online-first/nox-pollutants-from-diesel-vehicles-and-trends-in-the-control-technologies>.

［24］J. Ângelo, L. Andrade, A. Mendes, Titania-silica composites : a review on the photocatalytic activity and synthesis methods, Appl. Catal. A 484（2014）17-25.

［25］A. Folli, J.Z. Bloh, K. Armstrong, E. Richards, D.M. Murphy, L. Lu, et al., Improving the selectivity of photocatalytic NO$_x$ abatement through improved O$_2$ reduction pathways using Ti$_{0.909}$W$_{0.091}$O$_2$N$_x$ semiconductor nanoparticles : from characterization to photocatalytic performance, ACS Catal. 8（2018）6927-6938.

［26］N. Serpone, Heterogeneous photocatalysis and prospects of TiO$_2$-based photocatalytic deNOxing the atmospheric environment, Catalysts 8（11）（2018）

553. Available from：https://doi.org/10.3390/catal8110553.

［27］V. Binas，D. Papadaki，Th Maggos，A. Katsanaki，G. Kiriakidis，Study of innovative photocatalytic cement based coatings：the effect of supporting materials，Constr. Build. Mater. 168（2018）923–930.

［28］E. Jimenez–Relinque，M. Castellote，Quantification of hydroxyl radicals on cementitious materials by fluorescence spectrophotometry as a method to assess the photocatalytic activity，Cem. Concr. Res. 74（2015）108–115.

［29］Q. Jin，E.M. Saad，W. Zhang，Y. Tang，K.E. Kurtis，Quantification of NO_x uptake in plain and TiO_2–doped cementitious materials，Cem. Concr. Res. 122（2019）251–256.

［30］S.S. Lucas，V.M. Ferreira，J.L. Barrosode Aguiar，Incorporation of titanium dioxide nanoparticles in mortars—influence of microstructure in the hardened state properties and photocatalytic activity，Cem. Concr. Res. 43（2013）112–120.

［31］D.E. Macphee，A. Folli，Photocatalytic concretes—the interface between photocatalysis and cement chemistry，Cem. Concr. Res. 85（2016）48–54.

［32］L. Yang，A. Hakki，L. Zheng，M. Roderick Jones，F. Wang，D.E. Macphee，Photocatalytic concrete for NO_x abatement：supported TiO_2 efficiencies and impacts，Cem. Concr. Res. 116（2019）57–64.

［33］Q. Jiang，T. Qi，T. Yang，Y. Liu，Ceramic tiles for photocatalytic removal of NO in indoor and outdoor air under visible light，Build. Environ. 158（2019）94–103.

［34］A.L. da Silva，M. Dondi，M. Raimondo，D. Hotza，Photocatalytic ceramic tiles：challenges and technological solutions，J. Eur. Ceram. Soc. 38（4）（2018）1002–1017.

［35］A.L. da Silva，M. Dondi，D. Hotza，Self–cleaning ceramic tiles coated with Nb_2O_5–doped–TiO_2 nanoparticles，Ceram. Int. 43（15）（2017）11986–11991.

［36］X. Tang，L. Ughetta，S.K. Shannon，S. Houzé de l'Aulnoit，S. Chen，R.A.T. Gould，et al.，De–pollution efficacy of photocatalytic roofing granules，Build. Environ. 160（2019）106058.

［37］<http://www.icopal–noxite.co.uk/nox–problem/nox–pollution.aspx/>；<http://www.siplast.com/~/media/IcopalUS/PDFs/Eco–Activ%20Roof%20Membrane.pdf>.

［38］T.X. Italcementi，Active the photocatalytic active principle，Technical Report，Bergamo，Italy，2009.

［39］T. Maggos，A. Plassais，J.G. Bartzis，C. Vasilakos，N. Moussiopoulos，L. Bonafous，Photocatalytic degradation of NO_x in a pilot street canyon configuration using TiO_2–mortar panels，Environ. Monit. Assess. 136（2008）35–44.

［40］G.L. Guerrini，Photocatalytic performances in a city tunnel in Rome：NO_x monitoring results，Constr. Build. Mater. 27（2012）165–175.

［41］T. Maggos，J.G. Bartzis，M. Liakou，C. Gobin，Photocatalytic degradation of NO_x gases using TiO_2–containing paint：a real scale study，J. Hazard. Mater. 146（2007）668–673.

［42］Life+ project PhotoPAQ，<http://ec.europa.eu/environment/life/project/Projects/index.cfm?fuseaction=home.showFile&rep=file&fil=LIFE08_ENV_F_000487_LAYMAN.pdf>.

［43］Official Presentation—Innovative Façade Coatings with De–soiling and De–polluting Properties，in：The PICADA Project—Photocatalytic Innovative Coverings Applications for Depollution Assessment；EC Project No. GRD1– 2001–40449；GTM Construction：Nanterre，France，2006.

［44］G.L. Guerrini，E. Peccati，Photocatalytic cementitious roads for depollution，in：Proceedings of the RILEM International Symposium on Photocatalysis 'Environment and Construction Materials'，Florence，Italy，8–9 October 2007；pp. 179–186.

［45］Fraunhofer. Clean Air by Aircleans®. 2010. Available online：<https://www.nuedling.de/fileadmin/upload/AirClean/Downloads/02_AirClean_ENG_0818–web2.pdf>.

［46］<http://www.lifeminoxstreet.com/life/documents/>.

［47］<https://life–equinox.eu/en/documentos/>.

［48］（a）J.Z. Bloh，A. Folli，D.E. Macphee，Photocatalytic NO_x abatement：why the selectivity matters，RSC Adv. 4（2014）45726；（b）A. Folli，D.E. Macphee，Future challenges for photocatalytic concrete technology，in：Proceedings of the 34th Cement and Concrete Science Conference，University of Sheffield，Sheffield，UK，14–17September 2014；（c）L. Yang，A. Hakki，F. Wang，D.E. Macphee，Different roles of water in photocatalytic $DeNO_x$ mechanisms on TiO_2：basis for engineering nitrate selectivity? ACS Appl. Mater. Interfaces 9（20）（2017）17034–17041.

［49］J. Patzsch，A. Folli，D.E. Macphee，J.Z. Bloh，On the underlying mechanisms of the low observed nitrate selectivity in photocatalytic NO$_x$ abatement and the importance of the oxygen reduction reaction, Phys. Chem. Chem. Phys. 19（2017）32678–32686.

[50] N.C.T. Martins, J. Ângelo, A.V. Girão, T. Trindade, L. Andrade, A. Mendes, Ndoped carbon quantum dots/TiO$_2$ composite with improved photocatalytic activity, Appl. Catal. B 193（2016）67–74.

[51] A. Folli, J.Z. Bloh, K. Armstrong, E. Richards, D.M. Murphy, L. Lu, C.J. Kiely, D.J. Morgan, R.I. Smith, A.C. Mclaughlin and D.E. Macphee, Improving the selectivity of photocatalytic NO$_x$ abatement through improved O$_2$ reduction pathways using Ti$_{0.909}$W$_{0.091}$O$_2$N$_x$ semiconductor nanoparticles : from characterization to photocatalytic performance, ACS Catal. 8（2018）6927–6938.

[52] M. Irfan, M. Sevim, Y. Koçak, M. Balci, Ö. Metin, E. Ozensoy, Enhanced photocatalytic NO$_x$ oxidation and storage under visible–light irradiation by anchoring Fe$_3$O$_4$ nanoparticles on mesoporous graphitic carbon nitride（mpg–C$_3$N$_4$）, Appl. Catal. B 249（2019）126–137.

[53] R. Zouzelka, J. Rathousky, Photocatalytic abatement of NO$_x$ pollutants in the air using commercial functional coating with porous morphology, Appl. Catal. B 217（15）（2017）466–476.

[54] B. Chen, C. Hong, H. Kan, Exposures and health outcomes from outdoor air pollutants in China, Toxicology 198（2004）291–300.

[55] S.A. Cormier, S. Lomnicki, W. Backes, B. Dellinger, Origin and health impacts of emissions of toxic by–products and fine particles from combustion and thermal treatment of hazardous wastes and materials, Environ. Health Perspect. 114（2006）810–817.

[56] H. Chen, C.O. Stanier, M.A. Young, V.H. Grassian, A kinetic study of ozone decomposition on illuminated oxide surfaces, J. Phys. Chem. A 115（2011）11979–11987.

[57] D.W. Kwon, G.J. Kim, J.M. Won, S.C. Hong, Influence of Mn valence state and characteristic of TiO$_2$ on the performance of Mn–Ti catalysts in ozone decomposition, Environ. Technol. 38（2017）2785–2792.

[58] X. Tan, Q.Q. Shang, S.Y. Wang, Study of ozone decomposition using TiO$_2$–graphene, Compos. Appl. Mech. Mater. 716–717（2015）102–107.

[59] P. Brimblecombe, The Effects of Air Pollution on the Built Environment, Air

Pollution Reviews, Imperial College Press, London, UK, 2003, pp. 1–30.

[60] A. Chabas, S. Alfaro, T. Lombardo, A. Verney–Carron, E. Da Silva, S. Triquet, et al., Long term exposure of self–cleaning and reference glass in an urban environment : A comparative assessment, Build. Environ. 79 (2014) 57–65.

[61] T. Adachi, S.S. Latthe, S.W. Gosavi, N. Roy, N. Suzuki, H. Ikari, et al., Photocatalytic, superhydrophilic, self–cleaning TiO_2 coating on cheap, light–weight, flexible polycarbonate substrates, Appl. Surf. Sci. 458 (2018) 917–923.

[62] F. Bondioli, R. Taurino, A.M. Ferrari, Functionalization of ceramic tile surface by sol–gel technique, J. Colloid Interface Sci. 334 (2009) 195–201.

[63] T.–H. Xie, J. Lin, Origin of photocatalytic deactivation of TiO_2 film coated on ceramic substrate, J. Phys. Chem. C 111 (2007) 9968–9974.

[64] S. Kitano, N. Murakami, T. Ohno, Y. Mitani, Y. Nosaka, H. Asakura, et al., Bifunctionality of Rh^{3+} modifier on TiO_2 and working mechanism of $Rh3+/TiO_2$ photocatalyst under irradiation of visible light, J. Phys. Chem. C. 117 (2013) 11008–11016.

[65] J. Reszczynska, T. Grzyb, J.W. Sobczak, W. Lisowski, M. Gazda, B. Ohtani, et al., Visible light activity of rare earth metal doped (Er^{3+}, Yb^{3+} or Er^{3+}/Yb^{3+}) titania photocatalysts, Appl. Catal. B 163 (2015) 40–49.

[66] X. Li, P. Liu, Y. Mao, M. Xing, J. Zhang, Preparation of homogeneous nitrogen–doped mesoporous TiO_2 spheres with enhanced visible–light photocatalysis, Appl. Catal. B 164 (2015) 352–359.

[67] Y. Zhang, Z. Zhao, J. Chen, L. Cheng, J. Chang, W. Sheng, et al., Corrigendum to "C–doped hollow TiO_2 spheres : In situ synthesis, controlled shell thickness, and superior visible–light photocatalytic activity", Appl. Catal. B 166 (2015) 644.

[68] M. Miyauchi, A. Nakajima, K. Hashimoto, T. Watanabe, A highly hydrophilic thin film under $1\mu W/cm^2$ UV illumination, Adv. Mater. 12 (2000) 1923–1927.

[69] V. Etacheri, G. Michlits, M.K. Seery, S.J. Hinder, S.C. Pillai, A highly efficient $TiO_2 - x\,C_x$ nano–heterojunction photocatalyst for visible light induced antibacterial applications, ACS Appl. Mater. Interfaces 5 (2013) 1663–1672.

[70] S. Anandan, T. Narasinga Rao, M. Sathish, D. Rangappa, I. Honma, M. Miyauchi, Superhydrophilic graphene–loaded TiO_2 thin film for selfcleaning applications, ACS Appl. Mater. Interfaces 5 (2012) 207–212.

[71] B. JunCha, S. Saqlain, H. OokSeo, Hydrophilic surface modification of TiO₂ to produce a highly sustainable photocatalyst for outdoor air purification, Appl. Surf. Sci. 479 (2019) 31–38.

[72] J. Blanco, S. Malato, J. Peral, B. Sánchez, A.I. Cardona, Diseño de reactores para fotocatálisis : comparativa de las distintas opciones Cap. 11, in : M.A. Blesa, B. Sánchez (Eds.), Eliminación de contaminantes por fotocatálisis heterogénea, CIEMAT, Madrid, 2004, ISBN : 84–7834–489–6.

[73] S. Ifang, M. Gallus, S. Liedtke, R. Kurtenbach, P. Wiesen, J. Kleffmann, Standardization methods for testing photo–catalytic air remediation materials : problems and solution, Atmos. Environ. 91 (2014) 154–161.

[74] A. Sergejevs, C.T. Clarke, D.W.E. Allsopp, J. Marugan, A. Jaroenworaluck, W. Singhapong, et al., A calibrated UV–LED based light source for water purification and characterisation of photocatalysis, Photochem. Photobiol. Sci. 11 (2017) 1690–1699.

[75] ISO 22197–1 : 2016. Fine Ceramics (Advanced Ceramics, Advanced Technical Ceramics) –Test Method for Air–Purification Performance of Semiconducting Photocatalytic Materials–Part 1 : Removal of Nitric Oxide.

[76] ISO 22197–2 : 2011. Fine Ceramics (Advanced Ceramics, Advanced Technical Ceramics) –Test Method for Air–Purification Performance of Semiconducting Photocatalytic Materials–Part 2 : Removal of Acetaldehyde.

[77] ISO 22197–3 : 2019. Fine Ceramics (Advanced Ceramics, Advanced Technical Ceramics) –Test Method for Air–Purification Performance of Semiconducting Photocatalytic Materials–Part 3 : Removal of Toluene.

[78] ISO 22197–4 : 2013. Fine Ceramics (Advanced Ceramics, Advanced Technical Ceramics) –Test Method for Air–Purification Performance of Semiconducting Photocatalytic Materials–Part 4 : Removal of Formaldehyde.

[79] ISO 22197–5 : 2013. Fine Ceramics (Advanced Ceramics, Advanced Technical Ceramics) –Test Method for Air–Purification Performance of Semiconducting Photocatalytic Materials–Part 5 : Removal of Methyl Mercaptan.

[80] UNI 11247 : 2010. Determinazione dell'indice di abbattimento fotocatalitico degli ossidi di azoto in aria da parte di materiali inorganici fotocatalitici : metodo di prova in flusso continuo.

[81] UNI 11238–2 : 2007. Determinazione dell' attivitàdi degradazione catalitica di

microinquinanti organici in aria–Parte 2：Materiali fotocatalitici ceramici per uso edile.

［82］CEN/TS 16980–1：2016. Photocatalysis–Continuous Flow Test Methods– Part 1：Determination of the Degradation of Nitric Oxide（NO）in the Air by Photocatalytic Materials.

［83］XP CEN/TS 16980–1 Fe´vrier 2017. Photocatalyse–Me´thodes d'essai en flux continu–Partie 1：détermination de la dégradation du monoxyde d'azote（NO） dans l'air par des matériaux photocatalytiques.

［84］NF EN 16846–1 June 2017. Photocatalysis–Measurement of Efficiency of Photocatalytic Devices Used for the Elimination of VOC and Odour in Indoor Air in Active Mode– Part 1：Batch Mode Test Method in Closed Chamber.

［85］ISO 10678：2010. Fine Ceramics（Advanced Ceramics, Advanced Technical Ceramics）–Determination of Photocatalytic Activity of Surfaces in an Aqueous Medium by Degradation of Methylene Blue.

［86］B. Kartheuser, N. Costarramone, T. Pigot, S. Lacombe, NORMACAT project： normalized closed chamber tests for evaluation of photocatalytic VOC treatment in indoor air and formaldehyde determination, Environ. Sci. Pollut. Res. 19（2012） 3763–3771.

［87］B. Sánchez, M. Sánchez–Muñoz, M. Muñoz–Vicente, G. Cobas, R. Portela, S. Suárez, et al., Photocatalytic elimination of indoor air biological and chemical pollution in realistic conditions, Chemosphere 87（2012）625–630.

［88］B. Sánchez, S. Suárez, M.D. Hernández–Alonso, R. Portela, Sistema de ensayo de eficiencia fotocatalítica, ES1087480U, 2013.

［89］S. Suárez, R. Portela, M.D. Hernández–Alonso, B. Sánchez, Development of a versatile experimental set–up for the evaluation of the photocatalytic properties of construction materials under realistic outdoor conditions, Environ. Sci. Pollut. Res. 21（19）（2014）11208–11217.

［90］E. Jiménez–Relinque, R. Hingorani, F. Rubiano, M. Grande, Á. Castillo, M. Castellote, In situ evaluation of the NO_x removal efficiency of photocatalytic pavements：statistical analysis of the relevance of exposure time and environmental variables, Environ. Sci. Pollut. Res.（2019）. Available from：https://doi. org/10.1007/s11356–019–04322–y.

［91］S. Malato, J. Blanco, M.I. Maldonado, P. Fernandez, D. Alarcon, M. Collares, et al., Energy of solar photocatalytic collectors, Sol. Energy 77（2004）513–524.

［92］ B. Sánchez, R. Portela, S. Suárez, J.M. Coronado, Fotorreactor Tubular para fotocatalizadores Soportados, ES2371621B1, 2009.

［93］ F. Fresno, P. Portela, S. Suárez, J.M. Coronado, Photocatalytic materials : recent achievements and near future trends, J. Mater. Chem. A 2（2014）2863–2884.

［94］ R. Portela, R.F. Tessinari, S. Suárez, S.B. Rasmussen, M.D. Hernández-Alonso, M.C. Canela, et al., Photocatalysis for continuous air purification in wastewater treatment plants: from lab to reality, Environ. Sci. Technol. 46（2012）5040–5048.

［95］ X. Fu, L.A. Clark, W.A. Zeltner, M.A. Anderson, Effects of reaction temperature and water vapour content on the heterogeneous photocatalytic oxidation of ethylene, J. Photochem. Photobiol. A 97（1996）181–186.

［96］ N. Keller, M.N. Ducamp, R.D. Keller, Ethylene removal and fresh product storage : a challenge at the frontiers of chemistry. Toward an approach by photocatalytic oxidation, Chem. Rev. 113（2013）5029–5070.

［97］ R.E. Lourenço, A.A. Linhares, A. Vicente de Oliveira, M. Gomes da Silva, J. Gonçalves de Oliveira, M.C. Canela, Photodegradation of ethylene by use of TiO_2 sol-gel on polypropylene and on glass for application in the postharvest of papaya fruit, Environ. Sci. Pollut. Res. 24（2017）6047–6054.

第 6 章　光催化剂的基体和载体材料

Victoria Porley　Neil Robertson

英国爱丁堡　爱丁堡大学

自 1977 年胶体半导体问世以来，光催化领域已经取得了长足的发展。为了解决使用粉末悬浮液时回收催化剂的问题，通常会将半导体光催化剂固定在刚性基体材料上使用。尽管有大量有关光催化剂固定化的研究，但如何有效固定催化剂依然是一个需要解决的重要问题。本章主要介绍最常用的光催化剂载体材料。为了说明技术要点，主要以光催化剂在水净化中的应用为例。然而，载体 / 催化剂系统的一般特性也广泛适用于其他光催化应用领域。

尽管各种因素对不同催化支撑材料的影响还有待全面评估，但本章旨在阐明该领域的研究现状。通过评估最常用的支撑材料来展示几种常用的催化剂薄膜制备方法，以及这些方法的优缺点。因此本章主要介绍每一种载体上几种较成功的薄膜制备方法，以及每种载体材料和后续使用过程中的特点，帮助读者根据自己的特殊需求选择适宜的制备方法。

二氧化钛（TiO_2）在光催化研究领域具有相当重要的地位，如果不提及 TiO_2，就无法全面评估催化剂的固定方法。TiO_2 因化学和生物稳定性高、易于制备、成本低廉且可以和其他组分共存等特性成为理想光催化剂。尽管 TiO_2 只有紫外线活性，但只吸收 5% 的太阳光辐射能量就足以激活 TiO_2 的光催化性能。由于 TiO_2 的优异性能，其应用已经不局限于光催化领域，而是广泛拓展到其他商业领域。例如，加拿大纽泰克能源系统公司（Nutech Energy Systems）使用一个小型钛基光催化反应器来降解有机污染物，以及英国 Radic-INBair 集团旗下 Hextio 公司制造的家用空气净化器中也有应用。由于 TiO_2 的无毒性和良好的生物相容性，在防晒化妆品、牙膏、外科植入物材料中广泛使用。

自然界中常见的 TiO_2 主要有三种晶型：锐钛矿、金红石和板钛矿，如图 6.1 所示。每个晶体中，1 个金属钛阳离子与 6 个氧阴离子形成六配位的 TiO_6 正八面体结构。锐钛矿和金红石都是四方晶系，而板钛矿是斜方晶系。金红石的晶体结构是体相材料中最稳定的，而在纳米尺度下锐钛矿和板钛矿更为稳定。晶相结构还受到退火温度和 pH 等实验条件的影响。晶相和形貌很大程度上决定了 TiO_2 的性能，所以制备二氧化钛和其他催化剂材料用于光催化应用时一定要慎重选择实验条件。

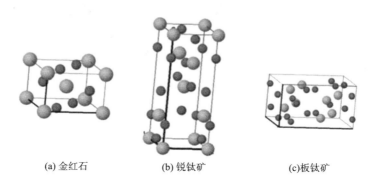

(a) 金红石   (b) 锐钛矿   (c) 板钛矿

图 6.1 TiO_2 的几种晶相

实验结果表明，由于纯相的锐钛矿最易合成，所以锐钛矿是制备 TiO_2 光催化剂的首选晶相。相较于锐钛矿，金红石型 TiO_2 在吸收紫外线时电荷复合的速度更快，且其表面吸附的反应物和氢氧化物要比锐钛矿型 TiO_2 少。TiO_2 中较不常见的晶相是锐钛矿型 TiO_2（亚稳相），相比其他晶相具有更开放的结构和更低的密度。这些性质使得锐钛矿型 TiO_2 在光催化剂中的研究逐渐增多。

由于锐钛矿和金红石的带隙差异很小（分别是 3.2eV 和 3.0eV），将锐钛矿和金红石混合制备的异质结是性能优良的光催化剂，其中异质结可以用于电荷分离，增强催化活性。商用 TiO_2 是由质量之比约为 80∶20 的锐钛矿和金红石组成的，被称为 P25 二氧化钛。这种比例的 TiO_2 负载能力和光活性较强，所以在半导体光化学领域被称作"黄金比例"。

尽管商用的 P25 二氧化钛都呈粉末状，但颗粒悬浮液并非进行光催化反应的最佳选择，特别是在其最重要的水净化应用领域。因此，将二氧化钛固定在载体上是解决催化剂回收困难的有效方法，但这会损失有效表面积，使光活性降低，同时处理过程也变得更复杂。对于光催化反应来说，有效表面积至关重要，因为把催化剂固定在载体表面将决定哪些晶面位点可以用于催化反应。

与纳米颗粒悬浮体系相比，负载催化剂的涂层的光活性受到制备过程中很多工艺参数的影响，例如孔隙率、晶粒大小、晶相、表面粗糙度和比表面积。制备催化薄膜时，必须慎重选择工艺参数，这样才能得到理想的催化性能。

半导体光催化效率低的一个主要原因是电子和空穴的复合。一般来说，对于基于半导体的光催化，光子量子效率（反应产物的生成速率除以入射光子流率）

通常很低（10%），这主要是因为大部分（90%）的电子—空穴对在受到激发后会快速复合。半导体材料本身的结构缺陷也会促进电子—空穴对的复合。而且和晶体物质相比，非晶态物质光活性很低或没有。对半导体催化剂进行修饰可以降低电子—空穴的复合速率，从而提高量子产率。

为了调控光催化剂的形貌，必须严格控制前驱体、溶剂和反应条件（如 pH、浓度和温度）。在王松玲等关于 $BiFeO_3$ 的光催化活性的文章中指出，催化剂的效率取决于形貌，片层形貌优于纺锤状和立方体形貌。Mazzarolo 等通过改变制备 TiO_2 纳米管的阳极氧化条件，研究了四种不同的管口形貌和催化性能的关系，如图 6.2 所示。开放、轮廓分明的管口结构的 TiO_2 纳米管表现出更为优异的光催化和光电化学性能。

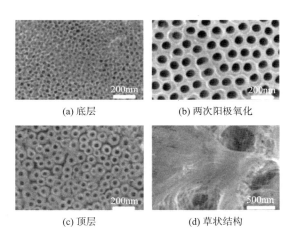

(a) 底层　　　　　　　　　　　(b) 两次阳极氧化

(c) 顶层　　　　　　　　　　　(d) 草状结构

图 6.2　不同表面形貌氧化钛涂层的扫描电镜照片

除了溶液处理之外，严格控制热处理过程也非常重要。原因之一是基底和催化剂涂层的线性热膨胀系数（CLTE）的差异，若基底的 CLTE 系数远远高于催化剂涂层（TiO_2 的 CLTE 为 2.1×10^{-6} ~ 2.8×10^{-6}），则会因基底收缩而产生微裂纹，增大了催化剂剥落混入反应体系的可能性。研究表明，提高薄膜中的钛含量可以减少微裂纹，催化剂膜上的裂纹降低了膜的稳定性，有裂纹的膜比完整、无缺陷的膜的催化效果更差，如图 6.3 所示。

上述所有因素和变量都对光催化系统的整体量子效率（QE）或量子产率有影响。在水净化中，QE 定义为吸收一个光子所能分解的分子数量。值得注意的是，尽管 QE 能表征某种光催化系统转化为分子的效率，但由于光子的散射和非理想吸收，所以吸收的光子数量不能精确地确定，因此在多相催化时经常使用

"表观 QE 值"。在将大型有害污染物转化为对人类健康没有任何负面影响的小型污染物时，表观量子效率依然能代表一个光催化体系的效率。

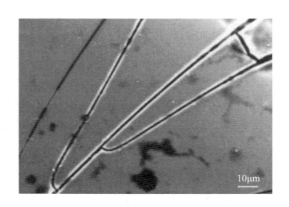

图 6.3　催化剂薄膜上微裂纹的扫描电镜照片

来源：经 W Que，Z Sun，Y Zhou，et al. Mater. Lett，2000（42）：326–330. 许可。版权所有 Elsevier。

从前面的讨论可以清楚地看出，许多加工因素影响了实际的光物理过程，而对载体的加工也加剧了这一过程的复杂性。这也证明了在制备光催化剂涂层中，载体材料的选择以及针对特定的使用条件进行优化的重要性。在下面的几节内容中，为了强调最优加工条件和加工时需要避免的误区，会罗列一些最常用的载体材料和与之配套的化学处理方法。

本章主要介绍了一些最常用的光催化载体，如玻璃、钛、不锈钢、塑料和纺织品，但也未包含所有可用于多相催化领域的载体材料。例如，烧结陶瓷载体是金属纳米颗粒催化有机反应的常用载体，多孔烧结陶瓷作为金属催化剂的载体不参与反应。与烧结陶瓷载体类似的还有氧化铝、二氧化硅和二氧化钛。氧化铝（Al_2O_3）具有多孔的"泡沫"结构，是光催化陶瓷载体中最常用的材料。但是，光催化通常不需要陶瓷载体，因为光催化中性能非常好的 TiO_2 本身是一种陶瓷材料且不需要载体。像这样的多相催化载体材料多应用在于多相催化，在光催化环境修复领域应用得很少，因此本章不作详细的探讨。

6.1　玻璃

玻璃具有良好的透明性和耐高温性能，是光催化研究中常用的基底材料。在降解污染物的催化反应中，不单要选择合适的载体，载体材料的结构也在很大程度上影响了污染物降解的催化反应动力学和反应活性。文献中经常探讨的玻璃载体结构包括片状、球状、空心球状和纤维状等。

Fernández 等在研究中通过设计 TiO_2 负载于玻璃、石英、不锈钢（SS）箔片和纳米二氧化钛悬浮液的对比实验，发现了固定催化剂显著降低了污染物的降解速率。在 D，L- 羟基丁二酸分子的降解实验中，悬浮形式的 TiO_2 在 30min 内就能完全降解污染物（5mg P25 TiO_2 对应 7.46μmol 的污染物），而石英负载 TiO_2 多相催化剂则需要 1h，玻璃和不锈钢箔片负载 TiO_2 催化剂则需要 3h。实验结果表明，可用表面积对催化活性极其重要，同时表面本身的性质也起到了关键作用。在相同工况条件下，不同的载体可以观察到不同的催化活性，在石英上的活性比在玻璃和不锈钢箔片上要好，可能是由于在制备过程中，TiO_2 和载体之间发生了不同的相互作用。热处理是制备 TiO_2 薄膜的关键环节，决定了能否获得高比例的锐钛矿晶体结构、增强的 TiO_2 层的内聚力以及对载体的附着力。然而加热过程使载体—催化剂界面相对活跃，存在离子从载体扩散到催化剂的可能性，通常会对光催化活性产生不利影响。

从载体到催化剂的扩散也广泛存在于玻璃和不锈钢箔片载体催化剂上，只是在玻璃载体表面扩散更为显著。在上述负载 TiO_2 的玻璃载体研究中，通过 XPS 检测到了催化剂表面存在钠离子和硅离子，表明热处理温度在玻璃熔点附近时可以使这些离子扩散到 TiO_2 层。在同一研究中，热处理不锈钢载体催化剂也会在负载的催化剂中检测到 Fe^{3+} 和 Cr^{3+}。2012 年的一项研究发现，TiO_2 的阳离子掺杂（尤其是 Cr^{3+}）会对光催化活性产生很大的负面影响，因为阳离子掺杂剂可以作为复合中心。当阳离子吸引一个电子时，像这样填充的受体中心就会带负电荷，从而吸引一个空穴，最终导致电荷完全中和，能量以热的形式散失。报道表明，阳离子掺杂降低了电子—空穴分离的效率，同时加速了它们的复合，这两个因素严重影响了催化效率。这就解释了为什么负载在玻璃和不锈钢箔片上 TiO_2 膜的活性相对于悬浮液形式和负载在石英上的催化活性更差，这是因为石英载体中的阳离子没有明显的扩散现象。由于玻璃载体的阳离子扩散现象比不锈钢箔片的更显著，因此很多研究人员尽量避免使用玻璃载体。

尽管石英载体具有抑制离子扩散的优点，但玻璃载体因为成本更低而在 TiO_2 光催化载体的研究中广为使用。玻璃具有多种可用的结构，为很多新开发的光催化材料结构分析提供了便利条件。例如，玻璃载玻片的平整表面为 X 射线衍射（XRD）和扫描电镜（SEM）测试提供了理想平台。

6.1.1 预处理方法

在玻璃载体上制备催化剂薄膜时，面临的一个普遍问题就是薄膜的附着力差。常见的方法就是在催化剂制备过程中引入预处理步骤，即通过调整玻璃载体的表面化学性质来防止大量脱落，提高催化剂薄膜的活性。在不影响材料整体性能的前提下，Samsudin 等介绍了几种在玻璃载体表面引入功能基团的改性技术，如 γ 射线辐射、表面化学氧化、等离子体处理和紫外线/臭氧氧化。其中很多方法最初都是用于玻璃表面改性，现在已经广泛应用于其他载体材料。

表面化学氧化法包括蚀刻法，如将玻璃浸泡在氟化钾溶液中，由于会生成副产品氢氟酸，所以操作过程必须极其谨慎。此外，磺化处理也可以提高 TiO_2 的光催化活性，改善其附着力和薄膜质量，降低 Na^+ 从玻璃扩散到薄膜的程度。吴传贵等在玻璃衬底和二氧化钛薄膜之间插入末端双功能烷氧基硅烷和磺酸（—SO_3H）基团的自组装单分子层，通过实验证明了这一结论。烷氧基硅烷组分与表面裸露的羟基形成化学键，磺酸基组分与二氧化钛颗粒结合，形成分子桥联，提高了附着力。对于用来沉积薄膜的玻璃载体表面，另一种简单有效的方法是用砂纸进行机械打磨，以提高表面的粗糙度。这种方法常与其他化学蚀刻方法配合使用，尽可能减少催化剂的剥落。

除了用化学或机械方法刻蚀玻璃表面外，紫外线/臭氧处理通常是将玻璃暴露在发射波长 250nm 紫外线的台式设备上进行处理（图 6.4），是另一种广泛应用的制备玻璃负载薄膜的方法（不限于光催化领域）。紫外线能够使材料表面有机物分子的化学键发生断裂，清洁表面并为制备涂层做准备；也可以发射波长约 185nm 的强射线，将 O_2 分子转化为 O_3。O_3 有较强的氧化性，可以进攻其他的小分子片段，同时氧化表面使之功能化。普遍认为，紫外线处理比湿化学技术更好（有时紫外线也与湿化学技术结合使用），因为紫外线/臭氧技术在实际使用中更

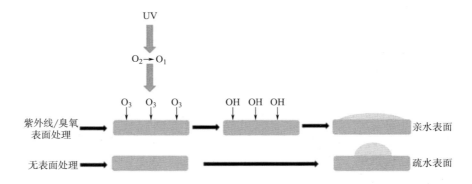

图 6.4 UV/ 臭氧处理功能化薄膜表面的机理示意图

简单，不需要复杂的化学处理，因此使用起来更快捷方便。紫外线／臭氧处理可以对改性过程进行精确控制，不仅无须使用湿法化学技术中的各种危险化学品，而且可以在室温下的多种气氛中进行。

也有直接使用等离子体来增强紫外线／臭氧处理效果的实例。尽管等离子体处理法更有效，并能在更短的时间内处理好表面，但等离子体法需要在真空环境中进行，而紫外线／臭氧法则不需要。这也意味着等离子体法需要专业设备，价格贵且不易获取。山本等进行了一项研究，了解如何利用等离子体处理改变玻璃的亲疏水性能。他们发现，等离子体法处理可以使玻璃表面产生良好的亲水性能，不过其时效性较短。因此，在经过等离子体处理后，表面改性效果存在的情况下，迅速引入催化剂涂层至关重要。除了在实验室制备过程中对玻璃表面进行物理和化学改性外，还可以直接使用已经商业化的氟掺杂氧化锡（FTO）玻璃。Odling 等研究表明，使用 FTO 玻璃可以减少 TiO_2 的剥落，提高 TiO_2 的附着力，并且除了清洗和简单紫外线／臭氧处理之外无须其他的预处理步骤。

6.1.2　涂层方法

玻璃载体经过充分处理后，就需要选择涂层制备方法。与大多数载体材料一样，根据所涉及载体结构的不同，在载体上制备特定催化剂涂层的方法也不尽相同。Odling 等报道利用流延法来制备光滑薄膜。流延法只能用于平板玻璃表面，无法应用在玻璃纤维状、球状、管状等复杂结构中。流延法就是在清洁和预处理步骤之后，将糊状或浆状的催化剂材料涂布到玻璃表面。再将表面上的糊状催化剂处理平整。例如，用玻璃棒把糊状的催化剂均匀地推满玻璃表面，这种技术因为操作简单而被广泛使用。因为有很多商用半导体催化剂浆料可供选择，所以仅需要对玻璃进行预处理，然后涂布所需要的催化剂浆料，而无须进行复杂的化学处理。除了使用商业化的市售浆料外，还可以根据自身研究的需要，自行制备催化剂糊或浆料，并以同样的方式将其涂布在玻璃载体上。在玻璃上制备催化剂薄膜的方法包括提拉法、旋涂法，以及较为简单的浸没沉淀法。类似的方法可以在很多文献中查到，但需要根据不同的材料和基材的要求稍加改进。将玻璃载体材料浸入催化剂（P25 TiO_2）纳米颗粒悬浮液中，是涂装复杂结构的一种简单方法。例如，Odling 等利用该方法将 TiO_2 涂覆在大量玻璃微球表面。研究工作中使用这种技术，即用连续离子层吸附与反应技术，进行材料改性以提高普通 TiO_2 的可见光活性。这种方法用途广泛，操作简单且无须昂贵的实验设备。然而，应该注意的是，如果要使用该方法生产足量的催化剂悬浮液，将会比其他涂层制备技术消耗更多的溶剂。所以，当需要考虑光催化的环境效益时，就必须考虑这一问题。

另一种在玻璃或其他类型材质的载体上制备催化剂薄膜的方法是溶胶—凝胶法，是制备各种功能涂层使用最广泛的技术之一。这种技术的优势是具有相对较低的加工温度、容易在较大的表面上均匀涂布多组分氧化膜，且能很好地控制最终材料产品的成分和性能。溶胶—凝胶法包含溶胶的制备（颗粒极小的胶体悬浮液），通常与提拉法结合使用。这样制备的薄膜厚度往往与溶胶的黏度呈正比（黏度取决于水的含量）。较高的黏度可以减少提拉成膜和煅烧的重复次数，同时也会导致薄膜不均匀、易脱落。

这个过程通常包括下列一系列化学和物理步骤，包括基于水解和缩聚反应的无机聚合过程，凝胶化过程，陈化过程，干燥过程，致密化过程。第一步通常使用金属有机前驱体，例如有机醇盐 $[Ti(OC_nH_{2n+1})_4]$，溶剂通常使用有机醇盐的母醇。水分子一般用来促进水解和缩合反应，如图 6.5 所示。

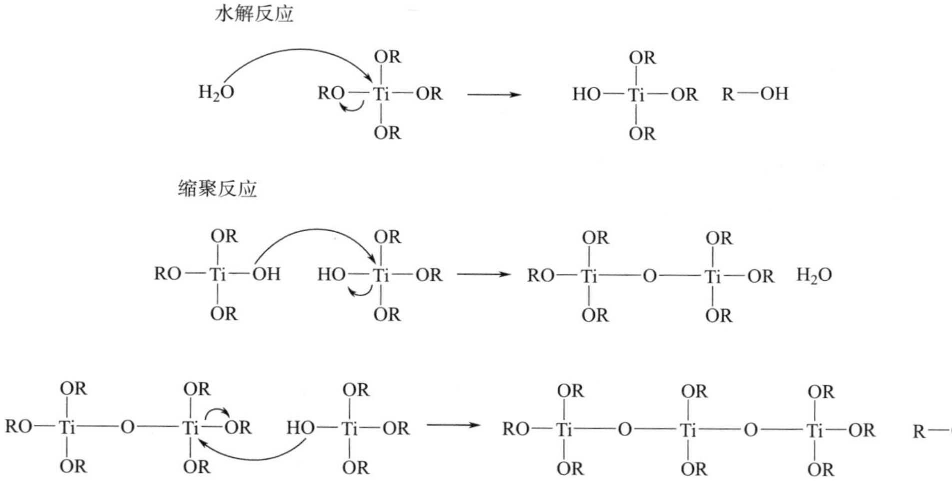

图 6.5　溶胶—凝胶法形成长链凝胶结构

在水解和缩聚竞争反应之后，可以形成纳米粒子的胶体悬浮液（溶胶）。无论是自发聚集、添加化学试剂还是因其自身物理性质不稳定性，体系中的纳米粒子倾向于聚集形成连续的三维（3D）凝胶网络。前驱体溶液通常使用蒸发温度较低的酒精作为溶剂，有机材料或其他掺杂剂可用来进行化学修饰或表面修饰。一般来说，在提拉成膜后会将样品放置在通风橱里让多余的溶剂和其他气相副产物蒸发掉。通过溶胶—凝胶法制备的纳米粒子是无定形的，因此需要高温煅烧得到结晶相。像许多载体材料的情况一样，这种湿化学技术尤其适合在研究过程的各个阶段进行简单调控，探索制备功能薄膜的最佳成分和优化工艺条件。目前溶胶—凝胶法因其较强的可用性和灵活的处理方法，无须使用更复杂的仪器而广为使用，这些都证明了该方法的成功。但是也必须注意，和其他合成过程一样，溶胶—凝胶法也有其缺点，例如消耗溶剂、使用危险试剂和较长的准备时间。此外，使用溶胶—凝胶技术将元素或复合物结合到薄膜中以增强其功能，最终可能导致该方法的制造成本超过预期。对于研究来说，溶胶—凝胶法无疑是一种理想的选择，但是若要批量合成和制备供实际，还需要进一步考量。

另一种可用于复合玻璃基体的方法是化学或物理气相沉淀法。对于大且平坦的表面（如玻璃平板），可以使用磁控溅射法等物理气相沉积技术。如果要在玻璃微球或者其他高比表面积的自制复杂载体结构上沉积，化学气相沉积法（CVD）无疑是首选。化学气相沉积法的机械稳定性好、薄膜附着力强、容易进行工业放大，是获得高结晶度薄膜的优选方法。与大多数常用的玻璃上制备 TiO_2 薄膜的方法类似，CVD 法产生的无定形层也可以通过煅烧而转化成晶态。Karches 等设计了一个用 CVD 生产光催化薄膜的实例，即使用专门设计的循环床等离子体—CVD 反应器在玻璃微球上制备 TiO_2 涂层。在 Yang 等的另一项研究中使用了玻璃平板和硅片作为载体，用金属—有机 CVD 沉积了 ZnO 和 TiO_2 镀层。在这项研究中，他们制备了具有一维针状结构的粗糙薄膜，这种薄膜具有极高的比表面积，提高了膜的光催化活性。与上述方法相比，尽管气相沉积法减少了化学处理和溶剂的消耗程度，但是很少使用。因为尽管气相沉积法可以提高薄膜的质量，并且可以针对实际需求进行定制调整，但是所需设备昂贵且不容易获取。

6.2　钛

以金属钛为基底通过阳极氧化法表面氧化生成 TiO_2 层，而无须像其他载体材料一样，需要将预成型的 TiO_2 黏附到载体表面上，是一种更简单的制备 TiO_2 或钛基催化剂薄膜的方法。这种方法通过简单表面氧化就可以制备 TiO_2 薄膜，无须在各种惰性载体表面通过复杂的化学合成形成涂层。为了探索更多的催化剂膜制备方法，有别于其他章节中使用的将催化剂黏附在载体表面的方法，本节将重点介绍将钛基体材料转化为 TiO_2 来制备催化剂薄膜的方法。

阳极氧化法是一种传统的从载体制备氧化膜的方法，图 6.6 演示了通电时

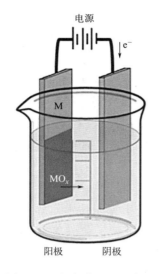

图 6.6 阳极氧化过程示意图

在阳极表面形成金属氧化物层的过程。阳极氧化法因金属载体在电解池中作为阳极被氧化而命名，是一种常用的钛氧化制备多孔 TiO_2 和 TiO_2 纳米管阵列（NTAs）的方法。首先需要清洗钛片，然后将钛片放置到电解液中作为电极并附加外电压。经过阳极氧化后，将基体干燥、煅烧就得到了锐钛矿型的 TiO_2 晶体。阳极氧化的条件（例如电解质、pH、施加电压、持续时间和温度）会影响纳米结构形貌。例如，使用含氟离子的电解液会促进纳米管阵列（NTAs）的形成，而其他电解液更倾向于形成致密的 TiO_2 涂层（图 6.7）。施加的电压会影响形成的纳米结构形貌，持续增加氧化时间，也会相应增加纳米管的长度。

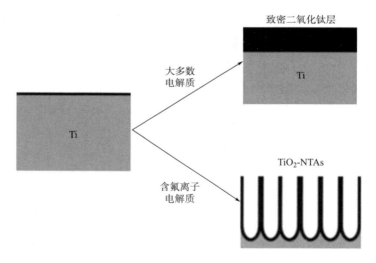

图 6.7 对照组形成简单 TiO_2 致密层，在氟离子存在下在
金属表面形成 TiO_2 纳米管阵列（NTAs）

6.2.1 预处理方法

虽然阳极氧化法无须将催化剂或前驱体材料黏附到载体上，但是预处理表面仍然可以提高载体表面质量。其中一种方法是电化学抛光，使表面平整光滑并减少微裂纹和沟壑，这样可以减少结构缺陷，避免涂层大面积脱落。电化学抛光法

是一种简单的预处理方法，因为工艺参数设置与阳极氧化法比较类似，所以经常配合使用。在电化学抛光法中，金属作为阳极材料浸泡在有强氧化性的电解液中（如高氯酸盐或氢氟酸）。当电流从阳极输送到阴极时，阳极金属的表面被氧化，溶解到电解质溶液中，并从阳极向阴极迁移，形成一个光滑的表面，这是由于电解液能够穿透表面氧化层，使氧化层与表面分离。以上是阳极氧化法和电化学抛光法的主要区别。然而，也有人认为，电化学抛光留下的化学反应位点会导致制备的膜不均匀，因此部分研究人员不使用电化学抛光法，而选择使用金刚石机械抛光法等其他方法。Zwilling 等首次使用金刚石机械抛光法进行预处理，然后通过阳极氧化法获得纳米多孔二氧化钛薄膜。此外，电化学抛光法经常需要使用具有腐蚀性、易燃或有毒的危险电解质，这也是研究人员选择其他表面预处理方法的原因。

6.2.2　涂层方法

阳极氧化法因具有可控的纳米尺度和高的比表面积，是公认的制备 TiO_2 光催化剂和光电阳极的方法。这种方法的显著优点是可以制备较高比表面积的二氧化钛纳米管阵列（TiO_2—NTAs），因此具有比 TiO_2 颗粒更高的电荷分离效率、电子传输速度和催化反应速率。然而，研究人员也发现，相比于其他沉积方法，阳极氧化法获得的薄膜更薄，氧化反应速率偏低。

近年来，在多孔钛管上制备的二氧化钛纳米管膜可应用于具有光催化和微滤双功能的水处理系统。Casado 等的研究表明，以钛管作为阳极，镍箔作为阴极，并以乙二醇、去离子水、NH_4F 配制电解质溶液。这样制备的 TiO_2 层可以直接用于表面过滤膜，一步氧化同时制备多孔结构和催化剂涂层，更有助于减少颗粒和细菌在膜表面和孔道上的沉积，增加了膜的寿命并降低了此类系统的长期使用成本。人们发现，这种电解质的组成可以制备具有确定结构的 TiO_2 纳米管，同时观察到，如果水含量保持在 5%（质量分数）以下，可以获得更长的纳米管。他们还观察到，相对于恒电位模式（保持电位恒定），在恒电流模式下（保持电流密度恒定），通过减少电流密度的波动，能显著改善阳极氧化的纳米管质量。

这项研究的另一个主要内容，是将阳极氧化制备的薄膜和用 P25 TiO_2 制备的膜进行甲醇污染物的光催化降解性能对比测试。结果表明，由于 P25 TiO_2 层比阳极氧化法的 TiO_2 层厚，P25 TiO_2 涂层降解甲醛的速率是阳极氧化法的 1.5 倍。在去除水中细菌的实验中也发现了类似的结果。然而，光催化技术与过滤技术的结合能全面强化阳极氧化表面系统，因为被堵塞的孔道更少，跨膜压力更低，因而增加了材料使用寿命，减少了维护和运作成本。这项研究展示了通过电化学方法生产催化剂膜的巨大潜力，并在去除有机物和病原体方面获得了成功。同时也指明了需要继续研究的方向，即制备出能够超越 P25 TiO$_2$ 层降解率的阳极氧化薄膜。

阳极氧化法的实验简单可控，可以通过改变工艺参数来调整薄膜形态以提高降解速率，因此受到许多研究团队的青睐，以下精选了几个研究团队的具体合成方法作为参考：

（1）Yajun 在 NH$_4$F/ 乙二醇电解液中通过阳极氧化钛箔制备了二氧化钛薄膜，分别在不同的电压（14V 和 120V）和氧化时间下进行实验。制备了"双壁"和"竹节型"结构的二氧化钛薄膜，并发现单层二氧化钛纳米管阵列表现出了更为优越的光催化性能。

（2）Adán 等 在乙二醇、水和 NH$_4$F 电解液中阳极氧化钛片制备 TiO$_2$ 纳米管阵列。发现所制备纳米管的厚度和长度直接影响其光催化性能。

（3）Dong 等通过两步法阳极氧化钛箔制备出具有管状结构的 TiO$_2$ 层，经过煅烧去除顶部的氧化层，露出内层黑色 TiO$_2$。尽管黑色氧化层的比表面积较纳米管小，但能在可见光照射下表现出更高的光催化活性。

（4）Joseph 和 Sagayaraj 研究了在添加过氧化氢作为电解液下，施加电压对 TiO$_2$—NTAs 形貌的影响。他们发现，过氧化氢浓度过高会导致管状结构消失，同时施加电压也对纳米管的几何形貌有影响。

（5）Lee 等通过改变 NH$_4$F 电解液的浓度和阳极氧化时间，合成了暴露 {001} 晶面的锐钛矿型 TiO$_2$—NTAs。这些参数会对电合成催化剂的结晶度和晶粒尺寸有影响。据报道，此类有序的管状光催化剂具有很高的光催化活性，这归因于该材料具有大量的 {001} 高能晶面。

（6）Hyam 和 Choi 研究发现，在相同的实验条件下，较厚的 Ti 箔会生成纳米颗粒形貌的薄膜，而较薄的 Ti 箔生成管状形貌的 TiO$_2$ 薄膜。

Coto 等使用的等离子体电解氧化法（PEO）是另一种在钛表面制备 TiO$_2$ 薄膜的电化学方法。在这项研究中，电解液使用 0.04mol/L 的磷酸钠，以 50Hz 的方波交流电源电解 30min，生成约 15μm 厚的 TiO$_2$ 薄膜。电解氧化法是在钛载体表面获得极佳黏附和覆盖薄膜的适宜方法，相比阳极氧化法，PEO 另外一个显著优势是无须使用有毒有害的化合物作为黏合剂或刻蚀剂。此外，苏联还使用 PEO 法为"和平号"空间站进行涂装，证明这种方法能够制备出坚固的薄膜。

然而，由于需要非常高的电压，PEO 实际上比简单的阳极氧化技术更难实现，也更不安全。PEO 法使用高电压来诱导等离子体，因此必须有专业的设备来安全地实施这一过程。例如，简单阳极氧化法制备纳米级的 TiO$_2$ 层仅需几十伏的电压，但如果使用 PEO 法则需要高达 400V 的电压。事实上，Coto 等进行的研究必须使用 Keronite 国际有限公司提供的专用设备。尽管 PEO 法较难实现，但其对环境的影响比阳极氧化法要小得多。因为阳极氧化法在电解液中使用的是较危险甚至是有毒的试剂，而 PEO 法使用蒸馏水就能满足要求。

除了阳极氧化钛表面得到 TiO_2 外，还可以采用热处理来实现同样的表面氧化效果。热处理法操作十分简单，例如，Pablos 等和 Özcan 等在空气中将 Ti 直接加热到 400 ~ 700℃进行热氧化处理，Li 等将 Ti 在 NaOH 溶液中加热到 170℃，再在 400 ~ 600℃下煅烧。Li 等发现，煅烧温度是决定钛基纳米片薄膜形貌的关键因素，在 500℃下烧结后表现出最佳的乙酰水杨酸光催化降解速率。150min 后发现试验污染物几乎完全降解（最终浓度与初始浓度 C/C_0 之比小于 0.05），在 600℃下煅烧处理的薄膜性能最差（C/C_0 约为 0.25）。

热处理法是一种极其简单并且成本较低的催化薄膜制备方法。Özcan 等发现，与溶液—凝胶法制备的 TiO_2 薄膜相比，热处理法制备薄膜的光催化活性低，可以忽略不计，他们认为出现这一现象的原因是，热处理法形成金红石型 TiO_2 的比例远高于锐钛矿型 TiO_2。Pablos 等也观察到了类似的结果，与将 P25 TiO_2 浸涂在钛片和玻璃上制备的膜相比，热处理法制备的膜对甲醇的光催化降解效果较差。增加施加电压会使降解速率略有升高，这是因为电荷有效分离降低了电子—空穴对的复合过程（这一过程也叫光电催化）。

6.3　不锈钢

不锈钢是一种更为廉价的钛替代品，因此在适宜使用金属作为载体材料的时候经常成为首选。不锈钢的元素组成（也称为等级）显著地影响其物理和化学性质，因此不同等级的不锈钢都对应着不同的应用。304 不锈钢的元素组成见表6.1。这一等级的不锈钢具有良好的抗氧化性，可耐受 870℃的高温，因此，304 不锈钢是常用的光催化载体材料。由于 304 不锈钢本身用途广泛，并在受到干扰时表现出较强的稳定性，因此 304 不锈钢的应用并不局限在光催化载体。一般来说，结构决定性能，304 不锈钢为奥氏体不锈钢，与铁素体、马氏体和双相不锈钢等其他类别相比，奥氏体不锈钢最适合作为催化剂载体。奥氏体不锈钢是具有面心立方结构的合金，通过改变合金中镍的百分含量来制备。奥氏体不锈钢具有合适的高温耐腐蚀性和机械强度，能够耐受煅烧催化剂薄膜时的高温。

然而，尽管不锈钢材料的稳定性能显著延长载体的使用寿命，但这种特性也会在优化涂层工艺时出现表面难以活化的问题。如前文所述，TiO$_2$ 涂层在载体表面的附着力通常较差，与不锈钢载体结合时也不例外。因此，为了解决这个问题，必须对不锈钢载体进行预处理。

表 6.1　304 不锈钢的各元素百分含量

项目	C	Mn	Si	P	S	Cr	Mo	Ni	N
最小值	—	—	—	—	—	17.5	—	8.0	—
最大值	0.07	2.0	0.75	0.045	0.030	19.25	—	10.5	0.10

6.3.1　预处理方法

化学预处理不锈钢的方法很多，其效果也各不相同。其中一种化学预处理金属基底表面的方法就是涂层转化法，包括使用酸、硫代硫酸盐和酒精将氧化物沉积到表面，通过改变表面形态，并形成各种大小的微孔和空腔来增加可用于反应的表面积。转化涂层法也可以帮助锚定沉积物，通过加热诱导在转化层和沉积层之间形成化学键，进一步增强基底附着力。

另一种无须加热的更加简便的方法是羟基化反应，这是一种有助于在 TiO$_2$ 和表面羟基之间形成稳定化学键的方法。羟基化反应在文献中被广泛报道，且方法之间略有差异。 Yarazavi 和 Yanagida 等报道了在氢氧化钠中浸泡预处理不锈钢载体的方法，Yarazavi 提出了使用盐酸浸泡的方法，Du 等使用水、丙酮、乙醇洗涤，再在 10mol/L 的 HNO$_3$ 溶液中浸泡 1h 等方法对不锈钢表面进行羟基化处理。

Pauline 等深入研究了一种浸泡处理方法：使用 15% 的 HNO$_3$ 和 5% 的 HF 浸泡处理不锈钢 2min，去除表面氧化物。在这项研究中，TiO$_2$ 可作为应用于整形外科的涂层，形成一个便于植入物可靠附着在骨骼上的适宜表面。进一步证明，因 TiO$_2$ 超乎寻常的稳定性使它拥有非常广泛的应用，用 TiO$_2$ 制备的涂层非常稳定且安全无毒，可以植入人体内使用。

上述处理方法成本低、操作简便，使其在欠发达地区光催化水处理应用中具有一定的吸引力。但 TiO$_2$ 和金属表面之间的结合通常不理想，因此，必须考虑其他预处理方法来增强金属表面与 TiO$_2$ 之间的相互作用。

除了光催化研究领域之外，另一个广泛使用 TiO$_2$ 的领域是油漆颜料行业。许多研究都是为了提高油漆对金属表面的附着力，例如在汽车制造业，前文提到的一些化学改性方法在此也同样适用。工业制造中的一个典型例子就是使用黏附促进剂（也称为吸附促进剂）。黏附促进剂是双官能团或多官能团的单体和低聚物，其中一个或多个反应基团化学键合在基材表面（如金属），而其他反应基团与被吸附的材料形成化学键（如 TiO$_2$）。因此，黏附促进剂在两个表面之间起到了分子桥梁的作用，增强了表面之间的附着力，使薄膜更坚固、减少剥落。氨基烷氧基硅烷偶联剂是一种常用的黏附促进剂，结构中的氨基可以与 TiO$_2$ 成键，烷氧基可以通过水解反应与金属表面成键（如果暴露在少量湿气中，金属表面的羟基会促进这一过程）。

如图 6.8 所示，使用桥接分子增强了有机分子与金属表面的结合，而不是直接与 TiO$_2$ 结合。另一种修饰改性方式是使用与 TiO$_2$ 有较强结合力的末端含有羧酸基团的桥接分子。

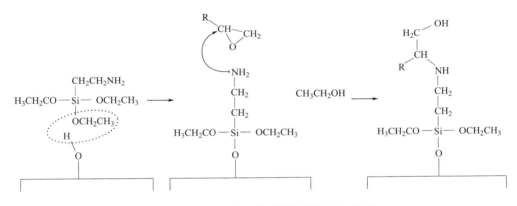

图 6.8　在金属表面的吸附烷基胺的示意图

等离子体处理和臭氧化处理可以与上述方法结合使用（参见 6.1 所述），也可以单独使用。等离子体处理是一种常用的提高不锈钢表面化学功能的方法，特别是提高不锈钢表面的亲水性（图 6.4）。有研究表明，使用等离子体处理 316 不锈钢的效果良好，XPS 表征证实了其表面成分因氧化而发生变化。在另一个用臭氧处理不锈钢载体的例子中，A. Mahapatro 等采用了清洁和粗化表面的步骤，提高了官能团的键合程度，最终用该方法构建了脂肪酶分子有机膜。氧等离子体处理可以改善不锈钢的表面性能，包括提高表面能和亲水性。通过结合氧和活性组分表面氧化引入新的官能团可以增加亲水性。氮以及等离子体中存在的其他活性组分的清洁功能也同样起到提高亲水性的作用（氮可能引起腐蚀）。

6.3.2　涂层方法

不锈钢载体经过适当的处理后，就可以制备催化剂涂层。金属载体表面制备

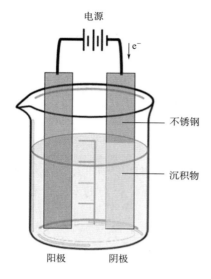

电源

不锈钢

沉积物

阳极   阴极

图 6.9   电泳沉积装置示意图

催化剂涂层最常用的方法是在含有催化剂材料的悬浮液中进行电泳沉积（EPD）。这种用途广泛的湿化学技术可以在外加电场的作用下从有机溶剂的胶体悬浮液中制备陶瓷膜，采用如图 6.9 所示的标准装置。由于 TiO_2 粒子表面自带电荷，会移动到不锈钢载体阴极并形成层状薄膜。由于电泳沉积法的可控性较高，容易调整制备薄膜的特性，所以这种方法的应用非常广泛。同时，因为电泳沉积的设备比较简单且可以在任何形状的电极上实现电沉积，所以在探究最佳载体结构的研究中，选择电泳沉积法是非常合适的。

文献中有许多使用 EPD 来制备光催化剂薄膜的例子。Fernández 和 Barbana 等使用的一种方法为：先将不锈钢箔载体放置在丙酮中进行超声清洗，再将其作为阴极涂覆催化剂。Farrokhi-Rad 等使用乙丙醇（IPA）溶剂中加 20g/L P25 TiO_2 和三乙醇胺配置的悬浮液，进行了分散剂浓度与电压的比较实验。使用 EPD 法的一个不利条件是，所需的电压取决于悬浮液中的催化剂颗粒尺寸。颗粒的直径约为 21nm 的 P25 TiO_2 常用来配置此类悬浮液。P25 TiO_2 体积过小不易从悬浮液中沉积出来。如果颗粒的直径大于 20μm，则颗粒的流动性和所施加的电位差必须足以抵消重力的影响，否则重力会导致颗粒在到达需要涂覆的电极之前发生沉降。解决这个问题的一种方法是将悬浮液搅拌过夜并进行超声处理使悬浮液分散均匀，再在短时间内快速进行实验以避免沉降问题。

另一个要考虑的重要因素是溶剂的介电常数，从小颗粒悬浮液中获得沉积的最佳介电常数为 12 ~ 25。介电常数过低会使粒子上的诱导电荷较低而导致失效，同样，过高的介电常数也会因为液体中的高离子浓度而降低双层区域的尺寸，从而降低电泳迁移率。异丙醇的介电常数（20）大小适中，因此经常作为溶剂使用。

对于光催化薄膜来说，孔隙率是一个关键性能，而通过设定 EPD 参数可以调节孔隙率。粒子本身所带的电荷是其中的关键因素。如果电荷量很低，颗粒就会凝结，导致产生多孔的沉积物。如果颗粒表面带有较多的电荷，它们会相互排斥并沉积，从而具有较高的堆积效率。薄膜的质量还受到整个过程中所施加电压的影响。电场越大，薄膜的厚度越大，但过高的电场也会导致薄膜质量的损失。过高的电场强度会导致悬浮液中产生扰动，从而使涂层受到周围介质的干扰。沉积过程中所施加的电压和时间是影响孔隙率和最终烧结薄膜质量的关键因素。有研究表明，随着沉积电压的增加，湿化学沉积物的密度降低。因为粒子向载体移动的速度更快，沉积的时间过短导致无法按照优先的顺序进行叠层。

EPD 通过调控反应参数高速沉积所需表面性能的催化剂薄膜，是一种颇具优势的制备高质量催化剂膜的方法。因其避免了复杂的化学合成步骤，EPD 更容易放大并用于薄膜的工业化制备。尽管 EPD 是快速获得催化剂薄膜的最常用和成功的方法之一，但在进行催化剂涂膜之前，必须对载体表面进行有效预处理。如果载体预处理的效果不理想，没有使用化学涂层制备方法中的一些步骤来增加膜表面的黏附力，或在薄膜内部形成牢固的网络结构，一旦去除电荷，被驱动到带负电荷载体表面（阴极）的带正电荷的催化剂颗粒就很容易剥落，最终导致薄膜失效。

Coto 等提出了一种无须使用任何电气设备就可以在金属载体表面制备涂层的简单方法。即使用黏结剂来浸渍涂布多孔泡沫镍表面（不锈钢的化学成分之一），如图 6.10 所示。Coto 等使用聚丙烯腈（PAN）作为黏合剂，以提高催化剂与金属载体间的黏附力，减少剥落。然而研究发现，在玻璃纤维上浸渍涂布黏合剂的样品的催化降解速率常数要高得多。导致这一现象的因素很多，包括催化表面的可达性，因光催化剂降解聚丙烯腈黏合剂而导致催化薄膜被破坏，以及聚丙烯腈浸出到样品导致污染。

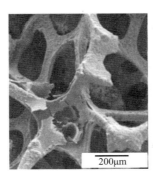

(a) 泡沫镍涂层　　　　　　(b) 不锈钢网涂层

图 6.10　泡沫镍和不锈钢网涂层的显微镜照片

来源：M Coto，S C Troughton，J Duan，et al. Appl. Surf. Sci，2018（433）：101–107.

溶液—凝胶法不仅广泛应用于在玻璃载体上制备薄膜，而且适用于不锈钢载体。文献中报道了通过微调溶胶—凝胶法组分来适应各种应用的大量研究实例。Chen 等对 Balasubramanian 等的方法稍加改进，研究表明，添加 P25 TiO$_2$ 粉末可以有效降低溶胶—凝胶法的煅烧温度，这是由于高温晶体烧结收缩和孔道塌陷可能会降低催化剂的比表面积。Jafariko 等也采用了类似的方法，在溶胶—凝胶法中添加 P25 TiO_2，再用旋涂法涂布不锈钢载体。

在催化剂的优化方面，溶胶—凝胶法可以方便地添加掺杂剂，进而提高光吸收效率。例如，Yarazavi 等以不锈钢丝作为载体，在溶胶—凝胶法制备过程中加入了碳纳米管来制备复合涂层。这是一种引入碳元素的新方法，但由于碳纳米管的成本较高，因此添加碳纳米管在许多实际应用中并不可行。Pauline 等报道了通过溶胶—凝胶法将铌掺杂的 TiO_2 涂覆到不锈钢载体上，应用在矫形手术中。尽管铌的掺杂抑制了电荷的分离，使掺杂后的 TiO_2 丧失了光催化性能，但是因为铌掺杂的 TiO_2 形成了黏附性良好的纳米多孔结构，使其在生物学应用中发挥了作用。

6.4　塑料

在光催化研究中，塑料载体的使用频率虽然不像玻璃、不锈钢和钛那么高，但是塑料载体因其成本低、重量轻和易于塑形增加表面积等特点，也是一种很好的光催化载体。由于过度使用塑料会对环境造成负面影响，因此许多研究人员尽量避免使用塑料作为催化载体。然而，如果使用旧瓶子等废弃塑料作为光催化剂的载体，则是一种回收利用一次性塑料的有效方法，尤其适用于那些没有被广泛回收的塑料。正如 Acra 所介绍的，塑料在进入光催化领域之前，在太阳能消毒（SODIS）技术中广泛使用，即将被污染的水装入塑料瓶进行长达一天的太阳光照射。尽管有研究证实，通过 UVA（320 ~ 400nm）照射可以消灭多数的细菌，并将水温提高到大约 50℃，但这种方法并不能去除化学污染物。此外，大多数塑料瓶是由聚对苯二甲酸乙二醇酯（PET）制成的，可以过滤掉大部分具有杀菌性能的 UVB 辐射（280 ~ 320nm），所以 SODIS 技术只能利用 UVA 来消灭细菌。在自然界的太阳光下，因 UVB 的占比远远小于 UVA，因此不会导致杀菌功效显著下降。

当长时间暴露在辐射下，塑料中的内分泌干扰素会渗出到水中。内分泌干扰素是一种对人体内各种激素依赖的生物过程有干扰性的分子，对人体健康产生严重影响。许多用于制造饮料塑料瓶的塑料都含有雌性激素活性单体，饮用水中的有机污染物含有内分泌干扰素是常见情况一。塑料瓶的材质选择决定了容器的使用寿命，对于 SODIS 技术也是特别重要的指标。但是当塑料用于光催化领域时，危险性会有所降低，因为研究表明光催化活性材料可以降解塑料中的许多内分泌干扰素。

Meichtry 等改进了单纯使用塑料瓶进行 SODIS 的不足，即在塑料瓶的内壁附加 TiO_2 涂层，再将塑料瓶装入受污染的水并暴露在太阳光下。制备涂层的方法是在塑料瓶中注入 TiO_2 悬浮液（有 100g/L 和 20g/L 两种类型，pH 均为 2.5），摇匀获得均匀的涂层，排水，然后在室温下干燥 24h。结果表明，塑料瓶涂覆 TiO_2 的活性与涂覆在各种玻璃载体上的 TiO_2 的活性相似，但催化剂用量更少。

Meichtry 等的这一研究影响了很多研究人员，如 de Barros 等和 de Melo Santas 等都将 Meichtry 的这项技术应用于在塑料载体上制备 P25 TiO_2 涂层。de Barros 等采用固定催化剂的方法也使用了 PET 塑料瓶作为载体，de Melo Santas 等研究中使用了聚苯乙烯塑料载体。他们利用废弃食品包装中的废弃聚苯乙烯作为 TiO_2 的载体，使用光催化手段从水中去除食品染料。

6.4.1　预处理方法

Barros 等研究发现，玻璃和不锈钢载体的部分预处理方法并不适用于塑料载体。如果遵循标准预处理程序机械打磨粗化塑料表面，会形成质量较差的膜，因为塑料表面的沟槽会导致表面某些区域的 TiO_2 堆积而导致形成片状的、不均匀的薄膜。因此在这种情况下，不对塑料载体进行任何表面改性处理也完全可行。

对于未改性的 PET 表面，研究发现，固定 TiO_2 确实对测试污染物醋氨酚有去除的作用，在仅用 UV 的对照实验中却没有观察到这一作用。这一实验成果也支持了 SODIS 在去除细菌污染物方面的作用，同时塑料载体涂覆光催化剂在去除潜在的有害分子污染物时特别有利。实验观察到，重复固定催化剂 5 次可获得最佳的光催化速率（图 6.11）。

图 6.11　通过重复固定化操作在 PET 片上涂覆光滑的 TiO_2 薄膜的照片
（在每张照片的左下角显示相应的重复操作次数）

6.4.2　涂层方法

除了常用的浸渍技术外，研究人员还采用热固定方法将催化剂粉末（如 P25 TiO$_2$）黏附在塑料表面。例如，Altin 等使用聚苯乙烯微球作为载体，在坩埚中将 P25 TiO$_2$ 和聚苯乙烯微球一起加热到 162℃。当温度超过聚苯乙烯的玻璃化转变温度（150℃）时，聚苯乙烯微球的表面软化，便于 P25 TiO$_2$ 黏附到表面，而松散黏附的粉末会被筛除。实验证明，用浸渍法制备的光催化剂具有光催化细菌降解和 Cr（Ⅵ）的还原性能，说明这是一种简单实用的在塑料载体表面制备光催化剂涂层的方法，但是这种涂层制备方法也会导致 TiO$_2$ 聚集并形成不均匀的表面。

在 Tennakone 和 Kottegoda 进行的一项研究中，将 TiO$_2$ 固定在聚乙烯和聚丙烯薄膜上，用于降解一种常用的除草剂——百草枯。他们的实验方法实际上很简单，只需熨烫洒有 TiO$_2$ 粉末的塑料薄膜即可。虽然实验观察到百草枯农药残留经过催化剂薄膜的降解后完全矿化，但在实验室条件下这个过程需要 6h、在阳光照射下需要 8h，意味着性能还有提升的空间。相对其他载体材料，塑料载体材料具有较低的熔点。也因此进一步开发了很多热膜制备方法，例如 Velásquez 等使用的温度控制法。该方法涉及在甘油中制备 TiO$_2$ 悬浮液，并加热到塑料高分子载体的熔点（聚丙烯为 153℃、低密度聚乙烯为 106℃），TiO$_2$ 是以颗粒的形式加入体系中的。充分搅拌后，将整个体系冷却至室温，清洗干燥。实验中观察到 TiO$_2$ 与聚乙烯（PE）的黏结力更强，这也意味着涂层的质量往往取决于塑料材料的类型，因为不同的塑料配方导致载体与 TiO$_2$ 之间形成不同的表面结构形貌。通过扫描电镜（SEM）分析发现，聚丙烯表面的 TiO$_2$ 涂层是由团聚的 TiO$_2$ 颗粒组成的，因此光催化性能欠佳。

在研究中，将 4-氯苯酚作为模型污染物，在低压汞紫外灯下照射 6h（紫外灯为 40W/m^2，波长 300 ～ 400nm）。虽然聚丙烯搭载 TiO$_2$ 产生的初始光催化降解率最高，但因为发生了颗粒团聚，性能下降也较快，而聚乙烯搭载 TiO$_2$ 在重复使用时没有明显变化。该方法的步骤简单，不需要昂贵的化学品和设备，同时也强调了对特定载体材料选择特定工艺进行优化的必要性。

虽然许多热加工方法可以在塑料上制备催化剂涂层，但也由于塑料载体熔点较低，给其他一些制备涂层的方法（如浸渍法）带来了困难。浸渍法的制备过程需要煅烧，而大多数塑料载体本身并不能承受 500℃ 的高温，因此也限制了塑料载体应用的可行性。低温法可以在 100℃ 以下合成锐钛矿型 TiO$_2$，使轻质、易于使用、通用的塑料和织物载体材料的应用成为可能。

Patra 等报道了一种通过电化学合成钛矿型 TiO$_2$ 的方法。通过将硝酸盐还原为亚硝酸盐来促进 Ti（OH）$_4$ 的生成，并在加入 NH_4F 后转化为 TiO_2，如图 6.12 所示。

$$NO_3^- + H_2O + 2e^- \longrightarrow NO_2^- + 2OH^-$$

$$Ti^{4+} + OH^- \longrightarrow Ti(OH)_4$$

$$Ti(OH)_4 \longrightarrow TiO_2 + 2H_2O$$

图 6.12 低温合成 TiO_2 的化学反应

这一合成路线也用于在 FTO/ 玻璃和 ITO/PET 载体上制备稳定的介观锐钛矿型二氧化钛膜。因此，采用这种低温合成路线可以避免塑料载体材料温度适用性的严重问题，使载体材料的选择趋于多样化，也提供了在光催化领域应用的可行性。然而，尽管低温合成技术很有前途，但也必须考虑到，在合成过程中需要用到危险原料。因此许多研究人员避免使用这种方法，而优先选用更耐高温的其他载体材料。

因为塑料具有质轻的特点，使塑料成为催化剂载体材料的一种良好选择。同时也因为其简单性和经济性，让塑料载体在很多涂层技术中得以应用。然而，塑料仍然存在着不稳定的问题，无论是在耐低温性方面还是在聚合单体的浸出方面，都制约了塑料载体涂覆方式的选择。因为制备涂层的过程中涉及较危险的化学合成，也对其在现实环境下的适用性提出了挑战，降低了很多研究人员在研究和工业上使用塑料载体的意愿。

6.5 纺织品

织物载体是另一种不太常用但颇有潜力的光催化剂载体材料。简单形状的织物载体也会因其天然粗糙的表面结构，可以提高附着力，增加反应表面积。此外，织物廉价易得，逐渐成为研究中常用的光催化剂可选载体材料之一，尤其是在固定光催化剂、提高水净化效果等方面。将催化剂材料黏附到织物载体上的常用方法包括溶液—凝胶法、原位合成、静电组装和轧烘焙工艺。

6.5.1 预处理方法

尽管织物载体的表面粗糙，但许多课题组仍然会选择进行初步的预处理使表面功能化，以进一步增强其对催化剂的黏附力。Bozzi 等、Kiwi 和 Pulgarin（来自瑞士洛桑市同一课题组）用不同的等离子体预处理技术，包括射频等离子体和微波等离子体，以及使用紫外线照射生成高价氧化态的氧物种来处理合成织物，提高用湿化学技术在织物载体制备 TiO_2 的负载量。等离子体处理的优势是可以显著粗化织物表面，使催化剂和载体表面之间有更好的相互作用（在负载 TiO_2 时就是织物和 TiO_2 之间的相互作用）。等离子体处理使得表面的亲水性增加，原因是表面疏水的 C—C 单键断裂，重新生成亲水的 C—O 键和 C—N 键。大多数情况下，等离子体预处理法都是在低压下进行的，并且需要专用设备，这也决定了等离子体法并非一种适用于所有研究组的普适技术。在 Kiwi 和 Pulgarin 的研究中，报道了负载银和 TiO_2 来提高织物载体薄膜的杀菌性能，用于伤口敷料预防感染。这是一个很好的织物作为催化剂载体应用的例子，Dastjerdi 和 Montazer 在一篇综述中详细讨论了这一点。

除了使用等离子体物理方法诱导表面修饰以外，其他课题组也使用化学处理的方法使织物载体功能化。例如，Panwar 等使用棉花作为 TiO_2—SiO_2 Janus（双功能）颗粒载体，通过化学清洗棉花来预处理催化剂表面。化学预处理过程是先使用含有 Na_2CO_3 和非离子洗涤剂的溶液来处理，再用水清洗、干燥。预处理后，在棉花的表面涂覆 Janus（TiO_2—SiO_2）颗粒，相比涂覆普通的 TiO_2，这样处理后织物表面涂覆纳米颗粒的耐洗性更强。普通 TiO_2 对照组是将棉花在 pH=2 时暴露在 $P25TiO_2$ 纳米颗粒下，然后在 80℃干燥 5min，150℃下固化 3min。涂覆 Janus 颗粒的样品组是将 Janus 粒子浸入中性悬浮液中，在 40℃浸泡 1h，持续振荡使其附着在棉花上，干燥和固化方法与 TiO_2 样品相同。

研究发现，Janus 颗粒在较低浓度和中性 pH 下具有更好的耐久性和更高的活性，即使长时间暴露于紫外线照射下也能够保持材料的力学性能。Panwar 等观察到 Janus 颗粒比普通 TiO_2 的性能有所改善，可能是由于 SiO_2—TiO_2 界面具有独特的电子结构，防止 TiO_2 层与织物表面的直接接触。尽管已经开发出了比较成功的在织物表面固定催化剂的方法，但重复使用也会有催化剂材料的损失和水污染，这一问题在许多载体材料中普遍存在，在织物载体中尤其突出。因此，在根据材料的相关应用来确定载体的预处理方法时，应牢记这一点。

类似于玻璃和不锈钢的预处理，经常使用温和的化学方法来羟基化载体的表面。例如，Sudrajat 尝试将氧化锌（带隙宽度为 3.4eV）固定在聚酯纤维织物上，研究氧化锌而不是二氧化钛的性能。在固定催化剂之前，将织物载体浸泡在 1mol/L 的氢氧化钠中进行预处理。这种方法的操作简单，而且无需使用专门的设备或危险化学品，因此得到了研究人员的广泛使用。然而，正因为这项处理技术较为温和，其处理效果往往也不如使用等离子法或强化清洗法那样明显。根据产品的具体应用和使用条件，在不需要较高耐久性的情况下，就可以使用温和浸泡的方法处理表面，以节省在设备和化学品方面的开支。

6.5.2　涂层方法

织物载体适合多种多样的涂层工艺，热涂覆方法是其中一种常用技术。在 Sudrajat 的研究中，首先使用 NaOH 溶液浸泡预处理载体表面，然后在 80℃下搅拌，使用热涂覆方法将聚酯浸入 ZnO 悬浮液中 2h，再在 80℃下干燥 24h。重复三次后，在 150℃下固化 30min，然后浸入 80℃水中 30min，去除所有的弱缔合颗粒。再次将织物在 80℃下干燥 24h，并储存在干燥器中。每一步都要严格按照规定时间操作，以防止薄膜过厚导致催化剂浸出或催化剂过薄导致光催化活性降低。以亚甲基蓝作为试验的模型污染物，发现在紫外线照射 2h 后，亚甲基蓝污染物的降解率为 94.7%，而对照组的单纯光分解反应的降解率仅为 15.6%。本研究另一个引人注目的优点是利用了废锌和废聚酯来制备涂层，进一步提高了光催化的环境效益。

综上所述，在使用织物载体的研究中，许多制备涂层的过程都可以通过将已经制备好的粉状催化剂固定在载体表面来完成。同时，原位合成的方法也可以用来在织物载体表面制备催化剂涂层，在 Danwittayakul 等研究了氧化锌负载在纤维素和聚酯纤维上光催化强化 SODIS 过程。他们并没有直接将氧化锌颗粒黏附在织物表面，而是先将织物浸入分散的氧化锌纳米颗粒中，沉积一层种子层，然后加热到 90℃。再将等摩尔浓度的醋酸锌二氢化物和氢氧化钠在 60℃的乙醇中反应 3h，在种子层顶部合成 ZnO 纳米颗粒。制备催化剂的最后一步是制备氧化锌纳米棒，以提高可用的表面积。这些纳米颗粒在一个由硝酸锌和六亚甲基四胺组成的化学浴中在 90℃原位生长 20h。最后，将样品在 90℃下煅烧过夜。

研究发现，在相同浓度的前驱体溶液中，用氧化锌涂覆的聚酯材料，仅在 1h 的 UVA 照射处理后就可以消除 99.9% 的细菌。研究人员将这一结果归因于聚酯纤维载体本身的高密度，使得光催化剂材料能够生长出更多的纳米棒，而且这些纳米棒的形状比纤维素上生长的纳米棒更宽更长。值得注意的是，当使用聚酯纤维为载体的催化剂时，在真实的阳光条件下测试，在 15min 内就能去除 98% 的细菌，而只使用 SODIS 而不使用光催化剂的对照实验至少需要 90min 才能达到相同的实验效果。这一实例说明织物可以成为光催化剂的良好载体，与 SODIS 技术结合能实现更快的降解速度，从而解决农村地区饮用水问题。

其他合成路线包括通用的溶液—凝胶法，这种方法也可以用于制备织物表面的涂层。Landi 等在两篇论文中借鉴了 Diaz 等的研究使用了这种方法。在文献中可以找到许多在织物载体上使用溶胶—凝胶法的例子，与在其他材质（玻璃、不锈钢）的载体上使用的结果一样，这种方法依旧具有可调性和工艺灵活性。如 Colleoni 等所述，溶胶—凝胶法也已与其他涂层方法结合使用，如轧烘焙技术。一般来说，轧烘焙方法是将织物浸入溶液中，以涂覆所需处理的涂层（如在服装行业，涂覆涂层以增强耐用性和防水性）；再穿过垫辊以挤压织物，使其干燥，最后在高温下固化。Calleoni 等采用的方法是先将织物浸入制备好的溶胶中，再通过实验用的双辊轧车挤压，最后让纺织品干燥。在干燥过程中，可以蒸发多余的溶剂，进行溶胶—凝胶化聚合反应。样品织物在 60℃ 下彻底干燥，最后在 120℃ 下固化 5min。与常用的溶胶—凝胶法相比，Calleoni 等增加了一个额外的步骤，即涂层程序中的轧烘焙技术。这样有助于提高催化剂的黏附程度，并且通过在双辊中轧压去除多余的材料、减少催化剂剥落的程度，并且可以避免形成不均匀的薄膜。

其他使用纺织品作为载体的例子有 Wang 等和 Fan 等的成功案例，其中都使用了碳化氮作为催化材料。Wang 探索了用棉花作为 C_3N_4 改性 TiO_2 催化剂的载体，以提高其可见光活性（图 6.13）。这项研究的另一个有趣的发现是，与相同材料制备的纳米颗粒悬浮形式相比，将催化剂涂覆在棉花上可以提高催化剂对模型污染物的吸附能力。这一点尤其重要，因为吸附量决定了催化反应的速率；如果能有效地提高吸附量，体系的光催化活性就会显著提高。Wang 等的另一个发现是，在重复长达四个周期的可循环性测试中，样品的光催化活性几乎没有变化。他们将这个发现归因于棉花和催化剂膜的静电相互作用，增加了膜的稳定性。

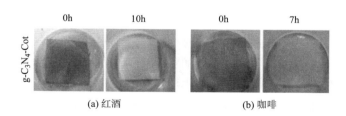

图 6.13　光照 10h 后，在负载 C_3N_4 的棉花上成功降解红酒和咖啡的数码照片

Fan 等也报道了在棉花上负载类石墨氮化碳作为光催化剂来降解罗丹明 B（碱性玫瑰精）时，光催化降解效果良好。由于很难改性二氧化钛实现可见光下降解污染物，Fan 等转而使用另一种常用的窄带隙的光催化材料 g-C_3N_4（带隙为

2.7eV）来替代 TiO_2。在这项研究中，讨论了使用纺织品作为载体的优点：良好的吸湿性、透气性、耐久性，并且在某些情况下具有生物降解性。以上都是载体材料的理想性能，特别是生物可降解性，因为必须采取一些措施来减少工业过程对环境的影响，这在水净化领域也不例外。

6.6　结论

鉴于目前已经存在并为很多课题组使用的大量载体材料和结构，上述讨论中难免有遗漏。不过，本章对最常用的光催化载体材料做了详细的论述，目前还有更多的载体材料正在不断被开发使用。玻璃载体曾经是负载光催化剂的不二选择，现在却有更多的选择（如不锈钢、塑料等），且每种材质具有不同的优缺点，决定了其在指定应用条件下的适用性。事实上，许多研究团队会选择开发适应自己研究的载体材料，这样可以自由地定制和调整性能来适应他们的实际需求。Kete 等报道了使用一种不常见载体材料的例子，并显示出了很大的潜力。在他们的研究中，使用了整块的 Al_2O_3 多孔泡沫（每英寸❶ 含有 10 个孔）作为 TiO_2 催化剂的载体来进行光催化的水净化反应，Al_2O_3 多孔泡沫具有较高的有效表面积和良好的催化剂附着力。本章重点讨论的载体材料的主要特性总结见表 6.2，读者可以根据表中的信息来设计和优化更高效的光催化过程。

很显然，以上所有载体材料，只要能很好地解决催化剂的回收利用问题，就能适用于很多情况下的应用。玻璃在材料的开发研究中是最常用且方便的载体之一，原因在于玻璃上很容易进行各种分析表征，如 XRD 等。钛和不锈钢材料具有出色的耐温性，且相比于玻璃载体，能有效减少载体和催化剂的相互作用。当使用更复杂几何结构的载体材料时，因钛和不锈钢材料的机械强度更好，可以实现光催化和微过滤的双重功能。在塑料和织物材料上也观察到类似的性能，如果可以解决微塑料渗出的问题，这一问题在合成纤维织物载体材料上尤其突出，甚至可以建立一个以循环使用废旧材料为基础的工业体系，从而产生重大的环境效益。无论这种催化剂涂层是用于基础理论研究，还是将其扩大到工业化规模的具体应用，在每个阶段都有很多的工艺参数可以定制选择。

---

❶ 英寸：$1in \approx 25.4mm$。

表 6.2 催化剂载体材料主要特性总结

载体材料	优点	缺点
玻璃	易得性、耐温性，耐化学腐蚀性，易于进行表面分析	质重，易碎，离子扩散性
钛片	可以进行表面氧化，耐高温，耐化学腐蚀性强，良好的几何延展性	造价高，阳极氧化法制备二氧化钛基涂层（仅限于）
不锈钢	造价低，良好的几何延展性，耐高温，耐化学腐蚀性强	需要大量的表面预处理
塑料	质轻，容易根据特殊需求改变形状	微塑料和内分泌干扰素单体渗出，耐温性差
织物	质轻，具有天然的粗糙表面	合成织物中存在微塑料的渗出，耐温性差

参考文献

［1］ M. Gratzel，Energy Resources Through Photochemistry and Catalysis，Academic Press，New York，1983.

［2］ H. Yamashita，M. Takeuchi，M. Anpo，H. Nalwa，Encyclopedia of Nanoscience and Nanotechnology，vol. 9，American Scientific Publishers，Los Angeles，2004.

［3］ A. Mills，S.K. Lee，A web–based overview of semiconductor photochemistry based current commercial applications，J. Photochem. Photobiol. A Chem 152（2002）233–247.

［4］ A. Mills，S. Le Hunte，An overview of semiconductor photocatalysis，J. Photochem. Photobiol. A Chem 108（1997）1–35.

［5］ Y. Zhang，Z. Jiang，J. Huang，L.Y. Lim，W. Li，J. Deng，et al.，Titanate and titania nanostructured materials for environmental and energy applications：a review，RSC Adv. 5（2015）79479–79510.

［6］ M. Ge，C. Cao，J. Huang，S. Li，Z. Chen，K.Q. Zhang，et al.，A review of onedimensional TiO_2 nanostructured materials for environmental and energy applications，J. Mater. Chem. A 4（2016）6772–6801.

［7］ H. Yamashita，M. Takeuchi，M. Anpo，H. Nalwa，Encyclopedia of Nanoscience and Nanotechnolog，vol. 6，American Scientific Publishers，Los Angeles，2004.

［8］ E. Industries，Technical Information 1243：AEROXIDE®，AERODISP® and AEROPERL®– Titanium Dioxide as Photocatalyst. <https://www.aerosil. com/sites/

lists/RE/DocumentsSI/TI–1243–Titanium–Dioxide–as– Photocatalyst–EN.pdf>
（accessed 19.03.19）.

［9］ G. Balasubramanian, D.D. Dionysiou, M.T. Suidan, V. Subramanian, I. Baudin, J.M. Laîné, Titania powder modified sol–gel process for photocatalytic applications, J. Mater. Sci. 38（2003）823–831.

［10］ J. Schneider, M. Matsuoka, M. Takeuchi, J. Zhang, Y. Horiuchi, M. Anpo, et al., Understanding TiO₂ Photocatalysis: Mechanisms and Materials, Chem. Rev. 114（2014）9919–9986.

［11］ M.G. Peleyeju, O.A. Arotiba, Recent trend in visible–light photoelectrocatalytic systems for degradation of organic contaminants in water/wastewater, Environ. Sci. Water Res. Technol. 4（2018）1389–1411.

［12］ S. Wang, S. Lin, D. Zhang, G. Li, M.K.H. Leung, Controlling charge transfer in quantum–size titania for photocatalytic applications, Appl. Catal. B Environ. 215（2017）85–92.

［13］ A. Mazzarolo, K. Lee, A. Vicenzo, P. Schmuki, Anodic TiO₂ nanotubes: Influence of top morphology on their photocatalytic performance, Electrochem. Commun. 22（2012）162–165.

［14］ W. Que, Z. Sun, Y. Zhou, Y.L. Lam, S.D. Cheng, Y.C. Chan, et al., Preparation of hard optical coatings based on an organic/inorganic composite by sol–gel method, Mater. Lett. 42（2000）326–330.

［15］ D. Astruc, Nanoparticles and Catalysis, Chapter 1: Transition–metal Nanoparticles in Catalysis: From Historical Background to the State–of–the Art, Wiley, 2004.

［16］ G. Plesch, M. Gorbár, U.F. Vogt, K. Jesenák, M. Vargová, Reticulated macroporous ceramic foam supported TiO₂ for photocatalytic applications, Mater. Lett. 63（2009）461–463.

［17］ N. Han, Z. Yao, H. Ye, C. Zhang, P. Liang, H. Sun, et al., Efficient removal of organic pollutants by ceramic hollow fibre supported composite catalyst, Sustain. Mater. Technol. 20（2019）e00108.

［18］ F. Dong, Z. Wang, Y. Li, W.K. Ho, S.C. Lee, Immobilization of polymeric g–C₃N₄ on structured ceramic foam for efficient visible light photocatalytic air purification with real indoor illumination, Environ. Sci. Technol. 48（2014）10345–10353.

[19] A. Kafizas, S. Kellici, J.A. Darr, I.P. Parkin, Titanium dioxide and composite metal/metal oxide titania thin films on glass : a comparative study of photocatalytic activity, J. Photochem. Photobiol. A Chem. 204 (2009) 183–190.

[20] G. Odling, A. Ivaturi, E. Chatzisymeon, N. Robertson, Improving carbon coated TiO_2 films with a $TiCl_4$ treatment for photocatalytic water purification, ChemCatChem 10 (2018) 234–243.

[21] N. Serpone, E. Borgarello, R. Harris, P. Cahill, M. Borgarello, Photocatalysis over TiO_2 supported on a glass substrate, Sol. Energy Mater. 14 (1986) 121–127.

[22] D. Lopes Cunha, A. Kuznetsov, C. Alberto Achete, A. Eduardo, da Hora Machado and M. Marques, Immobilized TiO_2 on glass spheres applied to heterogeneous photocatalysis : photoactivity, leaching and regeneration process, Peer J. 6 (2018) e4464.

[23] G. Odling, Z.Y. Pong, G. Gilfillan, C.R. Pulham, N. Robertson, Bismuth titanate modified and immobilized TiO_2 photocatalysts for water purification : broad pollutant scope, ease of re-use and mechanistic studies, Environ. Sci. Water Res. Technol. 4 (2018) 2170–2178.

[24] A. Hänel, P. Morén, A. Zaleska, J. Hupka, Photocatalytic activity of TiO_2 immobilized on glass beads, Probl. Miner. Pro. 45 (2010) 49–56.

[25] C.J. Pestana, C. Edwards, R. Prabhu, P.K.J. Robertson, L.A. Lawton, Photocatalytic degradation of eleven microcystin variants and nodularin by TiO_2 coated glass microspheres, J. Hazard. Mater. 300 (2015) 347–353.

[26] S.C. Kim, D.K. Lee, Preparation of TiO_2-coated hollow glass beads and their application to the control of algal growth in eutrophic water, Microchem. J. 80 (2005) 227–232.

[27] M. Coto, S.C. Troughton, J. Duan, R.V. Kumar, T.W. Clyne, Development and assessment of photo-catalytic membranes for water purification using solar radiation, Appl. Surf. Sci. 433 (2018) 101–107.

[28] A. Fernández, G. Lassaletta, V.M. Jiménez, A. Justo, A.R. González-Elipe, J.M. Herrmann, et al., Preparation and characterization of TiO_2 photocatalysts supported on various rigid supports (glass, quartz and stainless steel). Comparative studies of photocatalytic activity in water purification, Appl. Catal. B Environ. 7 (1995) 49–63.

［29］C.G. Wu，L.F. Tzeng，Y.T. Kuo，C.H. Shu，Enhancement of the photocatalytic activity of TiO$_2$ film via surface modification of the substrate，Appl. Catal. A Gen. 226（2002）199–211.

［30］J.M. Herrmann，Detrimental cationic doping of titania in photocatalysis：why chromium Cr^{3+}–doping is a catastrophe for photocatalysis，both under UV– and visible irradiations，New J. Chem. 36（2012）883.

［31］K. Balasubramanian，M. Burghard，K. Kern，Dekker Encyclopedia of Nanoscience and Nanotechnology，vol 5，Marcel Dekker，Inc，New York，2004.

［32］N. Samsudin，Y.Z.H.Y. Hashim，M.A. Arifin，M. Mel，H.M. Salleh，I. Sopyan，et al.，Optimization of ultraviolet ozone treatment process for improvement of polycaprolactone（PCL）microcarrier performance，Cytotechnology 69（2017）601–616.

［33］G. Odling，E. Chatzisymeon，N. Robertson，Sequential ionic layer adsorption and reaction（SILAR）deposition of Bi$_4$Ti$_3$O$_{12}$ on TiO$_2$：an enhanced and stable photocatalytic system for water purification，Catal. Sci. Technol. 8（2018）829–839.

［34］T. Yamamoto，M. Okubo，N. Imai，Y. Mori，Improvement on hydrophilic and hydrophobic properties of glass surface treated by nonthermal plasma induced by silent corona discharge，Plasma Chem. Plasma Pro. 24（2004）1–12.

［35］S. Sakka，T. Yoko，in：R. Reisfeld，C.K. Jorgensen（Eds.），Chemistry，Spectroscopy and Applications of Sol–Gel Glasses，89，Springer–Verlag，Berlin，1991.

［36］L. Denardo，G. Raffaini，F. Ganazzoli，R. Chiesa，in：R. Williams（Ed.），Surface Modification of Biomaterials，Woodhead Publishing，Cambridge，2011，pp. 102–142.

［37］J.L. Yang，S.J. An，W.I. Park，G.C. Yi，W. Choi，Photocatalysis using ZnO thin films and nanoneedles grown by metal organic chemical vapor deposition，Adv. Mater. 16（2004）1661–1664.

［38］M. Karches，M. Morstein，P. Rudolf Von Rohr，R.L. Pozzo，J.L. Giombi，M.A. Baltanás，Plasma–CVD–coated glass beads as photocatalyst for water decontamination，Catal. Today 72（2002）267–279.

［39］C. Casado，S. Mesones，C. Adán，J. Marugán，Comparing potentiostatic and galvanostatic anodization of titanium membranes for hybrid photocatalytic/microfiltration processes，Appl. Catal. A Gen. 578（2019）40–52.

[40] Q. Zheng，H.J. Lee，J. Lee，W. Choi，N.B. Park，C. Lee，Electrochromic titania nanotube arrays for the enhanced photocatalytic degradation of phenol and pharmaceutical compounds，Chem. Eng. J. 249（2014）285–292.

[41] M.K. Arfanis，P. Adamou，N.G. Moustakas，T.M. Triantis，A.G. Kontos，P. Falaras，Photocatalytic degradation of salicylic acid and caffeine emerging contaminants using titania nanotubes，Chem. Eng. J. 310（2017）525–536.

[42] J.M. Macak，H. Tsuchiya，A. Ghicov，K. Yasuda，R. Hahn，S. Bauer，et al.，TiO$_2$ nanotubes : self–organized electrochemical formation，properties and applications，Curr. Opin. Solid State Mater. Sci. 11（2007）3–18.

[43] M. Jarosz，J. Kapusta–Kobodziej，M. Jaskuba，G.D. Sulka，Effect of different polishing methods on anodic titanium dioxide formation，J. Nanomater. 16（2015）86.

[44] N.S. Peighambardoust，F. Nasirpouri，Electropolishing behaviour of pure titanium in perchloric acid–methanol–ethylene glycol mixed solution，Trans. IMF 92（2014）132–139.

[45] V. Zwilling，M. Aucouturier，E. Darque–Ceretti，Anodic oxidation of titanium and TA6V alloy in chromic media. An electrochemical approach，Electrochim. Acta 45（1999）921–929.

[46] L. Suhadolnik，A. Pohar，B. Likozar，M. Čeh，Mechanism and kinetics of phenol photocatalytic，electrocatalytic and photoelectrocatalytic degradation in a TiO$_2$–nanotube fixed–bed microreactor，Chem. Eng. J. 303（2016）292–301.

[47] C. Adán，J. Marugán，E. Sánchez，C. Pablos，R. van Grieken，Understanding the effect of morphology on the photocatalytic activity of TiO$_2$ nanotube array electrodes，Electrochim. Acta 191（2016）521–529.

[48] Y. Ji，Growth mechanism and photocatalytic performance of double–walled and bamboo–type TiO$_2$ nanotube arrays，RSC Adv 4（2014）40474–40481.

[49] J. Dong，J. Han，Y. Liu，A. Nakajima，S. Matsushita，S. Wei，Defective black TiO$_2$ synthesized via anodization for visible–light photocatalysis，ACS Appl. Mater. Interfaces 6（2014）1385–1388.

[50] S. Joseph，P. Sagayaraj，A cost effective approach for developing substrate stable TiO$_2$ nanotube arrays with tuned morphology : a comprehensive study on the role of H$_2$O$_2$ and anodization potential，New J. Chem. 39（2015）5402–5409.

[51] H. Lee, T. Park, D. Jang, Preparation of anatase TiO$_2$ nanotube arrays dominated by highly reactive facets via anodization for high photocatalytic performances, New J. Chem. 40 (2016) 8737–8744.

[52] R.S. Hyam, D. Choi, Effects of titanium foil thickness on TiO$_2$ nanostructures synthesized by anodization, RSC Adv. 3 (2013) 7057.

[53] Keronite, What is Plasma Electrolytic Oxidation (PEO)? <https://blog. keronite. com/hubfs/downloads/what–is–peo.pdf> (accessed 18.04. 19).

[54] C. Pablos, J. Marugán, R. van Grieken, C. Adán, A. Riquelme, J. Palma, Correlation between photoelectrochemical behaviour and photoelectrocatalytic activity and scaling–up of P25–TiO$_2$ electrodes, Electrochim. Acta 130 (2014) 261–270.

[55] L. Özcan, S. Yurdakal, V. Augugliaro, V. Loddo, S. Palmas, G. Palmisano, et al., Photoelectrocatalytic selective oxidation of 4–methoxybenzyl alcohol in water by TiO$_2$ supported on titanium anodes, Appl. Catal. B. Environ. 132–133 (2013) 535–542.

[56] D. Li, X. Cheng, X. Yu, Z. Xing, Preparation and characterization of TiO$_2$– based nanosheets for photocatalytic degradation of acetylsalicylic acid : Influence of calcination temperature, Chem. Eng. J. 279 (2015) 994–1003.

[57] A. Steels, Stainless Steel Grade Datasheets <http://www.worldstainless. org/ Files/issf/nonimage–files/PDF/Atlas_Grade_datasheet_–_all_datasheets_rev_ Aug_2013.pdf> (accessed 23.04.19).

[58] F. Kurtuldu, E. Altuncu, Surface wettability properties of 304 stainless steel treated by atmospheric–pressure plasma system, 4th Int. Symp. Innov. Technol. Eng. Sci. 2016 (2016) 1350–1357.

[59] Y. Chen, D.D. Dionysiou, TiO$_2$ photocatalytic films on stainless steel : the role of degussa P–25 in modified sol–gel methods, Appl. Catal. B. Environ. 62 (2006) 255–264.

[60] A. Kosmač, Stainless steels at high temperatures, Euro Inox, Brussels, 2012.

[61] L. Bamoulid, M.T. Maurette, D. De Caro, A. Guenbour, A. Ben Bachir, L. Aries, et al., An efficient protection of stainless steel against corrosion : combination of a conversion layer and titanium dioxide deposit, Surf. Coatings Technol. 202 (2008) 5020–5026.

［62］ N. Barbana, A. Ben Youssef, H. Dhiflaoui, L. Bousselmi, Preparation and characterization of photocatalytic TiO$_2$ films on functionalized stainless steel, J. Mater. Sci. 53（2018）3341–3363.

［63］ L. Aries, L. Alberich, J. Roy, J. Sotoul, Conversion coating on stainless steel as a support for electrochemically induced alumina deposit, Electrochim. Acta 41（1996）2799–2803.

［64］ M. Yarazavi, E. Noroozian, M. Mousavi, Headspace solid–phase microextraction of menthol using a sol–gel titania–based coating along with multiwalled carbon nanotubes on the surface of stainless steel fiber, J. Iran. Chem. Soc. 15（2018）2593–2603.

［65］ S. Yanagida, A. Nakajima, Y. Kameshima, N. Yoshida, T. Watanabe, K. Okada, Preparation of a crack–free rough titania coating on stainless steel mesh by electrophoretic deposition, Mater. Res. Bull. 40（2005）1335–1344.

［66］ X. Du, S. You, X. Wang, Q. Wang, J. Lu, Switchable and simultaneous oil/water separation induced by prewetting with a superamphiphilic self–cleaning mesh, Chem. Eng. J. 313（2017）398–403.

［67］ S.A. Pauline, N. Rajendran, Corrosion behaviour and biocompatibility of nanoporous niobium incorporated titanium oxide coating for orthopaedic applications, Ceram. Int. 43（2017）1731–1739.

［68］ C.T. Dinh, T.D. Nguyen, F. Kleitz, T.O. Do, Shape–controlled synthesis of highly crystalline titania nanocrystals, ACS Nano 3（2009）3737–3743.

［69］ D.F. Williams, E.J.C. Kellar, D.A. Jesson, J.F. Watts, Surface analysis of 316 stainless steel treated with cold atmospheric plasma, Appl. Surf. Sci. 403（2017）240–247.

［70］ A. Mahapatro, D.M. Johnson, D.N. Patel, M.D. Feldman, A. Arturo, A. Ayon, et al., Surface modification of functional self–assembled monolayers on 316L stainless steel via lipase catalysis, Langmuir 22（2006）901–905.

［71］ M.C. Kim, D.K. Song, H.S. Shin, S.H. Baeg, G.S. Kim, J.H. Boo, et al., Surface modification for hydrophilic property of stainless steel treated by atmospheric–pressure plasma jet, Surf. Coatings Technol. 171（2003）312–316.

［72］ L. Besra, M. Liu, A review on fundamentals and applications of electrophoretic deposition（EPD）, Prog. Mater. Sci. 52（2007）1–61.

［73］ M. Farrokhi–Rad, T. Shahrabi, S. Khanmohammadi, Electrophoretic deposition

of titania nanoparticles : wet density of deposits during EPD, Bull. Mater. Sci. 37
（2014）1039–1046.

［74］C. Ji, W. Lan, P. Xiao, Fabrication of yttria stabilized zirconia coatings using
electrophoretic deposition : packing mechanism during deposition, J. Am. Ceram.
Soc. 91（2008）1102–1109.

［75］Y. Cai, J. Song, X. Liu, X. Yin, X. Li, J. Yu, et al., Soft BiOBr@TiO$_2$
nanofibrous membranes with hierarchical heterostructures as efficient and
recyclable visible–light photocatalysts, Environ. Sci. Nano 5（2018）2631–
2640.

［76］J.O. Tijani, O.O. Fatoba, T.C. Totito, W.D. Roos, L.F. Petrik, A. Info, Synthesis
and characterization of carbon doped TiO$_2$ photocatalysts supported on stainless
steel mesh by sol–gel method, Carbon Lett. 22（2017）48–59.

［77］M. Foruzanmehr, S.M. Hosainalipour, S.M. Tehrani, M. Aghaeipour,
Nanostructure TiO$_2$ film coating on 316L stainless steel via sol–gel technique for
blood compatibility improvement, Nanomed. J. 1（2014）128–136.

［78］E. Nurhayati, H. Yang, C. Chen, C. Liu, Y. Juang, C. Huang, et al., Electro–
photocatalytic fenton decolorization of orange G using mesoporous TiO$_2$/ stainless
steel mesh photo–electrode prepared by the sol–gel dip–coating method, Int. J.
Electrochem. Sci. 11（2016）3615–3632.

［79］M. Jafarikojour, B. Dabir, M. Sohrabi, S.J. Royaee, Application of a new
immobilized impinging jet stream reactor for photocatalytic degradation of phenol :
reactor evaluation and kinetic modelling, J. Photochem. Photobiol. A Chem. 364
（2018）613–624.

［80］A. Acra, M. Jurdi, H. Mu'allem, Y. Karahagopian, Z. Raffoul, Water
Disinfection by Solar Radiation : Assessment and Application, International
Devopment Research Centre, Ottawa, 1990.

［81］R. Meierhofer, G. Landolt, Factors supporting the sustained use of solar water
disinfection — experiences from a global promotion and dissemination programme,
Desalination 248（2009）144–151.

［82］Joyce McGuigan, Gillespie Conroy, Elmore–Meegan, Solar disinfection of
drinking water contained in transparentplastic bottles : characterizing the bacterial
inactivationprocess, J. Appl. Microbiol. 84（1998）1138–1148.

［83］J.M. Meichtry, H.J. Lin, L. de la Fuente, I.K. Levy, E.A. Gautier, M.A.

Blesa, et al., Low-cost TiO_2 photocatalytic technology for water potabilization in plastic bottles for isolated regions. photocatalyst fixation, J. Sol. Energy Eng. 129（2007）119.

[84] C.Z. Yang, S.I. Yaniger, V.C. Jordan, D.J. Klein, G.D. Bittner, Most plastic products release estrogenic chemicals : a potential health problem that can be solved, Environ. Health Perspect. 119（2011）989–996.

[85] N. Vela, M. Calín, M.J. Yáñez-Gascón, I. Garrido, G. Pérez-Lucas, J. Fenoll, et al., Photocatalytic oxidation of six endocrine disruptor chemicals in wastewater using ZnO at pilot plant scale under natural sunlight, Environ. Sci. Pollut. Res. 25（2018）34995–35007.

[86] A. Zacharakis, E. Chatzisymeon, V. Binas, Z. Frontistis, D. Venieri, D. Mantzavinos, Solar photocatalytic degradation of bisphenol a on immobilized ZnO or TiO_2, Int. J. Photoenergy 2013（2013）1–9.

[87] A. Tursi, E. Chatzisymeon, F. Chidichimo, A. Beneduci, G. Chidichimo, A. Tursi, et al., Int. J. Environ. Res. Public Health 15（2018）2419.

[88] M. Lazar, S. Varghese, S. Nair, M.A. Lazar, S. Varghese, S.S. Nair, Photocatalytic water treatment by titanium dioxide : recent updates, Catalysts 2（2012）572–601.

[89] A.L. de Barros, A.A.Q. Domingos, P.B.A. Fechine, D. de Keukeleire, R.F. do Nascimento, PET as a support material for TiO_2 in advanced oxidation processes, J. Appl. Polym. Sci. 131（2014）40175.

[90] M. Santos, M.M.M.B. Duarte, G.E. Do Nascimento, N.B.G. De Souza, O.R.S. Da Rocha, Use of TiO_2 photocatalyst supported on residuesof polystyrene packaging and its applicability onthe removal of food dyes, Environ. Technol. 40（2019）194–1507.

[91] İ. Altın, M. Sökmen, Preparation of TiO_2-polystyrene photocatalyst from waste material and its usability for removal of various pollutants, Appl. Catal. B. Environ. 144（2014）694–701.

[92] K. Tennakone, I.R.M. Kottegoda, Photocatalytic mineralization of paraquat dissolved in water by TiO_2 supported on polythene and polypropylene films, J. Photochem. Photobiol. A Chem. 93（1996）79–81.

[93] J. Velásquez, S. Valencia, L. Rios, G. Restrepo, J. Marín, Characterization and photocatalytic evaluation of polypropylene and polyethylene pellets coated with

P25 TiO$_2$ using the controlled–temperature embedding method，Chem. Eng. J. 203（2012）398–405.

［94］S. Patra，C. Andriamiadamanana，M. Tulodziecki，C. Davoisne，P.L. Taberna，F. Sauvagel，Low–temperature electrodeposition approach leading to robust mesoscopic anatase TiO$_2$ films，Sci. Rep. 6（2016）1–7.

［95］S. Patra，C. Davoisne，S. Bruyère，H. Bouyanfif，S. Cassaignon，P.L. Taberna，et al.，Room temperature synthesis of high surface area anatase TiO$_2$ exhibiting a complete lithium insertion solid solution，Part. Part. Syst. Charact. 30（2013）1093–1104.

［96］J. Kim，B. Kim，C. Oh，J. Ryu，H. Kim，E. Park，et al.，Effects of NH$_4$F and distilled water on structure of pores in TiO$_2$ nanotube arrays，Sci. Rep. 8（2018）4–11.

［97］R. Díaz，S. Macías，E. Cázares，Fourier transform infrared spectroscopy and atomic force microscopy studies of a SiO$_2$–TiO$_2$–zeolite matrix for a CuO–CoO catalyst prepared by a sol–gel method，J. Sol–Gel Sci. Technol. 35（2005）13–20.

［98］S. Landi，J. Carneiro，S. Ferdov，A.M. Fonseca，I.C. Neves，M. Ferreira，et al.，Photocatalytic degradation of rhodamine B dye by cotton textile coated with SiO$_2$–TiO$_2$ and SiO$_2$–TiO$_2$–HY composites，J. Photochem. Photobiol. A Chem. 346（2017）60–69.

［99］S. Landi，J. Carneiro，O.S.G.P. Soares，M.F.R. Pereira，A.C. Gomes，A. Ribeiro，et al.，Photocatalytic performance of N–doped TiO$_2$nano–SiO$_2$–HY nanocomposites immobilized over cotton fabrics，J. Mater. Res. Technol. 8（2019）1933–1943.

［100］J. Zhang，M. Zhang，L. Lin，X. Wang，Sol processing of conjugated carbon nitride powders for thin film fabrication，Angew. Chem. Int. Ed. 54（2015）6297–6301.

［101］D.C. Look，Recent advances in ZnO materials and devices，Mater. Sci. Eng. 80（2001）383–387.

［102］S. Danwittayakul，S. Songngam，S. Sukkasi，Enhanced solar water disinfection using ZnO supported photocatalysts，Environ. Technol. 41（2018）349–356.

［103］Ş.S. Uğur，M. Sariişk，A. Hakan Aktaş，The fabrication of nanocomposite thin films with TiO$_2$ nanoparticles by the layer–by–layer deposition method for multifunctional cotton fabrics，Nanotechnology. 21（2010）325603.

[104] S. Afzal，W.A. Daoud，S.J. Langford，Self−cleaning cotton by porphyrinsensitized visible−light photocatalysis，J. Mater. Chem. 22（2012）4083.

[105] J. Kiwi，C. Pulgarin，Innovative self−cleaning and bactericide textiles，Catal. Today.（2010）2−7.

[106] A. Bozzi，T. Yuranova，J. Kiwi，Self−cleaning of wool−polyamide and polyester textiles by TiO_2−rutile modification under daylight irradiation at ambient temperature，J. Photochem. Photobiol. A Chem. 172（2005）27−34.

[107] R. Dastjerdi，M. Montazer，A review on the application of inorganic nanostructured materials in the modification of textiles : focus on anti−microbial properties，Colloids Surf. B Biointerfaces. 79（2010）5−18.

[108] K. Panwar，M. Jassal，A.K. Agrawal，TiO_2−SiO_2 janus particles for photocatalytic self−cleaning of cotton fabric，Cellulose. 25（2018）2711−2720.

[109] H. Sudrajat，Superior photocatalytic activity of polyester fabrics coated with zinc oxide from waste hot dipping zinc，J. Clean. Prod. 172（2018）1722−1729.

[110] C. Colleoni，M.R. Massafra，G. Rosace，Photocatalytic properties and optical characterization of cotton fabric coated via sol−gel with noncrystalline TiO_2 modified with poly（ethylene glycol），Surf. Coat. Technol. 207（2012）79−88.

[111] Y. Wang，X. Ding，P. Zhang，Q. Wang，K. Zheng，L. Chen，et al.，Convenient and recyclable TiO_2/g−C_3N_4 photocatalytic coating : layer−by−layer self−assembly construction on cotton fabrics leading to improved catalytic activity under visible light，Ind. Eng. Chem. Res. 58（2019）3978−3987.

[112] Y. Fan，J. Zhou，J. Zhang，Y. Lou，Z. Huang，Y. Ye，et al.，Photocatalysis and self−cleaning from g−C_3N_4 coated cotton fabrics under sunlight irradiation，Chem. Phys. Lett. 699（2018）146−154.

[113] M. Kete，O. Pliekhova，L. Matoh，and U. Lavrenčič Štangar，Design and evaluation of a compact photocatalytic reactor for water treatment，Environ. Sci. Pollut. Res. 25（2018）20453−20465.

第 7 章 二维材料光催化 H_2O 分解和 CO_2 还原

Reshma Bhosale[1, 2]   Surendar Tonda[3]   Santosh Kumar[4]   Satishchandra B. Ogale[1, 5]

[1] 印度浦那 印度科学教育与研究学院 物理系和能源科学中心；[2] 印度浦那 印度浦那工程学院；[3] 韩国大邱 韩国大邱庆北国立大学 环境工程系；[4] 英国伦敦 伦敦帝国理工学院 化学工程系；[5] 印度加尔各答 可持续能源研究所（RISE）— TCG 科技研究与教育中心（TCG-CREST）

7.1 引言

随着人口的急剧增长和工业化程度的不断提高，能源消耗增加迅猛，在能源结构中纳入丰富和清洁的能源系统是新兴文明实现可持续发展的必要和首要条件。目前，全球 90% 的能源来自碳基高污染燃料。然而，石油、煤炭和天然气等化石燃料是不可再生资源，最终会枯竭。此外，化石燃料的燃烧是二氧化碳排放和温室效应的主要来源，也是主要的环境威胁。因此，迫切需要实施清洁、丰富和可持续的能源转换、节约和储存战略。最新的解决方案极有可能来自交叉学科孕育的材料创新领域。

氢能在各种可用作能量载体的燃料中是最清洁的，并且可以通过太阳能分解水来生产。此外，利用太阳能生产绿色燃料可以减少排放到环境中的二氧化碳，同时有助于净化大气。因此，从技术角度来看，太阳能或许是高效生产 H_2 和减少 CO_2 排放的最佳方式。遗憾的是，目前这些转换的效率还不够高，不足以实现大规模应用，过去十年中，对新材料及其新结构（包括许多新兴的低维材料）展开了深入的开发研究。随着石墨烯的发现，二维（2D）材料领域取得了非常引人注目的发展，人们对各种新型 2D 材料及其复合材料／异质结构在光催化能源领域的应用进行了深入的研究，如水分解和 CO_2 还原。

7.1.1 二维材料光催化 H_2O 分解和 CO_2 还原的工作原理

在热力学上，光催化分解水和还原 CO_2 都是需要能量输入的吸热反应。水分解需要输入 237kJ/mol 的吉布斯自由能。同样，由于 C=O 的键能（750kJ/mol）比 C—C（336kJ/mol）、C—O（327kJ/mol）和 C—H（411kJ/mol）高得多，因此 CO_2 是一种线性且高度稳定的分子。这意味着需要大量的能量来破坏 C=O 键。这种驱动光催化反应的外部能量输入可以从照射到地球表面的丰富太阳能中获得。然而，为了更快更有效地收集太阳能，需要筛选具有合适带隙和能带位置的光催化剂。

当光催化剂暴露在光辐照下时，根据光的波长和材料的电子结构，会产生电子—空穴对。在 H_2O 分解和 CO_2 光还原过程中，从导带（CB）产生的光生电子可以分别将质子还原为 H_2 或将 CO_2（连同质子一起）还原为高价值化学品。另外，在这两个过程中，来自价带（VB）的光生空穴在 H_2O 氧化为 O_2 时被消耗。为此，光催化剂能级必须跨越 H_2O 分解反应中 H_2O 的氧化还原电位和光催化 CO_2 还原反应中 CO_2 的还原电位。值得注意的是，正如 Li 等和 Hasani 等所讨论的，光催化 H_2O 分解和 CO_2 还原过程之间的主要区别在于后者涉及多个电子—质子偶合反应，实现起来要困难得多。

7.1.2   光催化的挑战和二维材料的兴起

在光催化分解 H_2O、降解污染物和还原 CO_2 过程中，光生电子—空穴对起着关键作用。然而，被激发的电荷载流子并不稳定，除非得到有效控制，否则很容易复合，导致光转换效率低下。到目前为止，通过各种调控策略，包括成分、晶体结构、缺陷状态、掺杂剂和电子结构控制，已经花费了大量精力优化出数百种光催化剂材料的光催化活性。然而，这些反应体系的光催化活性仍远低于实际应用和实施的要求。正如 Ida 和 Ishihara 所述，关键问题是光生载流子必须迁移更长的距离才能到达表面，并发生相应的化学反应。在此过程中，它们可能会复合，甚至被困在体相深处或表面附近的电子缺陷状态中，这分别被称为体相复合和表面复合。在 1nm 的纳米晶体中，四电子氧化过程需要在短时间内吸收 4 个光子。当太阳光子到达地球的通量密度约为 2000μmol/（s·m²）时，如果 1nm 粒子吸收与之碰撞的所有光子能量，则需要 4ms 时间与 4 个光子发生碰撞。而光激发载流子寿命小于 1μs。这意味着没有足够的光子通量密度来满足太阳水分解为 H_2 和 O_2 的要求，如图 7.1（a）所示。

通过纳米工程合理设计光催化剂是解决上述问题的关键。因二维材料中光生载流子的传输距离非常短，能有效缓解上述问题。事实上，正如 Ida 和 Ishihara 所指出的，由于截面面积大，即使在低光子通量密度的情况下，二维片状结构也可以在短时间内吸收几个光子，如图 7.1（b）所示。事实上，随着单层石墨烯的

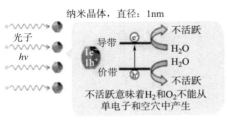

(a) 直径为 1nm 的纳米晶体光催化剂

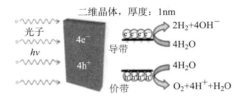

(b) 厚度为 1nm 的 2D 光催化剂

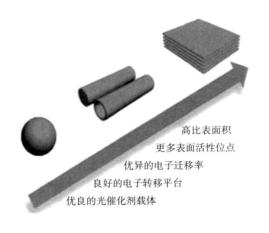

(c) 2D 材料的优势示意图

图 7.1　低光子通量密度下光催化分解水反应模型

发现，由于其独特的特性，二维层状材料不仅在光电应用（如光催化和太阳能电池）中，而且在包括储能、超级电容器、电池、磁电阻/自旋电子学和传感器等领域中引起了极大的关注。独特的二维结构赋予二维材料如下优异特性。

（1）二维材料具有非常高的比表面积，因此具有很高的电极/电解液接触面积和杂化物种接触面积。

（2）在原子层厚度的二维材料中，表面原子数与总原子数的比率极高，这有助于暴露大量可用的活性位点，加速了催化和光催化反应。

（3）原子在表面的高度暴露有助于通过各种方式调控所需的特性和功能。

（4）由于厚度为原子量级，沿表面法线方向的电荷迁移距离可以忽略不计，这大大减少了光生电荷载流子的复合，并有助于增强电荷分离和转移到相应的反应位点。

（5）当厚度减小到原子级时，对原子的束缚力减弱，因此会出现更多的表面缺陷，这些缺陷对目标分子的吸附起积极作用，可以建立强相互作用，并有更强的活化过程。

（6）纳米二维层状结构为光催化剂的均匀分散提供了良好的基体或载体。

（7）由其他物种或形式组成的自组装二维层状结构可形成嵌入式杂化多孔结构，具有主客体相互作用，可有效提高吸附性能和催化活性。

（8）二维材料还有助于合成具有不同性质电子态密度（DOS）的新型混合材料，从而实现光催化和其他应用领域所关注的新型光吸收和电荷分离效率。

因此，与其他维度材料（图 7.1）相比，二维催化剂材料由于其独特的维度结构特点，表现出特殊的物理化学性质和光电性质，为新材料的设计开辟了新的道路（图 7.2）。

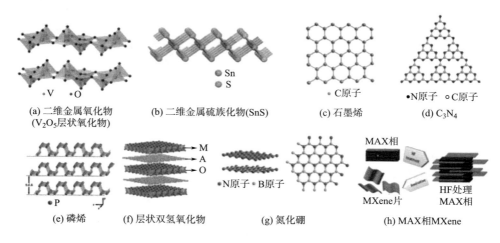

(a) 二维金属氧化物
(V_2O_5层状氧化物)

(b) 二维金属硫族化物(SnS)

(c) 石墨烯

(d) C_3N_4

(e) 磷烯

(f) 层状双氢氧化物

(g) 氮化硼

(h) MAX相MXene

图 7.2　不同类别的二维材料

　　本章详细讨论了石墨烯、金属氧化物、层状氢氧化物、金属氮化物、金属硫族化合物、黑磷、氧卤化物、MXenes 等当前热点二维材料在 H_2O 分解和 CO_2 还原等领域的应用，着重介绍了二维材料的结构特点与其独特的光电催化性质之间的联系。二维材料独特的维度特性及其对称性赋予其特殊的应用价值，引起人们的广泛兴趣。例如，石墨烯是良导体，二氧化硫是半导体，而氮化硼是绝缘体。层状金属氧化物、碳氮化物和双氢氧化物除了具有高的比表面积和独特的表面功能外，还有理想的光分解水和光还原二氧化碳带隙位置。金属二卤化物和石墨烯具有高导电性和层状结构，是光催化反应的有效助催化剂或介质。超薄的纳米片提供丰富表面活性中心，这是可行的、高效的催化剂所必备的条件。二维材料具有表面原子配位较少、活性中心丰富、配位数适中等优点。例如，在两个原子厚度的 SnS 纳米片中，所有的原子都暴露在表面上，锡原子的配位数从 1 减少到 0.9，增加了无序度。这种结构提供了高导电性，较低的电荷转移电阻，以及增强的采光能力。第 7.2 节将详细讨论一些重要的二维光催化材料独特的结构、光电和催化性能以及增强光催化性能。

7.1.3　改善二维材料的光催化性能

7.1.3.1　能带结构工程
在光催化应用中，能带结构工程主要包括材料的组成、厚度、掺杂和缺陷工程。尤其对二维材料来说，半导体的结构与组成直接决定了材料的能带结构。Maeda 等分别合成了 HCa$_{2-x}$Sr$_x$Nb$_3$O$_{10}$ 和 HCa$_{2-x}$Nb$_{3-y}$Ta$_y$O 纳米片材料，当 Sr 含量增加时，前者的吸收边发生红移，而随着 Ta 含量增加，后者的吸收边发生蓝移。但当用 Ta^{5+} 取代 Nb^{5+} 时，会使导带电位向负值方向移动，从而发生吸收蓝移。因此，可以通过调整光催化剂的组成实现带隙可调性，这对光催化制氢的过程有着重要的影响。此外，除了组成与结构的调控外，改变二维光催化剂的厚度也能对光催化活性产生显著的影响。由于量子限域效应，二维材料的带隙随厚度逐渐减小会变宽。例如，如 Han 等通过冷冻干燥法获得的超薄 C$_3$N$_4$ 介孔纳米材料，与其块体材料相比，带隙从 2.59eV 增加到 2.75eV（图 7.3）。

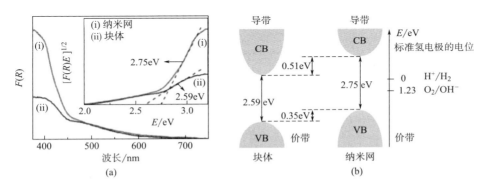

图 7.3　超薄 C$_3$N$_4$ 纳米粉的吸收光谱和 C$_3$N$_4$ 块体与纳米网的电子能带结构比较

与此类似，与剥离后的超薄层状结构"磷烯"相比，块体黑磷具有更小的带隙。实际上，磷烯的带隙可以通过厚度变化连续调节。当充分集成在一个光催化系统时，这种能带结构依层性的特点将表现出更好的电荷分离和转移性能，并能改善光生载流子的寿命。

掺杂是另一种设计半导体光催化剂带隙的有效方法。通常来说，在合成后的体相材料中进行掺杂，主要发生在浅表面层，对材料的体相性能影响较小。而对于二维材料或者少层的材料来说，掺杂剂只需要进入很小的深度就可以渗透到纳米片中，能实现原子层厚度的高效掺杂。掺杂剂对主体光催化剂具有两种影响：一种是在禁带（s）中引入局域电子态，另一种是电子态与价带的上边缘合并，从而导致价带的上移。类似的上移现象也发生在氮取代石墨烯的电子结构中。在三种掺杂氮（吡啶氮、吡咯氮和石墨氮）中，吡啶氮由于其特殊的物理位置并且其 π 轨道上存在孤对电子，不仅提高了纯石墨烯片的电荷密度，而且能使石墨烯的费米能级移到狄拉克点以上。此外，随着氮掺杂量的增加扭曲了亚晶格的对称性，在氮掺杂的薄片中形成了能隙。

与掺杂剂一样，缺陷和缺陷工程也会对二维材料产生重大影响，提高其光催化效率。二维材料中的表面原子很容易逃脱晶格，从而形成空位缺陷，减少了相邻原子的配位数，使其反应活性大大增强。因此，空位缺陷对二维材料或少层范德华固体的电子结构有很强的影响，可以调节反应位点的活性，影响催化性能。Lei 等研究了多孔 In_2O_3 纳米片中空位缺陷对电子态的影响。电子能带密度（DOS）计算结果表明，氧空位的存在会产生一个新的缺陷能级，因此光吸收的起始波长会从紫外区转移到可见区。此外，在 In_2O_3 纳米片中，氧空位在价带顶处产生较高的电子能带密度，提高了载流子浓度，也增强了空间电荷区的电场。结果表明，超薄富钒的氧化铟片状光电极在 450nm 处的入射光子电流转换效率（IPCE）高达 32.3%，比少钒的氧化铟片状光电极高出 12%。

7.1.3.2 表面工程

二维材料的表面工程主要指表面功能化。由于催化作用基本上是一种表面控制现象，二维材料的层状结构为表面工程提供了可及性和可行性，这对催化剂和光催化剂的性能有着重要影响。剥离后的纳米片具有大的裸露表面积，可以很容易地固定不同的官能团，或将所需的纳米结构材料固定其上。这可以使其获得所需的特殊表面性质，如亲水性或疏水性、特殊的表面结构、表面电荷等。这种调控表面化学计量比、结构和构建新型杂化界面结构的灵活性，极大地丰富了对其性能的设计和调控能力。例如，还原石墨烯氧化物（rGO）在表面和边缘具有许多含氧官能团，如环氧基、羧基和羟基等，由于这些官能团的大量存在，使得利用金属酞菁和钌配合物对石墨烯进行共价功能化修饰成为可能。在金属络合物负载石墨烯氧化物（GO）中观察到光活性的增强是由于改善了石墨烯导带中的电荷注入。

C_3N_4 是另一种共轭聚合物基光催化剂，具有良好的表面功能、富电子性质和氢键结构，这是催化反应的关键。在光催化还原 CO_2 的过程中，这些功能化结构可以与耦合材料或目标物质（如 CO_2）发生强烈的相互作用。与官能团相似，二维材料的表面电荷也会影响其光催化性能。例如，层状金属氧化物、金属硫化物或氧化锆等带负电荷的阴离子纳米薄片可以很容易地与阳离子杂化，带正电的层状双氢氧化物（LDH）是实现层间阴离子插层的良好载体。

7.1.3.3 界面工程

虽然二维材料被认为是颇具应用潜力的光催化剂材料，可以将太阳能转化为化学能，但其性能受到一些因素的制约。由于较小的电子屏蔽，二维光催化剂中的激子结合能显著提高，这对光催化反应有不利影响。其次，大多数二维光催化剂的氧化还原电位不适合整体水分解反应。另外，有些光催化剂本身在空气或水介质中不稳定，无法持续发挥作用。为了克服这些问题，将二维光催化剂与其他材料进行耦合或杂化是目前主要的应对策略（图 7.4）。

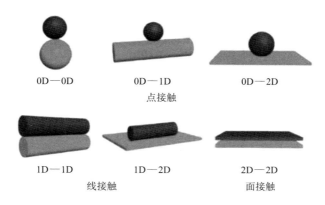

0D—0D　　　0D—1D　　　　　0D—2D

点接触

1D—1D　　　1D—2D　　　　2D—2D

线接触　　　　　　　面接触

图 7.4　复合结构中不同类型的界面

　　Kim 等发现二维纳米杂化材料具有很强的耦合作用，能够同时调控光催化剂中的多种物理性质。两个半导体之间的杂化可以改善电子界面特征，从而延长光生电子和空穴的寿命。这种异质结结构形成一个密切接触的界面，可以有效地分离电荷。此外，通过改善复合材料界面能减缓光腐蚀和团聚，从而增强了复合材料的稳定性。复合材料可以利用两种材料光电子结构的协同作用实现吸收光谱的延伸。在某些情况下，正如 Kim 等所提到的一种剥离成层状的混合材料自组装成"片片堆叠"类型的堆叠结构，从而形成插层类型的纳米混杂。这种多级孔隙结构能够改善分子吸附、催化和电化学活性等各个方面的性能。上述基于二维杂化材料的特性为合成具有新特性和功能的纳米杂化材料提供了更多的可能性。有趣的是，在单维度（0D—0D、1D—1D、2D—2D）和混合维度（1D—2D、0D—2D 等）界面中，2D—2D 耦合界面因其独特的优点而备受关注。除了光激发载流子的紧密接触与分离，2D—2D 杂化结构提供了增强的催化反应活性中心，同时杂化光催化剂的上下两层界面都易于接触。第 7.2 节和第 7.3 节详细讨论了每种二维材料的杂化结构。

7.2　二维材料光催化产 H₂

7.2.1　金属氧化物

迄今为止，金属氧化物光催化剂因资源丰富、结构稳定且具有独特的光电性能而被广泛研究。目前已经有很多二维结构金属氧化物被制备并应用于光催化反应中，如 TiO_2、ZnO、WO_3、Fe_2O_3、Cu_2O、SnO_2、In_2O_3、NiO、HNb_3O_8 等。Fujijishima 和 Honda 率先展开多相光催化方面的研究，最先研究了二氧化钛纳米颗粒在清洁和可持续生产氢领域的应用。然而，在提高 TiO_2 催化性能的过程中，人们逐渐认识到，层状结构由于较高的比表面积和非常小的电荷迁移路径，是提升催化性能非常有效的策略。为此，Yang 等制备了暴露（001）晶面的单晶锐钛矿 TiO_2 纳米片，表现出比 P25 型 TiO_2 粉末高出 5 倍的光反应活性。随后，对二维 TiO_2 进行了大量的理论和实验研究。结果表明，二维结构中的电荷载流子分离和扩散途径与 TiO_2 纳米片的特殊晶体学性质有关。由于纳米片中具有特殊的 O—Ti—O—Ti—O 层结构，使得导带中的光激发电子可以被限域在二维结构中，而空穴可以通过位于纳米片表面上的氧原子的 2p 轨道运动。这种结构特征使得高效的电荷分离与转移成为可能。值得注意的是，与常规符合计量比的 TiO_2 相比，层状钛酸盐具有不同的组成（$Ti_{1-\delta}O_{2-\delta}^{2\delta-}$，其中 $\delta=0.175$），由于钛空位或钛被其他金属离子取代使其表面带少量负电荷，如 $Ti_{0.91}O_2^{0.36-}$、$Ti_{0.87}O_2^{0.52-}$、$Ti_3O_7^{2-}$ 等。同时，在量子尺寸效应作用下，其能带宽度（3.8 ~ 4.5eV）也大于其体相材料。

层状钛酸盐可以通过自下而上的方法合成，主要包括气相沉积法、湿化学合成法等。也可以通过自上而下的方法制备，主要包括插层法、渗透膨胀法和化学/机械剥离法等。插层剥离法在文献中被广泛使用和报道。例如，质子化钛酸盐 $Cs_{0.68}Ti_{1.83}O_4$ 可以通过引入有机季铵离子（图 7.5）等体积较大的客体离子来实现剥离，由于其离子尺寸较大（约 1.2nm）和表面电荷密度相当低，能够扩大钛酸盐的间隙。这种膨胀大大降低了钛酸盐主体与客体离子之间的静电引力，减少了主客体之间的相互作用。许多其他类型的层状金属氧化物也陆续被报道，包括钛酸盐（Ti_2NbO_5、Ti_2NbO_7、Ti_5NbO_{14}）、过氧化物（$K_2Ln_2Ti_3O_{10}$，Ln：La、Pr、Sm、Nd、Eu、Gd、Nb）和 $HCaSrNB_3O_{10}$ 等。

此外，为了提高二维 TiO_2 的性能，一些学者采用了金属和非金属掺杂的策略来提高 TiO_2 在可见光区的光吸收，这对太阳光的高效利用非常有利。TiO_2 最常用的掺杂剂是 N，通过在价带附近引入局域能级，降低了带隙，并将 TiO_2 的吸收范围延伸到可见光区。Jaroniec 等研究表明，与 N 掺杂 TiO_2 纳米颗粒相比，N 掺杂 TiO_2 纳米片的氢气析出率几乎提高了 4 倍［865μmol/（g·h）］，这是由于 N 掺杂 TiO_2 纳米片的比表面积和活性吸附位密度均有所增加。显而易见，由于量子尺寸效应，剥离氮掺杂 $Ti_{0.91}O_2^{0.36-}$ 的黄色溶液在紫外区的吸收最大，但在可见区有一个强烈的吸收峰延伸，这是氮掺杂的明显证据。在这项工作中，理论模

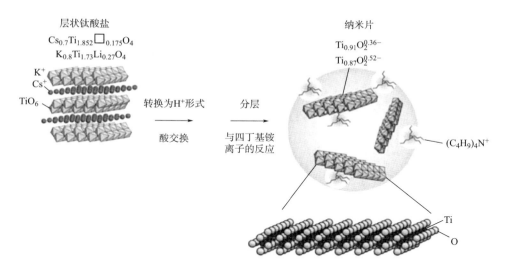

图 7.5　典型的鳞片状钛酸盐晶体结构及其剥离成 2D $Ti_{1-\delta}O_2^{4\delta-}$ 纳米片的示意图

拟和紫外光电子能谱均证明了层状结构在促进氮掺杂扩散到钛酸盐的层板内部起着关键的作用，即所谓的均匀掺杂过程。

除了掺杂以外，层状 TiO_2 薄膜与其他半导体材料（CdS、MoS_2、SnS_2、C_3N_4、GO）或助催化剂（Au、Pt、Pd、Rh）的杂化也有助于促进电荷分离和转移。Gu 等通过 2D/2D 面对面组装制备了 C_3N_4 和 TiO_2 纳米片异质结材料，其中两种纳米片各由 3 ~ 4 层组成，形成的纳米片异质结能延长载流子的寿命和有效地分离电荷，从而表现出 18mmol/（g·h）的优异氢析出率。类似地，由于光催化剂和助催化剂之间大的接触面积和密切接触的界面结构，MoS_2/TiO_2 复合材料在 360nm 处的表观量子产率（AQE）为 6.4%，比原来 TiO_2 高 36 倍。

与 TiO_2 类似，另一种在地球上含量丰富的半导体 Cu_2O 也因其导带位置的特殊性，其析氢电位为 -0.7eV，表现出较高的析氢能力。Xie 等采用原子厚度为 0.62nm 的超薄 Cu_2O 片，使析氢速率显著提高了 36 倍。将 Cu_2O 的厚度减小到原子级，可以改善价带边缘附近的电子能态密度，并且可以显著展宽导带。因此，Cu_2O 的二维化导致了带隙的缩小和载流子迁移率的提高。Mateo 等报道了一种独特工艺制备的 Cu_2O/ 石墨烯材料，少层石墨烯负载的（200）Cu_2O 纳米片与相应的纳米粒子相比，在整体水分解中表现出更高的光催化活性［接近 19.5mmol/（g·h）］。

近年来，铋基和钨基氧化物由于具有较窄的带隙（2 ~ 3eV）而成为一类新型的光催化剂。为了进一步提高 Bi_2WO_6 的光催化性能，Zhou 等采用十六烷基三甲基溴化铵水热法合成了 Bi_2WO_6 单分子材料，其表面富含大量的阴离子 Bi^-

和阳离子 CTA⁺。这种表面离子吸附具有双重优势，一方面，因为 Bi⁻ 离子通过静电排斥力阻止 Bi_2WO_6 单分子膜的堆积；另一方面，CTA⁺ 长链的疏水作用能阻碍沿 C 轴方向晶体的生长。利用原子力显微镜（AFM）可以看到具有 $[BiO]^+$—$[WO_4]^{2-}$—$[BiO]^+$ 亚结构的单层厚度为 0.8nm 的 Bi_2WO_6 薄膜。在 Bi_2WO_6 裸露表面上富含配位不饱和铋原子，是氢还原的活性中心。此外，在光照射下，光生空穴在 $[BiO]^+$ 层中产生，同时光生电子从 $[WO_4]^{2-}$ 层中生成，从而实现了有效的空间电荷分离。这些结果清楚地表明，二维材料因优异的催化活性而在水裂解制氢领域表现出潜在的应用前景。

7.2.2　金属硫化物

二维金属硫族化合物（如 CdS、MoS_2、SnS、SnS_2、WS_2、TiS_2、In_2S_3、$ZnInS_2$、SnSe、$MoSe_2$、WSe_2 和 ZnSe 等材料）作为一类新型的析氢反应或 HER 催化材料，受到人们的广泛关注。这些材料由于特殊的光电性能、良好的可调控性、优异的催化活性以及相比贵金属更低的成本，而受到极大的关注。Chhowalla 等对层状剥离的金属硫化物的结构和性能关系进行了论述，提出了以纳米片边缘配位键的类型来定义其独特表面化学和催化性质，这一观点让人耳目一新。在过渡金属硫族化合物（TMDs）中，由于生长条件不同，剥离的超薄 MX_2 晶体暴露出棱柱状边缘和层板，边缘末端有 M 或 X。因此，剥离能抑制 MX_2 层之间 sp_z 杂化相互作用，从而扩大带隙。此外，当 X—M—X 径向尺寸减小时，诱导产生台阶边缘和扭结，这些晶面超过一定的临界阈值限制，有助于形成所谓的"开放位点"。而这些开放位点使得 TMD 具有了金属特征，在催化作用中具有重要意义。

在光催化中，通常在单组分体系中，由于光生电荷的快速复合和质子还原位点未充分暴露，导致光催化效率低。为了克服上述问题，在捕光催化剂上担载助催化剂是一种有效的策略。通过与光催化剂形成界面，助催化剂促进复合材料中的电荷分离和有效转移，从而提升整体光催化性能。在这方面，二维层状过渡金属硫系化合物（TMD）已被证明是助催化剂的最佳候选者。原因有两个：一是暴露在 2D TMD 边缘的硫原子能与溶液中的 H⁺ 牢固结合，促进其还原为 H_2；二是大多数 2D TMD 已经具有适合光催化应用的带隙和位置，可以通过改变厚度和层数进一步微调。TMD 还取代了高成本和稀有的贵金属，将成本降低到实际应用范围以内。金属硫系化合物不仅能用作助催化剂，其中一些（如 MoS_2、SnS_2 和 CdS）也可以作为良好的光催化剂。以 MoS_2 为例，当其层数从体相下降到单层时，由于量子限域效应，带隙从 0.9eV 增加到 1.6eV。因此，

MoS_2 可以作为带隙可调的助催化剂，扩大其在可见光区域的吸收并提高光利用能力。

2D MoS_2 作为一种辅助催化剂已与许多光催化剂耦合，如 MoS_2/CdS、MoS_2/rGO/CdS、MoS_2/TiO_2、MoS_2/$ZnInS_2$、MoS_2/C_3N_4、MoS_2/石墨烯、MoS_2/磷系物等，以形成高效的复合催化材料。与原始的单层或非层状结构相比，它在光催化性能方面表现出巨大的优势。例如，Li 等首次报道，仅在 CdS 上负载 0.2% 层状 MoS_2 就可以将活性提高 36 倍，甚至比由贵金属基体系（如 0.2% Pt/CdS 复合材料）性能更好。Chen 等通过均匀负载 MoS_2，并通过球磨和煅烧使其紧密接触，制备了用于多相光催化的 MoS_2/CdS。在优化条件下，与纯硫化镉的析氢速率［0.850mmol/（g·h）］相比表现出优异的析氢速率［13.15mmol/（g·h）］。Yuan 等合成了一种 2D/2D 面对面接触材料 MoS_2/Cu–$ZnInS_2$，它的性能是点接触材料 $ZnInS_2$/Pt 的 2 倍。由于 MoS_2 和 $ZnInS_2$ 纳米片之间的紧密接触，即使与其他贵金属助催化剂相比，其性能也毫不逊色。

此外，Wang 等报道了以 MoS_2/CdS 纳米棒 / 石墨烯复合的三组分光催化系统，在优化条件下，在 420nm 处表现出 65.8% 的量子产率和 23.2mmol/（g·h）的 H_2 析出率。有效的电子—空穴分离、优异的电子导电性和石墨烯片较高的比表面积的协同作用，使得该材料表现出优异的光催化活性。此外，层状 MoS_2 增加活性吸附位点和 MoS_2/CdS/ 石墨烯增强光收集能力对光催化性能也有积极影响。

SnX 和 SnX_2（X=S，Se）指的是一类能带间隙为 1.40～2.34eV 的 Sn 基二维硫化物。密度泛函理论计算表明，其单层形成能远低于二硫化钼，因此是理想的可见光捕获材料。同时其载流子迁移率非常高，例如，SnSe 的迁移率为 2486.93cm^2/（V·s），而 SnS_2 的迁移率为 2181.96cm^2/（V·s）。此外，光生激子结合能相当低，表明电子—空穴分离效率高，从而产生优异的光催化性能。在此背景下，Xie 等研究了厚度为 0.61nm 的超薄透明 SnS_2 纳米片，其代表沿（001）晶向排列的单层 SnS_2 板。由于单层结构，电子结构发生了明显的变化，带隙增大，VB 边缘的 DOS 升高，以及界面电荷转移速率加快。因此，它在可见光下的光催化分解水的效率几乎是块体 SnS_2 的 70 倍，并且具有更优异的光稳定性。同一研究团队还报道在自支撑 SnS 和 SnSe 纳米片中也观察到了类似特点，研究了厚度为 0.58nm 的超薄纳米片，与对应块体材料相比，VB 处的 DOS 显著增加。如图 7.6 所示，具有同 SnS 纳米片相似的所有原子均暴露在其表面的独特原子和电子结构的光电极表现出更强的可见光捕获能力，与其块体对应物相比，电荷转移电阻更低。

SnS_2 纳米片还可以与 TiO_2、C_3N_4、石墨烯等不同的光催化剂进行复合，并能促进光催化产 H₂ 和可见光下的染料降解。在金属硫化物中，纯 CdS 具有合适的带隙和带边，是一种良好的光催化剂。Zhang 等以有机—无机杂化 CdS—二乙烯三胺为原料，利用超声波诱导剥离，制备了厚度为 4nm、分散性良好的超薄纳米片。结果表明，析氢速率高达 41.1mmol/（g·h），是 CdS 纳米片团聚体［7.5mmol/（g·h）］的 6 倍，更远高于 CdS 纳米颗粒的性能。其超薄片状结构的优点在于：一是具有用于捕光的高比表面积；二是具有大量未配位的表面原子和活性位点；三是来自光生中心的电荷能快速转移，从而实现高效的电子—空穴分离效率；四是与块体 CdS 相比，量子尺寸效应会导致 CdS 的 CB 发生负移。

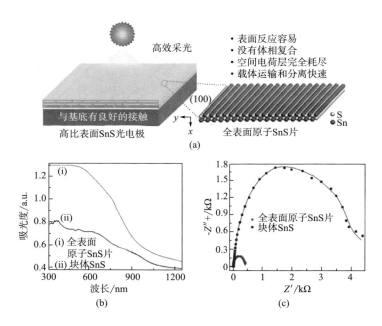

图 7.6 （a）全表面原子的 SnS 薄片型光电极的优点；（b）紫外—可见漫反射光谱；（c）以 Ag/Ag 参比时，在 0.6V 条件下，纳米薄片层 SnS 与块体 SnS 的电化学阻抗谱对比图

7.2.3 石墨烯

石墨烯是一种以 sp² 杂化连接的碳原子堆积成单层二维六边形蜂窝状晶格结构的新材料，碳与碳之间具有连续的 π—π 共轭结构。自从 Geim 和 Novoselov 首次通过透明胶带反复剥离得到稳定存在的单层石墨烯后，它已成为纳米科学领域的一种热门材料。石墨烯具有许多优异的性能，如极高的载流子迁移率［200000cm²/（V·s）］、极高的导电率（10⁶S/cm）、超高的理论表面积（2630m²/g）、

优异的光学透过率（< 97.7%）、极高的导热率［3000W/（m·K）］和高机械强度（1060GPa）。这些独特的性质使得石墨烯在光电催化（PEC）或光催化产氢材料方面具有巨大的应用潜力。为了从石墨中获得无缺陷的单层石墨烯，已经开发了物理法（热剥离、化学气相沉积、超声波）和化学法等制备方法。在 Hummer 化学法中，首先采用强氧化剂（如高锰酸钾、硫酸和磷酸）对石墨烯进行氧化，以得到氧化石墨烯，然后利用各种方法对氧化石墨烯（GO）进行还原，以制备出单层或多层还原氧化石墨烯（rGO）或石墨烯。在 rGO 材料表面和边缘具有许多含氧官能团，如环氧基、羧基和羟基等。由于 sp³ 杂化碳原子的存在，破坏了离域共轭 π 键，使 GO 成为绝缘体。但当 GO 被还原后，形成了 sp² 杂化碳原子包围 sp³ 杂化碳的复合结构，这种材料被定义为还原氧化石墨烯（rGO），在该材料中能够恢复部分石墨烯的固有性质。由于 rGO 的带隙与其氧化位密度具有很强的相关性，因此通过控制 rGO 的还原程度就可以实现从绝缘体到金属的带隙调节。如图 7.7（d）所示，大量理论与实验证明，rGO 的导带由反键 π* 轨道组成，高于 H₂ 还原的还原电位，因此纯 rGO 就可以作为光催化剂分解水制氢。

石墨烯具有对称的能带结构，其 π* 导带和 π 价带刚好相交于狄拉克点［图 7.7（a）］，因此被称为零带隙半导体。因其奇特的低能线性色散关系，电子为无质量狄拉克费米子，具有约 10⁶m/s 的高传输速率，因此石墨烯拥有极其优异的电导率和电子迁移率。此外，杂原子掺杂也能有效地调整石墨烯的能带结构，促进其性能转变为 n 型或 p 型半导体［图 7.7（b）和（c）］。已有学者证明，N、B、P 和 F 等杂原子掺杂剂可以改变石墨烯的电子、光学和催化性能。其中，N 掺杂使新形成的杂化轨道能级发生显著上移，效果最佳。

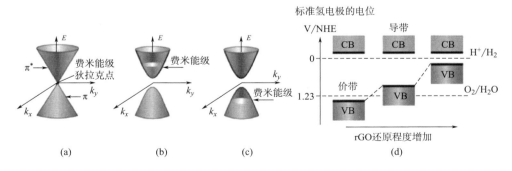

图 7.7　（a）石墨烯的低能带结构示意图（其中两个圆锥体在狄拉克点接触）；（b）具有带隙 n 型石墨烯的能带结构；（c）具有带隙 p 型石墨烯的能带结构；（d）与水还原和氧化电位相比，不同还原程度的 rGO 的能级图

氮掺杂石墨烯结构可以分为三类：吡啶氮、季铵盐型氮和吡咯氮。吡啶氮由于在 p 轨道上的位置，以及孤对电子可以参与共轭成键，因此能够增加石墨烯上的电荷密度，使费米能级向狄拉克点上方移动，扭曲了亚晶格的对称性，产生了带隙。因此，石墨烯的独特结构和优异性质使其在水裂解产氢领域具有一定的优势。

首先，石墨烯具有高达 4.42eV 的功函数，能够接受许多半导体导带产生的光生电子，有效抑制电荷复合。其次，由于石墨烯的高导电性，可以使接受到的电荷在 2D 平面上快速迁移到反应位点。因此，石墨烯在光电催化 / 光催化水分解应用中起到受体和载体转运体的双重作用。再次，石墨烯的还原电位比 H^+/H_2 还原电位负得多，可以替代昂贵的贵金属助催化剂。最后，具有不同氧化程度和带隙特征的功能化石墨烯本身就能够作为良好的光催化剂。

许多半导体如 TiO_2、ZnO、Cu_2O、SnO_2、Fe_2O_3、NiO、$BiVO_4$、Bi_2WO_6、$InNbO_4$、$Sr_2Ta_2O_7$、CdS、MoS_2、SnS_2、$CdSe$、$CdTe$、C_3N_4、SiC、LDH 和金属等均可以与 rGO 或石墨烯复合制备功能性光催化剂。石墨烯或氧化石墨烯与半导体（尤其是金属氧化物）复合被广泛应用于光催化染料和污染物降解。例如，Zhang 等报道 TiO_2（P25）—石墨烯复合材料在亚甲基蓝（MB）的光催化染料降解方面比 TiO_2（P25）—CNT 复合材料表现得更加优越，这主要是因为石墨烯具有超高的比表面积和 2D 结构。此外，MB 分子可以通过与石墨烯之间形成 π—π 键共轭结构，从溶液转移到具有面对面取向的 TiO_2 表面。与纯 P25 TiO_2 相比，这进一步增加了染料在催化剂表面的吸附。与石墨烯类似，rGO 复合 TiO_2 也被证明是一种用于产 H_2 的高效光催化剂 [716μmol/（g·h）]，这是由于 GO 上的未配对 π 电子与 Ti 原子相互作用形成 Ti—C—Ti 键，增强了可见光区域的光吸收。Jaroniec 等研究表明，在 TiO_2 纳米片和石墨烯纳米片的面对面紧密相互作用下，加速了电子与空穴对的分离，H_2 生成速率比纯 TiO_2 几乎提高了 41 倍。在 TiO_2/石墨烯复合材料中形成 2D/2D 异质结结构，石墨烯作为受体和转运体，H_2 生成速率可以达到 637μmol/（g·h）的卓越性能。石墨烯的引入不仅可以提高光活性，还可以增强半导体（如 Cu_2O、ZnO 和 CdS）的光稳定性，这是任何光催化剂在实际应用时都需要重点考虑的因素。这些半导体在长时间的光催化反应中往往会发生光腐蚀或自氧化/还原，从而降低其光活性。而石墨烯能够快速提取光生电荷，并促进它们迁移到各自的反应中心，从而避免光生电荷与光催化剂的长时间相互作用。

CdS 是硫化物中最理想的也最受人青睐的可见光催化材料。然而，其在光催化过程中的光生电荷复合率非常高。Cao 等报道了在超薄单层石墨烯上均匀负载

CdS 材料。时间分辨荧光光谱显示了从 CdS 到石墨烯的超快（皮秒）光激发电子转移过程。在该体系中，石墨烯再一次发挥了出色的电子受体和转运体的双重功能。在水热法制备的 rGO/CdS/Pt 体系中，在 420nm 的可见光下，表观量子产率为 22.5%，优化条件下的产氢速率可以达到 1.12mmol/（g·h），其产率比 CdS/Pt 高出 4.84 倍。此外，Gong 等报道，所制备 rGO–$Zn_{0.8}Cd_{0.2}S$ 材料的产 H_2 速率高达 1.824mmol/（g·h）。在纯 $Zn_{0.8}Cd_{0.2}S$ 材料中，价带由 3p 轨道组成，而 Zn 4s4p 与 Cd 5s5p 杂化形成导带。在光照时，电子被激发到导带，在价带中留下空穴，然而这些电子和空穴又迅速重新复合，导致光催化性能低下。如果将 $Zn_{0.8}Cd_{0.2}S$ 负载在 rGO 表面，在能带能级的作用下，产生的电子能迅速转移到 rGO 上实现电子—空穴的分离，有效地防止其重新复合，从而延长使用寿命，提高产 H_2 速率。

硫化物 MoS_2 与氮掺杂石墨烯（N–rGO）复合后，由于 N–rGO 的给电子能力，MoS_2 的导电性和催化活性会大大增加，因此表现出高达 42mmol/（g·h）的优异产氢性能。在曙红 Y 染料（EY）参与的光催化 H_2O 还原反应中，光生电荷不是在 MoS_2 上生成，而是通过 EY^- 转移到 MoS_2 上。在这种情况下，高氮掺杂石墨烯的复合极大地提升了 MoS_2 的导电性。此外，石墨烯能够充当光生电子从 EY^- 到 MoS_2 活性位点转移的电子受体和转运体。

随着 Z 型异质结体系被巧妙引入光催化领域，石墨烯和 rGO 已成为在两种催化剂之间最常见的电子传输体或固态导电介质。原则上，Z 型系统中在两种不同光催化剂之间发生电子转移是催化剂分解 H_2O 产生 H_2 和 O_2 的决定因素。因此，电子媒介的存在对于促进电荷的有效转移显得尤为重要。石墨烯的二维结构性质和优异的导电性，使其成为光催化系统中的重要电子介质。Amal 及其研究团队证明了光还原氧化石墨烯（P–rGO）作为析氧催化剂 $BiVO_4$ 和析氢光催化剂 Ru/$SrTiO_3$：Rh 之间的固体电介质发挥了重要的作用，如图 7.8 所示。他们发现，Z 型异质结光催化体系的产氢速率高于不含 P–rGO 的情况。将石墨烯做介质引入 Z 型体系，为设计稳定的新型高效水裂解系统提供了新的途径。实际上，许多以石墨烯 /rGO 为电介质的其他 Z 型体系已获得了空前的成功，如 CdS/rGO/WO_3、$ZnInS_2$/rGO/CoO_x：Bi_2MoO_6、AgBr/ 石墨烯 /TiO_2、$CoFe_2O_4$/ 石墨烯 / BiOBr、（BiO_2CO_3/ 石墨烯 /BiO_{2-x} 和 Bi_2WO_6/ 石墨烯 / 四（4 – 羧基苯基）卟啉（TCPP）等。

7.2.4　石墨状氮化碳

石墨状氮化碳（g–C_3N_4）是一种极具吸引力的共轭聚合物，也是一种成本

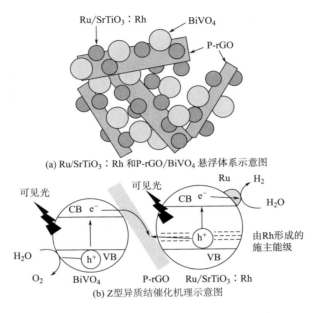

(a) Ru/SrTiO$_3$：Rh 和P-rGO/BiVO$_4$悬浮体系示意图

(b) Z型异质结催化机理示意图

图 7.8　P–rGO 作用示意图

低、重量轻、易于合成、无金属的可见光二维光催化剂，目前已成为一个新的研究热点，并引起了科学界的广泛关注。Wang 等在 2009 年首次报道了聚合物 C$_3$N$_4$ 作为半导体光催化剂用于制氢。这一突破之后，该领域的研究重点从无机光催化剂转向聚合物半导体光催化剂。理想情况下，C$_3$N$_4$ 中 C、N 原子以 sp^2 杂化形成高度离域的 π 共轭体系，为在不改变基本组成或结构的情况下调控表面化学和催化活性提供了契机。它具有许多特殊的表面性质，如表面功能、富电子特性和氢键网络等，对催化至关重要。具有 2.7 ~ 2.8eV 的低带隙，在 450 ~ 460nm 开始可见光吸收。可采用超分子组装法、微波法、模板辅助法、熔盐法、液相剥离法、化学剥离法、水热处理法、速冻法等不同方法合成。其中，大块 C$_3$N$_4$ 剥离成少层或单层 C$_3$N$_4$，然后进行热氧化，由于该过程简单易用，因此成为大多数研究人员普遍使用的方法，以获取有利于光催化的特定表面性能。

　　在液相剥落法中使用了多种不同种类的溶剂体系，并利用超声波能克服薄片之间的范德瓦耳斯力。由于水的表面能（102mJ/m^2）与 g–C$_3$N$_4$（115mJ/m^2）的表面能相近，因此水可以很好地分散堆积的 g–C$_3$N$_4$ 薄片。通过 DFT 计算研究了剥离 C$_3$N$_4$ 的电子结构，证明了单层 C$_3$N$_4$ 价带（CB）边缘的电子密度（DOS）增加，与体相材料相比，有助于获得更多的电荷载流子。除了剥离之外，热氧化也是一种成本低、环境友好且易于放大的方法，随着温度的升高，C_3N_4 层的厚度会减小，致使其在可见光区域的吸收显著增强。热刻蚀与后超声剥离相结合的方法制备单原子超薄 C_3N_4，由于电荷载流子的迁移距离短，可以观察到电荷转移和分离效率明显提高。Jin 等报道了通过空气热氧化法从块体中合成宏观泡沫状多孔超薄（9.2nm）C_3N_4 纳米片；由于比表面积（277.98m^2/g）、催化位密度的增加，以及相对较快的跨平面扩散，光生电荷的面内空穴迁移更具优势，光催化剂的 H_2 生成速率约 2860μmol/（g·h）。Cheng 等合成了 2nm 厚的 C_3N_4 纳米片，并研究了其光催化效能，其析氢速率为 3410μmol/（g·h），这是由于其具有更大的带隙（0.2eV）以及量子限制效应，导致电荷载流子寿命延长。随后，Qu 等报道了通过冷冻干燥法合成原子层薄（0.5nm）介孔 C_3N_4 纳米网（经 AFM 确认，如图 7.9 所示），该材料的 H_2 生成速率为 8510μmol/（g·h），比块体 C_3N_4 高 5.5 倍，比传统块体 C_3N_4 高 24 倍。Zhang 等制备了晶态 C_3N_4 催化剂，显示了优良析氢速率［9577μmol/（g·h）］，是原始 C_3N_4 的最高性能，这是由于电子在长程有序晶格结构中实现了快速转移，导致电子—空穴对的有效分离。

遗憾的是，原始 C_3N_4 中光生载流子复合严重，这不利于光催化。因此，需要采用各种方式来抑制复合，包括元素掺杂、共聚和构建基于 C_3N_4 的纳米杂化/异质结等。在这方面，各种半导体与 C_3N_4 结合，形成 I 型或 II 型异质结，以提高光催化性能。此外，还报道了 3%（质量分数）Pt 掺杂的 C_3N_4/C_3N_4 同质结，其析氢速率为 4020μmol/（g·h）。在加热过程中使用 $NaBH_4$ 处理，在纳米片的末端边缘诱导形成氰基（CN），其作为电子受体并呈现 p 型和 n 型导电性，从而产生 C_3N_4 纳米片的 p—n 同质结。由于在可见光下有效的电荷分离，这种独特的缺陷诱导的自我功能化提高了性能。在光催化方面与 C_3N_4 耦合的其他半导体有：金属氧化物（TiO_2、ZnO、WO_3、Fe_2O_3、SnO_2、MnO_2、In_2O_3、Cu_2O、NiO、CoO、CeO_2、Nb_2O_5、V_2O_5、$InVO_4$、$BiVO_4$、Bi_2MoO_6、Bi_2WO_6、$CdWO_4$、$FeWO_4$、$ZnWO_4$、Ag_2WO_4、$SrTiO_3$、$SmVO_4$），金属硫化物（CdS、ZnS、NiS、CoS、SnS、WS_2、MoS_2、SnS_2、NiS_2、Cu_2S、$ZnInS_2$），碳（富勒烯、碳量子点、CNT、石墨烯），金属磷化物（Ni_2P、$Ni_{12}P_5$、Cu_3P、NiCoP），氢氧化物［Cu(OH)$_2$、Ni(OH)$_2$、Co(OH)$_2$］，卤化物（BiOI、BiOCl、BiOBr、AgBr、AgI），聚合物，金属有机物框架（MOF），染料和金属。

一般来说，将 TiO_2 等金属氧化物与 C_3N_4 结合是一种有效的方法，可以将光吸收扩展到可见光范围并抑制 C_3N_4 中发生的复合。Wu 等将 5 ~ 6 层 TiO_2 纳米片和 3 层 C_3N_4 纳米片进行面对面界面组装，在空气中加热后处理以去除氧空位。这种夹层结构显示出增强的光吸收、施主密度和延长的载流子寿命，导致最高的

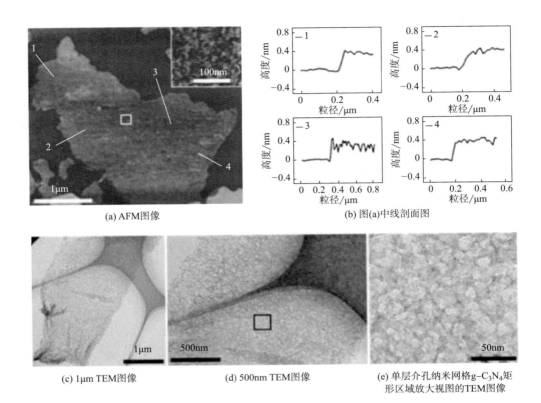

(a) AFM图像

(b) 图(a)中线剖面图

(c) 1μm TEM图像

(d) 500nm TEM图像

(e) 单层介孔纳米网格g-C$_3$N$_4$矩形区域放大视图的TEM图像

图 7.9　介孔 C$_3$N$_4$ 纳米网

析氢速率为 18.2mmol/（g·h）。与 TiO$_2$ 和 ZnO 不同，WO$_3$ 是一种可见光光催化剂，当 WO$_3$ 纳米长方体包裹在 C$_3$N$_4$ 纳米片中时，可以实现 3120μmol/（g·h）的析氢速率。它们形成了一个明确的界面结构，其中内部电场和 W—O—N—（C）$_2$ 共价键相互作用为电荷从 WO$_3$ 转移到 C$_3$N$_4$ 界面提供驱动力和直接途径。

　　近来，窄带隙金属硫化物与 C$_3$N$_4$ 的耦合已成为研究热点。CdS 与 C$_3$N$_4$ 的能级匹配良好，促使人们利用其异质结构在光照射下进行有效的电荷转移。当通过溶剂热法在 C$_3$N$_4$ 纳米片上修饰 CdS 纳米颗粒时，光催化析氢速率得到了极大的提升［4494μmol/（g·h）］，与纯 C$_3$N$_4$ 相比提高了 115 倍。NiS/C$_3$N$_4$ 复合材料也被广泛研究和关注，因为 NiS 是从 C$_3$N$_4$ 中积累光生电子的有效助催化剂。事实上，以 NiS 为助催化剂，Zhao 等已经实现了 C$_3$N$_4$ 的高析氢速率［16400μmol/（g·h）］，几乎是纯 C$_3$N$_4$ 的 2500 倍。此外，其 40h 光催化性能稳定，无明显损失。这种前所未有的性能提升可能是因为光生电荷的有效电荷分离。

二维 MoS₂ 因具有物理化学性质稳定、催化活性高和成本低等特点，被认为是 gC₃N₄ 的理想助催化剂。事实上，g–C₃N₄ 和 MoS₂ 具有类似的层状结构，可最大限度地减少晶格失配，并形成结合紧密、高质量的 2D/2D 异质结。这种异质结为电荷转移到反应位点提供了更短的路径。Wang 等广泛研究了 C₃N₄ 和 MoS₂ 之间的界面，以揭示增强光催化活性的机制。电子态密度（DOS）计算结果表明，C₃N₄ 的价带顶和导带底分别比 MoS₂ 高 0.15eV 和 0.83eV，呈现 II 型排列。此外，在 MoS₂/C₃N₄ 的异质界面附近发生电荷重新分布。在界面处产生的极化场抑制了载流子复合，从而延长光生电荷的寿命（图 7.10）。

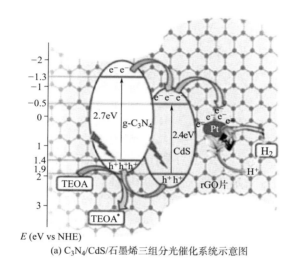

(a) C₃N₄/CdS/石墨烯三组分光催化系统示意图

(b) 不同C₃N₄含量下的析氢速率

图 7.10　光催化助剂的原理和不同条件下析氢速率

具有 π 共轭结构的碳质材料，如富勒烯、石墨烯量子点、碳纳米管和其他复杂的石墨烯形式，已被证明是与光活性 C_3N_4 复合的有效载体或助催化剂，可以有效抑制电子—空穴对的复合。Suryawanshi 等报道了 0.5%（质量分数）MWCNT/C_3N_4 复合材料的光催化性能得到了 100% 的提升，这是由于其具有优异的电子存储能力和形貌变化，在光催化性能中发挥了重要作用。在碳系列材料中，石墨烯具有独一无二的优势，它不仅可以作为出色的助催化剂，而且可以作为负载光催化剂的基质或载体。Shankar 等构建了 2D/2D 组装的 TiN—石墨烯 /C_3N_4 光催化剂，由于两者紧密接触，总体光电化学（PEC）水分解效率提高了 16 倍，扩展了复合材料的界面和表面积，从而缩短了 C_3N_4 光生载流子的迁移路径。Tonda 等制备了含有 C_3N_4（2D）/CdS（1D）/rGO（2D）复合材料的三组分光催化剂，该复合材料具有双界面结构，与纯 C_3N_4 相比，其析氢速率提高了 44 倍 [4800μmol/（g·h）]，这归因于匹配的能带结构和紧密结合的界面两者之间的协同效应。

7.2.5 黑鳞

在室温下，黑磷（BP）在热力学上是磷的现有同素异形体（红磷、白磷和黑磷）中最稳定的，为二维层状同素异形体。大块 3D BP 通过弱范德瓦耳斯力以单层堆叠而成，形成了类似于褶皱蜂窝结构的非平面折叠六边形结构。Ji 等通过密度泛函理论（DFT）计算证实，单层 BP 的直接带隙为 1.51eV，而双层 BP 的带隙为 1.02eV。随着连续层的增加，VB 和 CB 的色散变大，带隙落在 0.1 ~ 0.36eV。单层 BP，即所谓的"磷烯"是将块体 BP 进行机械剥离制备的，它具有约 $10^5 cm^2/$（V·s）的高空穴迁移率。与其他 2D 层状材料一样，相比于块状 3D BP，磷烯可以调节电子特性，如能带结构、稳定性和载流子迁移。与块体 BP 相比，由于带隙增加，磷烯的光活性提高了 40 倍，从而增强了光生电子和空穴的还原和氧化能力。然而，由于 BP 在水中易降解，其实际应用仍然受到限制。构建异质结以形成基于 BP 的新型杂化系统可以提高 BP 的性能和稳定性。Fu 等总结了 BP 的所有杂化型异质结构。Majima 及其同事合成了具有 I 型异质结的 BP/C_3N_4 复合材料。BP/C_3N_4 复合材料具有界面 P—N 配位键 / 缺陷位置，可作为光生电子的接收位点而有助于析氢。与裸 WS_2 相比，WS_2/BP 纳米片的 2D/2D 异质结在近红外区域的催化活性提高了近 50 倍。磷烯负载的 CdS 在 420nm 处表现出 11192μmol/（g·h）的光催化产氢速率和 34.7% 的高表观量子效率（AQE），远高于 CdS 基半导体。增加的光活性归因于两个组分之间更强的电子耦合、改善的光激发载流子空间电荷分离以及适宜的带隙。

7.2.6　其他新兴层状催化剂

最近，一系列新型层状氧化物半导体，即基于铋的卤氧化物（BiOX，X=Cl、Br 和 I），因其优异的光催化性能而备受关注。它们拥有 $[Bi_2O_2]^{2+}$ 片，由双层卤素原子隔开。层内原子共价键结合，而层间通过弱范德瓦耳斯引力结合。在这种堆叠结构中层之间的空间足够大，以增强相关原子和轨道的极化，形成的静电场促进了电子—空穴对的有效分离，这是导致 BiOX 材料具有优异光催化性能的主要因素。已经开发了许多技术来提高铋基卤氧化物的光活性，例如：通过使 Bi 和 O 比卤素更丰富，从而调节带边缘电位。宽带隙 BiOX 中的元素掺杂被证明可以诱导扩展可见光吸收范围。通过与其他半导体构建异质结改善界面，例如，单层 $Bi_2O_{17}Cl_2/MoS_2$ 逐层组装形成 2D/2D 异质结构，有助于有效分离光致载流子。

与 BiOX 类似，另一种新兴的层状半导体是 LDH，如图 7.2（f）所示。LDHs 是一组阴离子黏土，通式为 $[M(Ⅱ)_{1-x}M(Ⅲ)_x(OH)_2]^{x+}[A_{x/n}H_2O]^{x-}$，其中 M（Ⅱ）和 M（Ⅲ）是金属阳离子，A 是插层阴离子（CO_3^{2-}、SO_4^{2-}、NO_3^-、F^- 或 Cl^-），也称为水滑石。LDH 结构的重要特征是 M（Ⅱ）和 Mn（Ⅲ）在氢氧化物层中的均匀分布，使得电子能够有效转移，从而避免复合。此外，金属八面体通过金属—氧—金属—氧桥键相互连接，可作为可见光诱导氧化还原中心。另外，LDH 具有很强的层间阴离子交换能力，对提高光催化活性起着重要作用。例如，Parida 等发现碳酸盐插层 Zn/Cr LDH 能抑制复合而表现出较高的性能。通过与其他半导体（如 CdS）进行功能化复合可以提高 LDH 的电荷转移效率。例如，Lin 及其同事通过 ZnCr LDH 和 CdS 的复合实现了 374mmol/（g·h）的析氢速率，这是由于 CdS 纳米颗粒均匀分散在层状 LDH 上。

随着第一个 MXene（Ti_3C_2）由 MAX 相 Ti_3AlC_2 的合成，这一新型 2D 材料引起了科研界极大的关注。MXenes 即二维前过渡金属（M）碳化物和氮化物（X），是从对应的 MAX 相中选择性蚀刻"A"来制备的［图 7.2（h）］。其中，M 为前过渡金属，A 为ⅢA 或ⅣA 族元素，X 代表碳或氮元素，化学通式为 M_nX_{n-1}（n=2～4）。到目前为止，关于 MXenes 催化性能已有许多理论报道，但目前还少有 MXenes 如 Ti_2C、V_2C、Ti_3C_2 的实验报道。通常，MXene 以 O* 和 OH* 为末端，其中"*"表示吸附位点或析氢的催化活性位点。此外，它们具有非常高的导电性，可与石墨烯相媲美。凭借如此独特的结构和性质，它们在光催化中充当高效助催化剂。

六方氮化硼（h-BN）是另一种正在蓬勃兴起的层状材料，它的结构与石墨中的六角碳网相似，其中氮和硼也组成六角网状层面［图 7.2（g）］。BN 具有非常宽的带隙（5 ~ 6eV），这使其具有高电绝缘性、热稳定性和化学稳定性。所制备的 h–BN 是带负电的，这使其成为良好的空穴受体，从而增加了光催化过程中电子—空穴对的分离。由于其表面带负电，有助于形成 h–BN 基纳米复合材料（如 ZnO/h–BN 和 TiO$_2$/h–BN）。另外，h–BN 与可见光催化剂（如 Bi$_2$WO$_6$、BiPO$_4$ 和 C$_3$N$_4$）复合能显著增强其光催化活性，这是由于增加了可见光区域吸收能力。此外，还可以在 h–BN 基复合材料中引入悬挂键，从而导致能量重排，通过能带工程减小带隙。

7.3 二维材料光催化还原 CO$_2$

CO$_2$ 还原是一个将 CO$_2$ 转化为 CO、CH$_3$OH、CH$_4$、HCOOH 的多电子转移过程。此过程需要适宜的还原电位，将在下文展开讨论。利用太阳能将 CO$_2$ 转化为燃料可以同时解决气候变化问题和便捷储能问题。 由于地球接收的能量远远超过全世界需求的总能源，有望成为一个绿色的替代能源。 此外，将温室气体 CO$_2$ 转化为有用的燃料和化学品，可能会开辟新的途径以缓解、控制和有效解决 CO$_2$ 排放增加等问题。

通过一种光活性材料催化利用太阳能将水和 CO$_2$ 转化为燃料和化学品。该过程包括 CO$_2$ 分子在光催化剂表面上的吸附，使 CO$_2$ 分子可以被光生电子还原。还原的电子是由太阳能吸收和激发产生的（从 VB 到 CB），并通过电荷分离提高使用寿命，同时在 VB 上产生了空穴。电子和空穴均能穿过光催化剂到达表面，电子还原吸附 CO$_2$ 分子，而空穴参与电荷补偿氧化反应。还原成功后，产物分子（如 CO、CH$_3$OH、CH$_4$ 等）必须脱离表面并扩散到气相中以完成完全转化过程。各种 CO$_2$ 还原反应的标准还原电位 $E°$〔在 pH 为 7 的水溶液中与一般氢电极（NHE）对比〕列在以下反应式中：

$$CO_2 + e^- \longrightarrow O_2^{\cdot-} \qquad (E° = -1.90V)$$

$$CO_2 + 2H^+ + 2e^- \longrightarrow HCOOH \qquad (E° = -0.61V)$$

$$CO_2 + 2H^+ + 2e^- \longrightarrow CO + H_2O \qquad (E° = -0.53V)$$

$$CO_2 + 4H^+ + 4e^- \longrightarrow HCHO + H_2O \qquad (E° = -0.48V)$$

$$CO_2 + 6H^+ + 6e^- \longrightarrow CH_3OH + H_2O \qquad (E° = -0.38V)$$

$$CO_2 + 8H^+ + 8e^- \longrightarrow CH_4 + 2H_2O \qquad (E° = -0.24V)$$

$$2CO_2 + 12H^+ + 12e^- \longrightarrow C_2O_4 + 4H_2O \qquad (E° = -0.22V)$$

$$2CO_2 + 12H^+ + 12e^- \longrightarrow C_2H_5OH + 3H_2O \qquad (E^\circ = -0.33V)$$

$$2CO_2 + 12H^+ + 12e^- \longrightarrow C_2H_4 + 4H_2O \qquad (E^\circ = -0.34V)$$

$$2CO_2 + 14H^+ + 14e^- \longrightarrow C_2H_6 + 4H_2O \qquad (E^\circ = -0.27V)$$

$$3CO_2 + 18H^+ + 18e^- \longrightarrow C_3H_7OH + 5H_2O \qquad (E^\circ = -0.32V)$$

近期发表的几篇综述涵盖了还原 CO_2 光催化材料领域最新的进展。更加令人振奋的是，近年来正在利用二维纳米结构材料，包括金属氧化物、金属硫系化合物、碳材料（石墨烯）、氮化物（C_3N_4）、氮氧化物、卤氧化物、碳化物、LDH、h–BN 等，深入研究了光催化 CO_2 还原。本节将重点介绍各种二维光催化材料将 CO_2 还原为化学燃料的研究进展。

7.3.1　金属氧化物

在过去的几年里，二维金属氧化物这一术语经常在文献中被用来笼统地讨论超薄材料，但从电子态的角度来看，除具有单原子层厚度的材料外，其余的并不是严格意义上的二维材料。TiO_2 因成本低、无毒及超强稳定性，是当前研究最广泛的金属氧化物催化剂。尽管二维 TiO_2 基材料在光催化降解和水裂解领域被广为研究，但在 CO_2 光还原方面的报道仍然有限。例如，Tu 等将 TiO_2 纳米片和石墨烯通过逐层自组装和微波辐照技术制备了具有独特中空球形结构的异质结，用于将 CO_2 光还原为 CO 和 CH_4。$Ti_{0.91}O_2$ 和石墨烯纳米片的 2D/2D 紧密接触形成的空心球结构，显示出非常理想的电子和光学特性，例如，高电荷迁移率、高电荷载流子寿命，与简单材料混合或组装的情况相比入射光在空心结构中发生多重散射。性能测试结果表明，空心球体还原 CO_2 的活性是商业 P25 型 TiO_2 的 9 倍。此外，Liang 等制备的单晶胞厚度 Bi_2WO_6 层表现出优异的光还原 CO_2 合成 CH_3OH 性能，甲醇生成率是 $75\mu mol/(g \cdot h)$，几乎是块状 Bi_2WO_6 的 125 倍。优异的 CO_2 还原活性是由于 Bi_2WO_6 层具有超高比表面积、高的 CO_2 吸附量和比块状 Bi_2WO_6 更强的光吸收能力。此外，Bi_2WO_6 层的单晶胞厚度有助于光生电荷载流子更容易从内部转移到表面，减少载流子的复合速率。原子级 Bi_2MoO_6 纳米片是另一种带有 Bi—O 空位对的含铋氧化物，表现出优异的 CO_2 还原活性，在光照射下且无牺牲剂、助催化剂或额外的光敏剂时 CO 产量为 $3.62\mu mol/(g \cdot h)$，是块体材料的 2.55 倍。与块体 Bi_2MoO_6 相比，Bi_2MoO_6 纳米片有助于提升光吸收能力、增强电荷分离效率、强化 CO_2 吸附和活化，这些都有助于增强 CO_2 的还原性能。

最近，含钒二维三元金属氧化物，如 $InVO_4$ 和 $BiVO_4$，已被证明有望用于光催化还原 CO_2。例如，约 1.5nm 厚暴露 {110} 晶面的单晶 $InVO_4$ 纳米片表现出高度选择性和高效的光催化 CO_2 还原生成 CO 性能，在水蒸气存在下 CO 产率为 18.28μmol/（g·h）（图 7.10）。原子级薄层结构使电荷载流子从内部到表面只需要传输非常短的距离，降低了电子复合率，增加了催化剂表面的电子浓度，从而提升 CO_2 活化和还原为 CO 的选择性。有趣的是，$InVO_4$ 暴露的 {110} 晶面与生成的 CO 结合能力弱，能使其快速解离为游离 CO 分子，这促进催化选择性产生 CO 产物。此外，具有更多钒空位的单晶胞 $BiVO_4$ 层的 CH_3OH 生成率高达 398.3μmol/（g·h），在 350nm 处的表观量子效率为 5.96%，远高于具有低浓度钒空位的单晶胞 $BiVO_4$ 层，同时也具有非常高的稳定性，催化反应 96h 后不失活。除了上述金属氧化物，铌酸盐（$SnNb_2O_6$）和镓酸盐（$ZnGa_2O_4$）也展现出光催化 CO_2 转化为太阳能燃料的巨大潜力（图 7.11）。

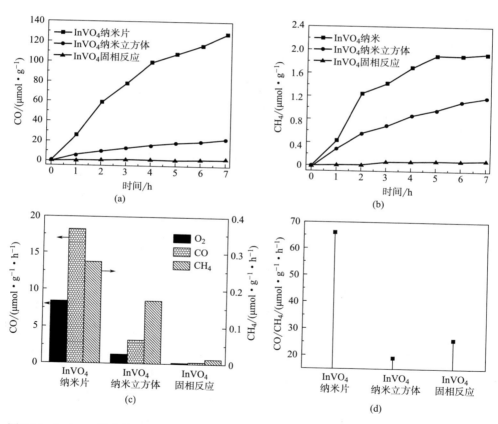

图 7.11 （a）CO 的光催化析出量与光照时间的关系；（b）CH_4 的光催化析出量与光照时间的关系；（c）光催化活性比较；（d）在超薄 $InVO_4$ 纳米片、纳米块上 CO 生成 CH_4 的速率，以及通过固相反应（SSR）制备的块状材料

7.3.2　金属硫化物

近年来，二维金属硫族化物由于其特殊电子特性在光催化领域受到了极大的关注。作为典型的金属硫化物，块体 MoS_2 具有约 1.3eV 间接带隙，因为其氧化/还原电位不足，所以不适合光催化反应。但是，由于量子限域效应，单层的 MoS_2 纳米片具有约 1.9eV 的直接带隙，这使得 MoS_2 纳米片具有优异光催化活性。由于其独特的电子特性，MoS_2 经常被用作非贵金属催化剂或助催化剂与其他光催化剂复合以提高 CO_2 的还原活性。因此，Tu 等构建二维复合物 MoS_2—TiO_2 光催化剂，并用于水溶液中还原 CO_2。与负载贵金属（Pt、Au 和 Ag）的 TiO_2 纳米片相比，MoS_2—TiO_2 复合物在紫外—可见光照射下表现了 CO_2 还原为 CH_3OH 的优异性能和高选择性。因此，MoS_2 被认为是一种有前途的低成本非贵金属助催化剂替代品。事实上，MoS_2 纳米片边缘的 Mo 原子具有金属性质，其具有高电子密度，增加了电子转移并稳定了 CH_xO_y 中间体，从而提升了光还原 CO_2 的活性和选择性。在另一项研究中，负载少层 MoS_2 的 TiO_2—石墨烯复合物表现出显著的光催化还原 CO_2 性能，其 CO 产率高达 92.33μmol/（h·g），比原始 TiO_2 高 14.5 倍，CO_2 还原为 CO 的选择性更是高达约 97%。

最近，Jiao 等制备的适度氧化 SnS_2 超薄原子层的选择生成 CO 的活性显著增强。在可见光下，适度氧化的 SnS_2 原子层的生成率为 12.28μmol/（h·g），分别高出氧化程度较低的 SnS_2 原子层和原始 SnS_2 原子层的 2.3 倍和 2.6 倍。性能提升得益于局部氧化区域作为高催化活性位点，不仅有利于提升载流子分离动力学，也通过稳定 $COOH^*$ 中间体降低活化能势垒。为了揭示缺陷结构与电子—空穴分离效率之间的联系，同一研究组还制造了具有不同缺陷浓度的原型单晶胞厚度 $ZnIn_2S_4$ 原子层。富含锌空位的单晶 $ZnIn_2S_4$ 层（V_{Zn}）表现出 33.2μmol/（h·g）的高 CO 生成速率，为 V_{Zn} 较少的单晶胞 $ZnIn_2S_4$ 层的约 3.6 倍，推测 Zn 空位可增强光吸收，提供更多的 CO_2 吸附位点，增强表面亲水性和内部电子转移。此外，研究表明，具有两个单胞厚度的 CuS 原子层能吸收低光子能的红外光（IR），从而驱动 CO_2 选择性还原为 CO，其中铜元素具有低成本和地球储存丰富的优势。这是最早关于金属导体可以吸收 IR 从而激发 CO_2 还原的相关研究。

7.3.3　石墨烯基二维材料

如前所述，自从 Geim 和 Novoselov 在 2004 年得到了有效剥离的二维单碳原子层（即石墨烯）后，石墨烯材料逐渐发展为科学技术领域的新宠，因其具有一系列独特的属性，例如非常大的比表面积和电子电导率，高光学透明度与其柔性相结合，并在 CO_2 吸附方面也具有优异性能。rGO、GO 和原始石墨烯是研究最多的石墨烯基材料，可以通过不同的方法来制备。这些材料之间的本质区别是不同官能团附着在其表面和边缘上，创造了各自独特的属性。对于 GO，含氧官能团破坏了高导电性的 sp^2 杂化网络，从而引入带隙并赋予 GO 有价值的半导体特性。因此，可以通过改变 sp^2 与 sp^3 碳原子的比例调节 GO 带隙，并且可以通过改变含氧官能团来进一步调整其能带结构。利用这些特性，Hsu 等制备了一系列 GO 光催化剂，用于光催化转化 CO_2 为碳氢化合物。与德国德固赛公司 P25 型二氧化钛（TiO_2）相比，在模拟太阳光照射下，所制备的带隙为 2.9 ~ 4.4eV 的 GO 光催化剂表现出良好的 CO_2 还原活性和更佳的 CH_3OH 产率［最佳生产速率为 $0.172\mu mol/（g \cdot h）$］。研究表明，用 Cu 纳米粒子涂覆石墨烯能进一步改善 GO 的光催化性能。通过改变 GO 的功函数，增强了 GO/Cu 界面的电荷分离，从而抑制载流子的快速复合。具有 10%（质量分数）Cu 的 Cu/GO 光催化剂实现了高达 $6.84\mu mol/（g \cdot h）$ 的太阳能燃料（CH_3OH，CH_3CHO）生成速率，且明显高于原始 GO 和商业 P25。

由 GO 制备石墨烯或 rGO 需要去除含氧官能团，恢复大部分或全部的 sp^2 杂化网络，从而将石墨烯的电子能态变为更窄或零带隙。此方法已被用于处理传统半导体，以增强其光催化 CO_2 转化潜力。自从 Liang 等 2011 年首次报道了石墨烯用于光催化 CO_2 还原，石墨烯基光催化剂用于 CO_2 还原的科学研究有了显着增加。Liang 等从理论上证明，溶剂剥离的少缺陷石墨烯在可见光下表现出显著增强的 CO_2 光还原活性，这是由于更高的电迁移率和更有效地将光生电子转移到反应位点。通过比较碳纳米管（1D）/TiO_2 纳米片（2D）和石墨烯（2D）/TiO_2 纳米片（2D）复合材料的光催化活性，研究了碳纳米材料的维度对 CO_2 光催化转化的影响。由于面对面复合 2D/2D 石墨烯/TiO_2 复合材料中存在较大的紧密接触面积，与 1D/2D 碳纳米管/TiO_2 复合材料相比，在紫外光照射下 CO_2 光还原效率增加。

Yu 等展示了在 rGO—CdS 复合材料中使用石墨烯作为助催化剂将 CO_2 光催化转化为 CH_4 的可能性。值得注意的是，由于 rGO 和 CO_2 之间的 π—π 共轭作用，样品的 CO_2 吸附能力随着 rGO 含量的增加而显著增加。这种相互作用会吸附和激活 CO_2 分子，从而提高光催化 CO_2 还原为 CH_4 的效率［$2.51\mu mol/（g \cdot h）$］，比纯 CdS 的性能高 10 倍。除了作为 CO_2 还原过程的增强剂外，石墨烯片已被证明可作为支撑材料发挥作用，以提高光催化剂在光照下的稳定性。例如，当少层胺功能化石墨烯均匀地包裹在光化学不稳定的 CdS 纳米颗粒周围时，通过阻止活性物质（尤其是·OH 自由基）的攻击，其光稳定性显着提高。在 10 次 CO_2 光还原反应循环后，石墨烯/CdS 复合材料的效率依然很高。

近年来，将等离子体纳米颗粒掺入石墨烯网络成为提高可见光驱动的光催化 CO_2 还原效率的有效措施。例如，Kumar 等报道 rGO 包覆的金纳米粒子（rGO—AuNPs）是优异的可见光催化剂，可将 CO_2 高效光催化转化为甲酸（HCOOH）。事实上，在实现 HCOOH 高选择性（90%）的同时，使用 rGO—AuNPs 催化 CO_2 转化 HCOOH 的量子产率为 1.52%，优于贵金属 Pt 包覆 AuNPs 的性能（1.14%）。因此，rGO 纳米片被证实是高效的电子受体和输送体，对等离子体光催化中的热电子转移也有利。最近，rGO 也被用作固态电子介质，通过创建自然形成的 Z 型异质结，以实现卓越的光催化 CO_2 还原性能。最近，通过构建 Z 型异质结 Bi_2WO_6/rGO/g-C_3N_4，进一步验证了 2D/2D/2D 体系的有效性。在此，rGO 显示出双重作用：一是作为载体从 g-C_3N_4 中捕获电子以将 CO_2 还原为 CO 和 CH_4［图 7.12（a）］；二是作为氧化还原介质在 Z 型异质结的 g-C_3N_4 和 Bi_2WO_6 之间转移载流子［图 7.12（b）］。

7.3.4 石墨状氮化碳

近年来，石墨状氮化碳（2D g-C_3N_4）材料因其高化学稳定性、禁带带隙较窄以及足够负的导带位置，吸引了人们的极大兴趣，被广泛用于光催化 CO_2 光还原。然而，纯 g-C_3N_4 纳米片电荷复合严重，电荷的分离与传递效率较低，使光催化 CO_2 还原效率仍然很低。为了提高 g-C_3N_4 的光催化效率，目前采用了一系列措施，如表面功能化、分子敏化剂、金属和非金属的掺杂和共掺杂、异质结结构以及使用助催化剂开发 Z 型复合材料等。

例如，Xia 等通过 NH_3 诱导热剥离方法可控制备了表面功能化的 g-C_3N_4 纳米片。经表面修饰的超薄 g-C_3N_4 纳米片表现出显著的光催化活性，催化 CO_2 还原制备 CH_4 和 CH_3OH 的速率分别为 1.39μmol/（g·h）和 1.87μmol/（g·h），远远高于未修饰的 g-C_3N_4。超薄功能化的 g-C_3N_4 纳米片能够拓展光吸收范围、增强电荷载体的氧化还原能力、增加的表面积及促进 CO_2 吸附，因此具有优异的性能。Yu 等在 g-C_3N_4 上负载 Pt 纳米颗粒，能够显著提升 g-C_3N_4 催化 CO_2 还原制备 CH_4 和 CH_3OH 的催化活性和选择性，这是因为改善了 Pt/g-C_3N_4 界面上电荷的分离，降低了 CO_2 还原的过电位。

Yu 等通过简单的一步煅烧法合成了 g-C_3N_4/ZnO 异质结复合材料，该复合材料的性能是块体 g-C_3N_4 的 2.5 倍，这归因于这种直接电子转移的 Z 型体系实现了电子从 ZnO 到 g-C_3N_4 的高效转移。此外，Bhosale 等将可见光催化剂 $FeWO_4$ 与 2D C_3N_4 直接耦合形成 Z 型体系（图 7.13），在此体系下 16h 实现了超过 30μmol/（g·h）

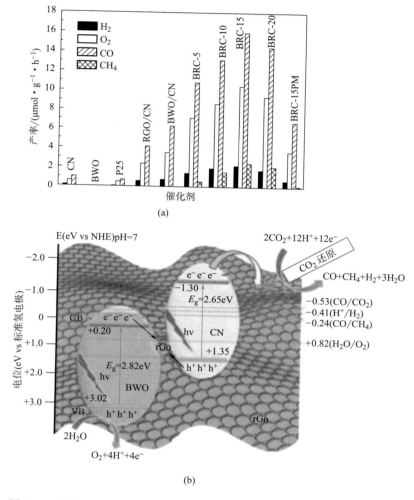

图 7.12　（a）不同光催化剂在可见光照射 5h 下的 CO、CH$_4$、H$_2$ 和 O$_2$ 产率；
（b）Bi$_2$WO$_6$/rGO/g-C$_3$N$_4$Zscheme 杂化异质结中 CO$_2$ 光还原机制示意图

的 CO 选择性转化。

　　Wang 等还利用吸附在 g-C$_3$N$_4$ 表面的 KMnO$_4$ 和 MnSO$_4$ 之间的原位氧化还原反应来制备 2D/2D MnO$_2$/g-C$_3$N$_4$ 异质结光催化剂，并测试了其光催化 CO$_2$ 还原为 CO 的性能。由于特定的能带匹配关系实现了光生载流子的有效分离，可以达到 9.6μmol/g 的 CO 产率。类似地，g-C$_3$N$_4$/SnS$_2$ 催化剂被证实为直接 Z 型体系，SnS$_2$ 中的电子与 g-C$_3$N$_4$ 中的空穴复合。通过光催化将 CO$_2$ 转化成 CH$_3$OH 和 CH$_4$，产率分别是 2.3μmol/g 和 0.64μmol/g。有趣的是，将多金属氧酸盐簇锚定在 g-C$_3$N$_4$ 纳米片也显示出良好的光催化 CO$_2$ 还原性能。在这种情况下，多金属氧酸盐和

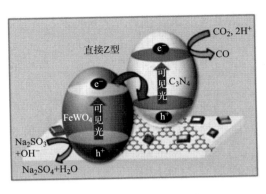

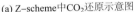

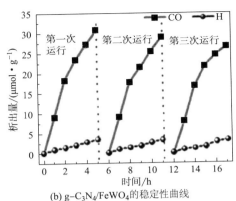

(a) Z-scheme中CO_2还原示意图　　(b) g-C_3N_4/FeWO$_4$的稳定性曲线

图 7.13　Z 型体系光催化

g-C_3N_4 形成能带交错排列，在可见光下（$\lambda \geqslant 420\,nm$），相应的杂化光催化剂的 CO 生成率和选择性分别为 $107\,\mu mol/(g \cdot h)$ 和 94%。经过 10h 的辐照后，CO 的产率可以接近 $896\,\mu mol/g$，其性能显著超过未经修饰的 g-C_3N_4。

此外，2D g-C_3N_4 基异质多组分结构设计有助于实现高效光催化 CO_2 还原。例如，与单组分相比，由 AgBr 纳米颗粒、g-C_3N_4 和 N 掺杂石墨烯组成超级杂化体系，在还原 CO_2 方面表现出优异的光催化活性。Adekoya 等通过热解和浸渍工艺合成了 g-C_3N_4/Cu/TiO_2 纳米复合材料，并对其进行了 CO_2 光还原测试。在可见光下 CH_3OH 和 HCHO 产率分别为 $2574\,\mu mol/g$ 和 $5069\,\mu mol/g$。在复合材料中，金属在复合材料中的位置分布以及相关的光激发电子分布是实现光催化高产率的关键因素。

7.3.5　层状双羟基氢氧化物

层状双羟基氢氧化物（LDH）是一类由带正电的类水滑石层板与层间平衡电荷的阴离子组成的二维结构阴离子型黏土，化学组成通式为 $\left[M^{2+}_{1-x}M^{3+}_x(OH)_2\right]^{x+}$ $(A^{n-})_{x/n} \cdot yH_2O$（其中 M 为金属离子，A 为层间阴离子）。这些二维片层结构是由 MO_6 八面体单元共边组成，其中二价和三价金属阳离子与 OH 基团形成六配位关系。LDH 和 LDH 基材料具有特定的二维层状结构，表面有丰富的羟基（用于吸附 CO_2 分子），从微米到纳米尺度的粒径范围，从几百层到单层的多种层数，以及金属阳离子组成可控等优点，可以作为新型光催化剂实现 CO_2 的高效转化。

Tanaka 等合成了各种 M^{2+}—M^{3+} LDH（$M^{2+}= Mg^{2+}$、Ni^{2+} 和 Zn^{2+}；$M^{3+}= Al^{3+}$、Ga^{3+} 和 In^{3+}）材料，并首次应用于水中光催化 CO_2 还原。在各种 LDH 材料中，Ni—

In LDH 在光催化 CO_2 还原为 CO 时，表现出最高的催化活性约 3.6μmol/（g·h）。Mg—In LDH（Mg/In=3）材料在光还原 CO_2 时，CO 生产速率为 3.21μmol/（g·h）。而 Mg（OH）$_2$ 和 In（OH）$_3$ 材料与 Mg—In LDH 材料具有相似的结构和相同的元素组成，但其 CO 转化率非常低。这一现象可以从 LDH 固有的二维结构特征及其离子的插层能力上来理解。Zhao 等的研究工作揭示了片层状 LDH 的形貌对光催化 CO_2 还原活性的影响。富含缺陷的超薄 LDH 纳米片由两个径向尺寸为（40±20）nm、厚度约为 2.7nm 的超薄纳米片重复堆叠而成，暴露较高浓度的氧空位（V_O）的（110）晶面。与块状的 ZnAl—LDH 相比，超薄 ZnAl—LDH 纳米片在水蒸气中还原 CO_2 转化为 CO 上表现出显著的光催化活性，可以达到 7.6μmol/（g·h）的 CO 生成率，而横向尺寸 4μm、厚度 210nm 的块体 ZnAl—LDH 的催化活性接近于 0。密度泛函理论（DFT）计算结合其他表征进一步证明，V_O 在 ZnAl—LDH 的带隙中引入一个新的缺陷能级，形成 Zn^+—V_O 缺陷缔合中心。这种超薄 ZnAl—LDH 纳米片复合体能捕获 CO_2 分子，促进电子转移到反应物上，进而提高光催化 CO_2 还原生成 CO 的活性。

尽管很多 LDH 材料对光催化 CO_2 转化都具有催化活性，但它们的效率很低，生成率仅几 μmol/（g·h），甚至更低。当以波长 λ 为 185nm 的汞灯发射的深紫外光为光源，以水为还原剂时，Zn/Ti LDH 催化剂的 CO_2 的转化率为 2.21%，CH_4 生成率高达 77μmol/（g·h），对 CH_4 表现出 100% 的选择性。然而，在这种情况下，Zn/Ti LDH 仅起到有效吸附 CO_2 分子的作用。最近，Tonda 等利用荷正电性的 NiAl—LDH 与荷负电性的 g-C_3N_4 片之间的强静电相互作用制备了一种 2D/2D 界面异质结材料。如图 7.14 所示，在可见光照射下，这种界面异质结材料催化转换成 CO 和 H_2 的性能比单一 g-C_3N_4 或 NiAl—LDH 材料有显著提高。这种明显的增强可能归因于 g-C_3N_4 和 NiAl—LDH 的接触界面能有效抑制复合，并能增强光生载流子的转移和分离。

此外，Kumar 等研究了一种微孔 CoAl-LDHs 包覆 P25 纳米粒子的分级纳米复合材料，在没有牺牲剂的情况下将液态 CO_2 还原为 CO，表现出优异的活性和选择性（＞90%）。进一步研究证实了 CoAl—LDH 催化剂的厚度与氧化钛的形貌对 CO_2 还原有显著影响。将剥离的层状 CoAl—LDH 与 TiO_2 纳米管复合形成杂化催化剂体系，在紫外光辐照和没有空穴受体牺牲的情况下，通过一个化学计量比氧化还原过程生成 4.67μmol/（g·h）的 CO 和 0.41μmol/（g·h）的 CH_4。CO 生成率几乎是单组分 TiO_2 的 7.5 倍，是剥离层状 CoAl—LDH 材料的 5 倍。更重要的是，相比于块状 CoAl—LDH 或锐钛矿型 TiO_2 的性能提高 2 倍多。通过这种简单、低成本的制备方法开发的层状二维 LDH 基纳米材料催化剂，有助于实现高

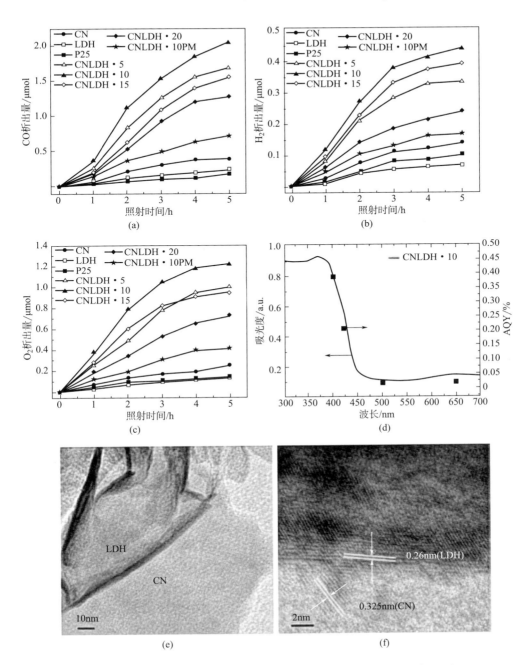

图 7.14　不同 g-C₃N₄/NiAl—LDH 异质结光催化剂上（a）CO、（b）H₂ 和
（c）O₂ 随照射时间的变化曲线；（d）CO 的产生，表观光量子效率（AQY）的光合有效
光谱（方块），以及 UV—vis 漫反射光谱（曲线）；（e）g-C₃N₄/NiAl—LDH 的 TEM 图；
（f）g-C₃N₄/NiAl—LDH 异质结的 HRTEM 图像

效和选择性的 CO_2 光催化还原为增值化学燃料。

7.3.6 MXene

MXene 材料是一类具有二维层状结构的过渡金属碳化物、氮化物和碳氮化物新型材料，自 2011 年 Gogotsi 和 Barsoum 发现 Ti_3C_2 以来，已经引起了科学界的极大关注。通常，MXene 是通过选择性蚀刻 $M_{n+1}AX_n$（MAX）获得的，其中 n 为 1 ~ 3 的整数，M 是过渡金属，A 是 ⅢA 或 ⅣA 族元素，X 是 C 或 N。由于 A 和 MX 之间的化学键相对较弱，因此可以选择性刻蚀去除 A 层。移除 A 后，MX 表面立即被表面官能团功能化，同时保留其 2D 特性。为了表明其与石墨烯有类似的层状结构和缺失 A 层的情况，这些新的 2D 材料被称为 MXene。尽管围绕 MXene 材料的相关研究发展迅猛，但是在光催化还原 CO_2 领域的研究还比较少。其中一个原因是大多数 MXene 具有金属导电性，不能产生光诱导电荷载流子。只有少数情况例外，如 Ti_2CO_2 单分子膜具有 0.91eV 的窄带隙，可作为有效的光催化剂。此外，DFT 计算还表明，Ti_2CO_2 在光催化 CO_2 还原生成 HCOOH 方面上具有活性。当与光活性材料结合时，MXene 作为非贵金属助催化剂或导电载体表现出很高的活性。例如，Cao 等在超薄 Ti_3C_2 纳米片上原位生长 Bi_2WO_6 纳米片，合成了超薄 Ti_3C_2/Bi_2WO_6 异质结纳米片，与纯 Bi_2WO_6 纳米片相比，这种 2D/2D Ti_3C_2/Bi_2WO_6 杂化材料在太阳光照射下表现出数倍于纯 Bi_2WO_6 纳米片的光催化 CO_2 还原活性。Ti_3C_2 的存在使其具有更高的 CO_2 吸附能力和从 Bi_2WO_6 到助催化剂 Ti_3C_2 的快速电子转移，从而表现出更高的 CO_2 还原活性。这两种属性都源自独特的 2D/2D 异质结特性。此外，Ti_3C_2 表面的—F（HF 蚀刻过程中产生的表面端基）可以被—OH 取代而发生碱化，进一步提高了 CO_2 的光还原性能，因为大量的羟基可为 CO_2 吸附和活化提供丰富的碱性活性中心。这些最新研究表明 MXene 是一种颇具前景的助催化剂，为了更好地理解并实现 MXene 在光催化 CO_2 转化为高附加值燃料方面的应用需要进一步深入研究。

7.3.7 其他新兴催化剂

卤氧化铋（BiOX，X=Cl、Br 和 I）是由共价金属氧化物 $[Bi_2O_2]^{2+}$ 沿（001）方向夹在两层卤化物离子之间所组成的材料，是一种具有独特层状结构的 Ⅴ–Ⅵ–Ⅶ三元氧化物半导体。因其具有低载流子有效质量的色散带结构，促使光生电子和空穴对的高效分离，从而实现有效的光催化。由于其导带底（CBM）电位较正，与光催化 CO_2 还原电位不匹配，因此采用包括调节富铋组分、超薄形貌和可控氧空位浓度等方法来改变 BiOX 的能带结构，从而实现光催化 CO_2 还原。如厚度为 2.8nm 的四层 BiOI 沿着（001）方向扩大层间距，并增加其氧空位浓度，展现出对催化 CO$_2$ 还原成 CH$_4$ 的催化活性。此外，和块状 BiOI 相比，少层 BiOI 的最小导带电位提高了约 0.17eV，这在热力学上使 CO$_2$ 还原变得更为可行。Wu 等合成的单晶胞厚度的 BiOBr 在光催化 CO$_2$ 还原转化为 CO 的生成率达到 87.4μmol/（g·h），与原子层厚度 BiOBr 和块状 BiOBr 材料相比，产率分别高 20 倍和 24 倍，这主要是光诱导的高浓度氧空位起着关键作用。此外，Ye 等使用富含铋的和超薄形貌方式制备 BiOBr 催化剂，可以很好地控制 CO$_2$ 光催化转化为 CH$_4$ 和 CO 的产品选择性。然而，BiOX 基光催化剂上的 CO$_2$ 还原机理还不清楚，需要更多的理论和实验研究。

2D 金属碳化物，如超薄 SiC 纳米片，可减少光激发载流子到表面的移动距离，减少载流子复合，同时为 CO$_2$ 还原为 CH$_4$ 提供更多高能电子。与微米级的 SiC［0.76μmol/（g·h），77.9%］和商用 TiO$_2$［1.46μmol/（g·h），61.0%］相比，使用此类超薄片材可获得 3.11μmol/（g·h）的产率和 90.6% 的选择率，性能显著提高。此外，层状六方氮化硼（h–BN）基 2D 材料也显示出可作为 CO$_2$ 减排的可持续光催化剂的良好前景。具体而言，人们发现氮掺杂的 h–BN 纳米片是稳定有效的可见光催化剂，可以在可见光（λ>420nm）下将 CO$_2$ 还原为 CO。此外，金属氧氮化物（如 TaON）与其他光催化剂［尤其是 Ru（Ⅱ）双核配合物］复合，在水溶液中可见光还原 CO$_2$ 上应用前景。

7.4　结论和展望

近年来，石墨烯、二硫化钼、磷烯等功能性二维材料的合成和应用取得了重大突破。从基础研究到下一代技术的开发都取得了重大进展。毫无疑问，这项研究证明，在纳米材料上维度不是决定性能的唯一因素，证实了其在各种应用上潜在的价值。因为 2D 材料具有优异的光催化性能、大量活性中心、高比表面积、良好的稳定性、低成本（在地球上含量丰富）、优异的光吸收等性能，利用 2D 材料在阳光照射下进行析氢反应和 CO$_2$ 还原，可以解决许多与能源相关的问题。对于原子厚度二维材料，特别是石墨烯以外的材料系统的研究仍然方兴未艾，存在诸多问题和挑战。第一，控制大规模合成具有高稳定性的均匀二维材料、2D/2D 或者混合异质结构材料都非常困难。第二，有必要对其物理和化学性质有更进一步了解，便于设计出高性能光催化剂。这不仅包括使用先进的表征技术，还包括严格的理论计算和计算机模拟的辅助预测。第三，通过掺杂剂、缺陷和表面工程来调整 2D 材料的性能，以提高该材料的光催化性能是非常理想的，但目前仍然是一个开放且快速发展的研究领域。这种修饰不仅有利于调整光催化剂的氧化还原电位，而且有利于提高光收集能力和催化活性位点的覆盖率。第四，光催化 CO_2 还原研究目前还处于初级阶段，还需要在活性材料的催化活性和产物（如 CO、CH_4、甲醇和甲酸）的选择性方面进行进一步优化，以提高 CO_2 的还原效率，并将产物拓展到 > C_2 的烯烃或烷烃上。然而，毋庸置疑的是，对新型 2D 纳米材料的进一步探索将为推动这类催化剂迈向工业化带来新的机遇。

参考文献

［1］K. Li，B. Peng，T. Peng，Recent advances in heterogeneous photocatalytic CO_2 conversion to solar fuels，ACS Catal. 6（2016）7485–7527.

［2］A. Hasani，M. Tekalgne，Q. Van Le，H.W. Jang，S.Y. Kim，Two–dimensional materials as catalysts for solar fuels：hydrogen evolution reaction and CO_2 reduction，J. Mater. Chem. A 7（2019）430–454.

［3］S. Ida，T. Ishihara，Recent progress in two–dimensional oxide photocatalysts for water splitting，J. Phys. Chem. Lett. 5（2014）2533–2542.

［4］I.Y. Kim，Y.K. Jo，J.M. Lee，L. Wang，S.J. Hwang，Unique advantages of exfoliated 2D nanosheets for tailoring the functionalities of nanocomposites，J. Phys. Chem. Lett. 5（2014）4149–4161.

［5］A.H. Castro Neto，F. Guinea，N.M.R. Peres，K.S. Novoselov，A.K. Geim，The electronic properties of graphene，Rev. Mod. Phys. 81（2009）109–162.

［6］T.F. Sheneve，Z. Butler，S.M. Hollen，L. Cao，Y. Cui，J.A. Gupta，et al.，Opportunities in two–dimensional materials beyond graphene，ACS Nano 7（2013）2898–2926.

［7］C. Tan，X. Cao，X. Wu，Q. He，J. Yang，X. Zhang，et al.，Recent advances in ultrathin two–dimensional nanomaterials，Chem. Rev. 117（2017）6225–6331.

［8］X.B. Deng，Dehui，K.S. Novoselov，Q. Fu，N. Zheng，Catalysis with two–dimensional materials and their heterostructures，Nat. Nanotechnol. 11（2016）218–230.

［9］K. Maeda，M. Eguchi，T. Oshima，Perovskite oxide nanosheets with tunable band–edge potentials and high photocatalytic hydrogen–evolution activity，Angew. Chem. Int. Ed.（2014）13164–13168.

[10] Q. Han，B. Wang，J. Gao，Z. Cheng，Y. Zhao，Z. Zhang，et al.，Atomically thin mesoporous nanomesh of graphitic c3n4 for high-efficiency photocatalytic hydrogen evolution，ACS Nano 10（2016）2745-2751.

[11] J. Yan，P. Verma，Y. Kuwahara，K. Mori，H. Yamashita，Recent progress on black phosphorus-based materials for photocatalytic water splitting，Small Methods 2（2018）1800212.

[12] P. Kumar，R. Boukherroub，K. Shankar，Sunlight-driven water-splitting using two-dimensional carbon based semiconductors，J. Mater. Chem. A 6（2018）12876-12931.

[13] F. Lei，Y. Sun，K. Liu，S. Gao，L. Liang，B. Pan，Oxygen vacancies confined in ultrathin indium oxide porous sheets for promoted visible-light water splitting，J. Am. Chem. Soc. 136（2014）6826-6829.

[14] J. Di，J. Xiong，H. Li，Z. Liu，Ultrathin 2D photocatalysts：electronic-structure tailoring，hybridization，and applications，Adv. Mater. 30（2018）1-30.

[15] T. Su，Q. Shao，Z. Qin，Z. Guo，Z. Wu，Role of interfaces in two-dimensional photocatalyst for water splitting，ACS Catal. 8（2018）2253-2276.

[16] J. Low，S. Cao，J. Yu，S. Wageh，Two-dimensional layered composite photocatalysts，Chem. Commun. 50（2014）10768-10777.

[17] B. Luo，G. Liu，L. Wang，Recent advances in 2D materials for photocatalysis，Nanoscale 8（2016）6904-6920.

[18] H. Honda，H. Takamatsu，J.J. Wei，Electrochemical photolysis of water at a semicomductor electrode，Nature 68（1972）2327-2332.

[19] H.G. Yang，G. Liu，S.Z. Qiao，C.H. Sun，Y.G. Jin，S.C. Smith，et al.，Solvothermal synthesis and photoreactivity of anatase TiO$_2$，J. Am. Chem. Soc. 131（2009）4078-4083.

[20] L. Wang，T. Sasaki，Titanium oxide nanosheets：graphene analogues with versatile functionalities，Chem. Rev. 114（2014）9455-9486.

[21] H. Sato，K. Ono，T. Sasaki，A. Yamagishi，First-principles study of two-dimensional titanium dioxides，J. Phys. Chem. B 107（2003）9824-9828.

[22] Y. Matsumoto，S. Ida，T. Inoue，Photodeposition of metal and metal oxide at the TiO$_x$ nanosheet to observe the photocatalytic active site，J. Phys. Chem. C 112（2008）11614-11616.

[23] N. Miyamoto，K. Kuroda，M. Ogawa，Exfoliation and film preparation of a

layered titanate , Na$_2$Ti$_3$O$_7$, and intercalation of pseudoisocyanine dye, J. Mater. Chem. 7（2004）165–170.

[24] W. Sugimoto, O. Terabayashi, Y. Murakami, Y. Takasu, Electrophoretic deposition of negatively charged tetratitanate nanosheets and transformation into preferentially oriented TiO$_2$（B）film, J. Mater. Chem. 2（2002）38143818.

[25] T. Sasaki, M. Watanabe, Semiconductor nanosheet crystallites of quasi–TiO$_2$ and their optical properties, J. Phys. Chem. B 5647（1997）10159–10161.

[26] M.I. Zaki, A. Katri, A.I. Muftah, T.C. Jagadale, M. Ikram, S.B. Ogale, Applied catalysis A : general Exploring anatase–TiO$_2$ doped dilutely with transition metal ions as nano–catalyst for H$_2$O$_2$ decomposition : Spectroscopic and kinetic studies, Appl. Catal. A Gen. 452（2013）214–221.

[27] T.C. Jagadale, S.P. Takale, R.S. Sonawane, H.M. Joshi, S.I. Patil, B.B. Kale, et al., N–Doped TiO$_2$ nanoparticle based visible light photocatalyst by modified peroxide Sol–Gel method, J. Phys. Chem. C 112（2008）14595–14602.

[28] Q. Xiang, J. Yu, M. Jaroniec, Nitrogen and sulfur co–doped TiO$_2$ nanosheets with exposed {001} facets : synthesis, characterization and visible–light photocatalytic activity, Phys. Chem. Chem. Phys. 13（2011）4853–4861.

[29] G. Liu, L. Wang, C. Sun, X. Yan, X. Wang, Z. Chen, et al., Band–to–band visible–light photon excitation and photoactivity induced by homogeneous nitrogen doping in layered titanates, Chem. Mater. 21（2009）1266–1274.

[30] W. Gu, F. Lu, C. Wang, S. Kuga, L. Wu, Y. Huang, et al., Face–to–Face interfacial assembly of ultrathin g–C$_3$N$_4$ and anatase TiO$_2$ nanosheets for enhanced solar photocatalytic activity, ACS Appl. Mater. Interfaces 9（2017）28674–28684.

[31] Y.J. Yuan, Z.J. Ye, H.W. Lu, B. Hu, Y.H. Li, D.Q. Chen, et al., Constructing anatase TiO$_2$ nanosheets with exposed（001）facets/layered MoS$_2$ two–dimensional nanojunctions for enhanced solar hydrogen generation, ACS Catal. 6（2016）532–541.

[32] Y.X. Shan Gaoa, Y. Sun, F. Lei, J. Liu, L. Liang, T. Li, et al., Freestanding atomically–thin cuprous oxide sheets for improved visible light photoelectrochemical water splitting, Nano Energy 8（2014）205–213.

[33] D. Mateo, I. Esteve–adell, J. Albero, A. Primo, H. García, Applied Catalysis B : Environmental Oriented 2.0.0 Cu$_2$O nanoplatelets supported on few–layers

graphene as efficient visible light photocatalyst for overall water splitting, Appl. Catal. B, Environ. 201（2017）582–590.

［34］Y. Zhou, Y. Zhang, M. Lin, J. Long, Z. Zhang, H. Lin, et al., Monolayered Bi_2WO_6 nanosheets mimicking heterojunction interface with open surfaces for photocatalysis, Nat. Commun. 6（2015）1–8.

［35］J.K. Xu Fang, C. Huimin, X. Chaoya, W. Dapeng, G. Zhiyong, Q. Zhang, Ultra-thin Bi_2WO_6 porous nanosheets with high lattice coherence for enhanced performance for photocatalytic reduction of Cr（VI）, J. Colloid Interface Sci. 525（2018）97–106.

［36］Q. Lu, Y. Yu, Q. Ma, B. Chen, H. Zhang, 2D Transition-metal dichalcogenide-nanosheet-based composites for photocatalytic and electrocatalytic hydrogen evolution reactions, Adv. Mater. 28（2016）1917–1933.

［37］H.Z. Manish Chhowalla, H.S. Shin, G. Eda, L.-J. Li, The chemistry of two-dimensional layered transition metal dichalcogenide nanosheets, Nat. Chem. 5（2013）263–275.

［38］X. Zong, H. Yan, G. Wu, G. Ma, F. Wen, L. Wang, et al., Enhancement of photocatalytic H_2 evolution on CdS by loading MoS_2 as cocatalyst under visible light irradiation, J. Am. Chem. Soc. 130（2008）7176–7177.

［39］Q.M. Guoping Chen, D. Li, F. Li, Y. Fan, H. Zhao, Y. Luo, et al., Ball-milling combined calcination synthesis of In_2O_3/C_3N_4 for high photocatalytic activity under visible light irradiation, Appl. Catal. A Gen. 443444（2012）138–144.

［40］M. Liu, F. Li, Z. Sun, L. Ma, L. Xu, Y. Wang, Noble-metal-free photocatalysts MoS_2 -graphene/CdS mixed nanoparticles/nanorods morphology with high visible light efficiency for H_2 evolution, Chem. Commun. 50（2014）11004–11007.

［41］Y. Li, H. Wang, S. Peng, Tunable photodeposition of MoS_2 onto a composite of reduced graphene oxide and CdS for synergic photocatalytic hydrogen generation, J. Phys. Chem. C 118（2014）19842–19848.

［42］W. Zhou, Z. Yin, Y. Du, X. Huang, Z. Zeng, Z. Fan, et al., Synthesis of few layer MoS_2 nanosheet-coated TiO_2 nanobelt heterostructures for enhanced photocatalytic activities, Small 9（2013）140–147.

［43］M. Shen, Z. Yan, L. Yang, P. Du, MoS_2 nanosheet/TiO_2 nanowire hybrid nanostructures for enhanced visible-light photocatalytic activities, Chem.

Commun. 50（2014）15447–15449.

［44］ Y. Yuan, D. Chen, J. Zhong, L. Yang, J. Wang, M. Liu, et al., Interface engineering of a noble–metal–free 2D–2D MoS_2/Cu–$ZnIn2S_4$ photocatalyst for enhanced photocatalytic H2 production, J. Mater. Chem. A 5（2017）15771–15779.

［45］ W. Yang, L. Zhang, J. Xie, X. Zhang, Q. Liu, T. Yao, et al., Enhanced photoexcited carrier separation in oxygen–doped $ZnIn2S_4$ nanosheets for hydrogen evolution, Angew. Chem. Int. Ed. 55（2016）6716–6720.

［46］ Y. Hou, Z. Wen, S. Cui, X. Guo, J. Chen, Constructing 2D porous graphitic C_3N_4 nanosheets/nitrogen–doped graphene/layered MoS_2 ternary nanojunction with enhanced photoelectrochemical activity, Adv. Mater. 25（2013）6291–6297.

［47］ S. Min, G. Lu, Sites for high efficient photocatalytic hydrogen evolution on a limited–layered MoS_2 cocatalyst confined on graphene sheets–the role of graphene, J. Phys. Chem. C 116（2012）25415–25424.

［48］ U. Maitra, U. Gupta, M. De, R. Datta, A. Govindaraj, C.N.R. Rao, U Highly effective visible–light–induced H_2 generation by single–layer 1T–MoS_2 and a nanocomposite of few–layer 2H–MoS_2 with heavily nitrogenated graphene, Angew. Chem. Int. Ed. 52（2013）1305713061.

［49］ Z.Z. Yong–Jun Yuan, P. Wang, Z. Li, Y. Wu, W. Bai, Y. Su, et al., The role of bandgap and interface in enhancing photocatalytic H_2 generation activity of 2D–2D black phosphorus/MoS_2 photocatalyst, Appl. Catal. A Gen. 242(2019)1–8.

［50］ X. Li, X. Zuo, X. Jiang, D. Li, Enhanced photocatalysis for water splitting in layered tin chalcogenides with high carrier mobility, Phys. Chem. Chem. Phys. 21（2019）7559–7566.

［51］ Y. Sun, H. Cheng, S. Gao, Z. Sun, Q. Liu, Q. Liu, et al., Freestanding tin disulfide single–layers realizing efficient visible–light water splitting, Angew. Chem. Int. Ed. 51（2012）8727–8731.

［52］ Y. Sun, Z. Sun, S. Gao, H. Cheng, Q. Liu, F. Lei, et al., All–surface–atomicmetal chalcogenide sheets for high–efficiency visible–light photoelectrochemical water splitting, Adv. Energy Mater. 4（2014）1–11.

［53］ L. Sun, Z. Zhao, S. Li, Y. Su, L. Huang, N. Shao, et al., Role of SnS_2 in 2D–2D SnS_2/TiO_2 nanosheet heterojunctions for photocatalytic hydrogen evolution, ACS Appl. Nano Mater. 2（2019）2144–2151.

［54］J. Yu, C. Xu, F. Ma, S. Hu, Y. Zhang, L. Zhen, Monodisperse SnS_2 nanosheets for high-performance photocatalytic hydrogen generation, ACS Appl. Mater. Interfaces 6（2014）22370-22377.

［55］L. Jing, Y. Xu, Z. Chen, M. He, M. Xie, J. Liu, et al., Different morphologies of SnS_2 supported on 2D $g-C_3N_4$ for excellent and stable visible light photocatalytic hydrogen generation, ACS Sustain. Chem. Eng. 6（2018）5132-5141.

［56］H. Chauhan, K. Soni, M. Kumar, S. Deka, Tandem photocatalysis of graphene-stacked SnS_2 nanodiscs and nanosheets with efficient carrier separation, ACS Omega 1（2016）127-137.

［57］Y. Xu, W. Zhao, R. Xu, Y. Shi, B. Zhang, Synthesis of ultrathin CdS nanosheets as efficient visible-light-driven water splitting photocatalysts for hydrogen evolution, Chem. Commun. 49（2013）9803-9805.

［58］G. Xie, K. Zhang, B. Guo, Q. Liu, L. Fang, J.R. Gong, Graphene-based materials for hydrogen generation from light-driven water splitting, Adv. Mater. 25（2013）3820-3839.

［59］Y. Zhu, S. Murali, W. Cai, X. Li, J.W. Suk, J.R. Potts, et al., Graphene and graphene oxide: synthesis, properties, and applications, Adv. Mater. 22（2010）3906-3924.

［60］D.A. Dikin, S. Stankovich, E.J. Zimney, R.D. Piner, G.H.B. Dommett, G. Evmenenko, et al., Preparation and characterization of graphene oxide paper, Nature 448（2007）457-460.

［61］W.S. Hummers Jr, R.E. Offeman, Preparation of graphitic oxide 1339-1339, J. Am. Chem. Soc. 80（1958）1339.

［62］Q. Xiang, J. Yu, M. Jaroniec, Graphene-based semiconductor photocatalysts, Chem. Soc. Rev. 41（2012）782-796.

［63］P. Avouris, Graphene : electronic and photonic properties and devices, Nano Lett. 10（2010）4285-4294.

［64］A. Lherbier, X. Blase, Y.M. Niquet, F. Triozon, S. Roche, Charge transport in chemically doped 2D graphene, Phys. Rev. Lett. 101（2008）2-5.

［65］H. Zhang, X. Lv, Y. Li, Y. Wang, J. Li, P25-graphene composite as a high performance photocatalyst, ACS Nano 4（2009）380-386.

［66］J. Du, X. Lai, N. Yang, J. Zhai, D. Kisailus, F. Su, et al., Hierarchically ordered macrographene composite films : improved mass transfer， reduced charge recombination ， and their enhanced photocatalytic activities， ACS Nano 5(2010) 590–596.

［67］Q. Xiang， J. Yu， M. Jaroniec， Enhanced photocatalytic H_2-production activity of graphene-modified titania nanosheets， Nanoscale 3 (2011) 3670–3678.

［68］A. Kudo， Y. Miseki， Heterogeneous photocatalyst materials for water splitting， Chem. Soc. Rev. 38 (2009) 253–278.

［69］A. Cao， Z. Liu， S. Chu， M. Wu， Z. Ye， Z. Cai， et al.， A facile one-step method to produce craphene-CdS quantum dot nanocomposites as promising optoelectronic materials， Adv. Mater. 22 (2010) 103–106.

［70］Q. Li， B. Guo， J. Yu， J. Ran， B. Zhang， H. Yan， et al.， Highly efficient visible light-driven photocatalytic hydrogen production of CdS-cluster-decorated graphene nanosheets， J. Am. Chem. Soc. 133 (2011) 10878–10884.

［71］J. Zhang， J. Yu， M. Jaroniec， J.R. Gong， Noble metal-free reduced graphene oxide-Zn_xCd1_xS nanocomposite with enhanced solar photocatalytic h2-production performance， Nano Lett. 12 (2012) 4584–4589.

［72］A. Iwase， A. Kudo， Y.H. Ng， Y. Ishiguro， R. Amal， Reduced graphene oxide as a solid-state electron mediator in Z-scheme photocatalytic water splitting under visible light， J. Am. Chem. Soc. 133 (2011) 11054–11057.

［73］Y. Huang， Y. Liu， D. Zhu， Y. Xin， B. Zhang， Mediator-free Z-scheme photocatalytic system based on ultrathin CdS nanosheets for efficient hydrogen evolution， J. Mater. Chem. A 4 (2016) 13626–13635.

［74］S. Wan， M. Ou， Q. Zhong， S. Zhang， F. Song， Construction of Z-scheme photocatalytic systems using $ZnIn_2S_4$， CoO_x-loaded Bi_2MoO_6 and reduced graphene oxide electron mediator and its efficient nonsacrificial water splitting under visible light， Chem. Eng. J. 325 (2017) 690–699.

［75］T.M. Nasir Shehzad， M. Tahir， K. Johari， Fabrication of highly efficient and stable indirect Z-scheme assembly of $AgBr/TiO_2$ via graphene as a solidstate electron mediator for visible light induced enhanced photocatalytic H_2 production， Appl. Surf. Sci. 463 (2019) 445–455.

［76］M. Li， C. Song， Y. Wu， M. Wang， Z. Pan， Y. Sun， et al.， Novel Z-scheme visible light photocatalyst based on $CoFe_2O_4$/ BiOBr/Graphene composites for organic dye degradation and Cr (Ⅵ) Reduction， Appl. Surf. Sci. 478 (2019)

744–753.

［77］ Y.Y. Kai Hu, C. Chen, Y. Zhu, G. Zeng, B. Huang, W. Chen, et al., Ternary Z–scheme heterojunction of Bi$_2$WO$_6$ with reduced graphene oxide（rGO） and meso–tetra（4–carboxyphenyl）porphyrin（TCPP）for enhanced visible light photocatalysis, J. Colloid Interface Sci. 540（2019）115–125.

［78］ X. Wang, K. Maeda, A. Thomas, K. Takanabe, G. Xin, J.M. Carlsson, et al., A metal–free polymeric photocatalyst for hydrogen production from water under visible light, Nat. Mater. 8（2009）76–80.

［79］ W.J. Ong, L.L. Tan, Y.H. Ng, S.T. Yong, S.P. Chai, Graphitic carbon nitride （g– C$_3$N$_4$ ）–based photocatalysts for artificial photosynthesis and environmental remediation : are we a step closer to achieving sustainability? Chem. Rev. 116 （2016）7159–7329.

［80］ J. Zhu, P. Xiao, H. Li, S.A.C. Carabineiro, Graphitic carbon nitride : synthesis, properties, and applications in catalysis, ACS Appl. Mater. Interfaces 6（2014）16449–16465.

［81］ Y. Li, R. Jin, Y. Xing, J. Li, S. Song, X. Liu, et al., Macroscopic foam– like holey ultrathin g–C$_3$N$_4$ nanosheets for drastic improvement of visible–light photocatalytic activity, Adv. Energy Mater 6（2016）1601273.

［82］ P. Niu, L. Zhang, G. Liu, H.M. Cheng, Graphene–like carbon nitride nanosheets for improved photocatalytic activities, Adv. Funct. Mater. 22（2012） 4763–4770.

［83］ J.Z. Waheed Iqbal, B. Qiu, Q. Zhu, M. Xing, Self–modified breaking hydrogen bonds to highly crystalline graphitic carbon nitrides nanosheets for drastically enhanced hydrogen production, Appl. Catal. B Environ. 232（2018）306–313.

［84］ G. Liu, G. Zhao, W. Zhou, Y. Liu, H. Pang, H. Zhang, et al., In situ bond modulation of graphitic carbon nitride to construct p – n homojunctions for enhanced photocatalytic hydrogen production, Adv. Funct. Mater. 26（2016） 6822–6829.

［85］ G. Liao, Y. Gong, L. Zhang, H. Gao, G.–J. Yang, B. Fang, Semiconductor polymeric graphitic carbon nitride photocatalysts : the "holy grail" for photocatalytic hydrogen evolution reaction under visible light, Energy Environ. Sci. 12（2019）2080–2147.

［86］ J. Fu, J. Yu, C. Jiang, B. Cheng, g–C$_3$N$_4$–based heterostructured photocatalysts,

Adv. Energy Mater. 8（2018）1–31.

［87］T.P. Weilai Yu，J. Chen，T. Shang，L. Chen，L. Gu，Direct Z–scheme g–C$_3$N$_4$/ WO$_3$ photocatalyst with atomically defined junction for H$_2$ production，Appl. Catal. B Environ. 219（2017）693–704.

［88］C.X. Shao–Wen cao，Yu–PengYuan，J. fang，M.M. Shahjamali，F.Y.C. Boey，J. Barber，et al.，In–situ growth of CdS quantum dots on C$_3$N$_4$ nanosheets for highly efficient photocatalytic hydrogen generation under visible light，Int. J. Hydrogen Energy 38（2013）1258–1266.

［89］J. Hong，Y. Wang，Y. Wang，W. Zhang，R. Xu，Noble–metal–free NiS/C$_3$N$_4$ for efficient photocatalytic hydrogen evolution from water，ChemSusChem 639798 （2013）2263–2268.

［90］Z. Zhang，X. Fang，Z. Chen，P. Sun，B. Fan，In situ template–free ionexchange process to prepare visible–light–active g–C$_3$N$_4$/NiS hybrid photocatalysts with enhanced hydrogen evolution activity，J. Phys. Chem. C 118 （2014）7801–7807.

［91］N.Z. Hui Zhao，H. Zhang，G. Cui，Y. Dong，G. Wang，P. Jiang，et al.，A photochemical synthesis route to typical transition metal sulfides as highly efficient cocatalyst for hydrogen evolution：from the case of NiS/g– C$_3$N$_4$，Appl. Catal. B Environ. 225（2017）284–290.

［92］Y. Hou，A.B. Laursen，J. Zhang，G. Zhang，Y. Zhu，X. Wang，et al.，Layered nanojunctions for hydrogen–evolution catalysis，Angew. Chem. Int. Ed. 52（2013）3621–3625.

［93］J. Wang，Z. Guan，J. Huang，Q. Li，J. Yang，Enhanced photocatalytic mechanism for the hybrid g–C$_3$N$_4$/MoS$_2$ nanocomposite，J. Mater. Chem. A 2 （2014）7960–7966.

［94］A. Suryawanshi，P. Dhanasekaran，D. Mhamane，S. Kelkar，S. Patil，N. Gupta，et al.，Doubling of photocatalytic H$_2$ evolution from g–C$_3$N$_4$ via its nanocomposite formation with multiwall carbon nanotubes：electronic and morphological effects，Int. J. Hydrogen Energy 37（2012）9584–9589.

［95］G. Shanker，R. Bhosale，S. Ogale，A. Nag，2D nanocomposite of g–C$_3$N$_4$ and TiN embedded N–doped graphene for photoelectrochemical reduction of water using sunlight，Adv. Mater. Interfaces 1801488（2018）1–8.

［96］S. Tonda，S. Kumar，Y. Gawli，M. Bhardwaj，S. Ogale，g–C$_3$N$_4$（2D）/

CdS（1D）/rGO（2D）dual-interface nano-composite for excellent and stable visible light photocatalytic hydrogen generation，Int. J. Hydrogen Energy 42（2017）5971-5984.

［97］B. Li，C. Lai，G. Zeng，D. Huang，L. Qin，M. Zhang，et al.，Black phosphorus，a rising star 2d nanomaterial in the post-graphene era：synthesis，properties，modifications，and photocatalysis applications，Small 15（2019）1-30.

［98］J. Qiao，X. Kong，Z.X. Hu，F. Yang，W. Ji，High-mobility transport anisotropy and linear dichroism in few-layer black phosphorus，Nat. Commun. 5（2014）1-7.

［99］M. Zhu，S. Kim，L. Mao，M. Fujitsuka，J. Zhang，X. Wang，et al.，Metal-free photocatalyst for H₂ evolution in visible to near-infrared region：black phosphorus/graphitic carbon nitride，J. Am. Chem. Soc. 139（2017）13234-13242.

［100］M. Zhu，C. Zhai，M. Fujitsuka，T. Majima，Noble metal-free near-infrared-driven photocatalyst for hydrogen production based on 2D hybrid of black phosphorus/WS₂，Appl. Catal. B Environ. 221（2018）645-651.

［101］J. Ran，B. Zhu，S.Z. Qiao，Phosphorene co-catalyst advancing highly efficient visible-light photocatalytic hydrogen production，Angew. Chem. Int. Ed. 56（2017）10373-10377.

［102］M. Faraji，M. Yousefi，S. Yousefzadeh，M. Zirak，N. Naseri，T.H. Jeon，et al.，Two-dimensional materials in semiconductor photoelectrocatalytic systems for water splitting，Energy Environ. Sci. 12（2019）59-95.

［103］J. Di，J. Xia，H. Li，S. Guo and S. Dai. Bismuth oxyhalide layered materials for energy and environmental applications，Nano Energy 2017，41，172-192.

［104］M. Naguib，O. Mashtalir，J. Carle，V. Presser，J. Lu，L. Hultman，et al.，Two-dimensional transition metal carbides，ACS Nano 6（2012）1322-1331.

［105］L. Mohapatra，K. Parida，A review on the recent progress，challenges and perspective of layered double hydroxides as promising photocatalysts，J. Mater. Chem. A 4（2016）10744-10766.

［106］N. Wang，G. Yang，H. Wang，R. Sun，C. Wong，Visible light-responsive photocatalytic activity of boron nitride incorporated composites，Front. Chem. 6（2018）1-12.

[107] B. Kumar, M. Llorente, J. Froehlich, T. Dang, A. Sathrum, C.P. Kubiak, Photochemical and photoelectrochemical reduction of CO_2, Ann. Rev. Phys. Chem. 63（2012）541–569.

[108] T. Faunce, S. Styring, M.R. Wasielewski, G.W. Brudvig, A.W. Rutherford, J. Messinger, et al., Artificial photosynthesis as a frontier technology for energy sustainability, Energy Environ. Sci. 6（2013）1074–1076.

[109] S.N. Habisreutinger, L. Schmidt–Mende, J.K. Stolarczyk, Photocatalytic reduction of CO_2 on TiO_2 and other semiconductors, Angew. Chem. Int. Ed. 52（2013）7372–7408.

[110] Y. Ma, X. Wang, Y. Jia, X. Chen, H. Han, C. Li, Titanium dioxide–based nanomaterials for photocatalytic fuel generations, Chem. Rev. 114（2014）9987–10043.

[111] Z. Sun, N. Talreja, H. Tao, J. Texter, M. Muhler, J. Strunk, et al., Catalysis of carbon dioxide photoreduction on nanosheets : fundamentals and challenges, Angew. Chem. Int. Ed. 57（2018）7610–7627.

[112] S. Kumar, W. Li, A.F. Lee, Robust hollow spheres consisting of alternating titania nanosheets and graphene nanosheets with high photo–catalytic activity for CO_2 conversion into renewable fuels, Nanoparticle Design and Characterization for Catalytic Applications in Sustainable Chemistry, The Royal Society of Chemistry, Thomas Graham House, Science Park, Milton Road, Cambridge, 2019, pp. 207–235. Available from : https://doi.org/10.1039/9781788016292-00207.

[113] W. Tu, Y. Zhou, Q. Liu, Z. Tian, J. Gao, X. Chen, et al., Single unit cell bismuth tungstate layers realizingrobust solar CO_2 reduction to methano, Adv. Funct. Mater. 22（2012）1215–1221.

[114] L. Liang, F. Lei, S. Gao, Y. Sun, X. Jiao, J. Wu, et al., Atomically–thin Bi_2MoO_6 nanosheets with vacancy pairs for improved photocatalytic CO_2 reduction, Angew. Chem. Int. Ed. 54（2015）13971–13974.

[115] J. Di, X. Zhao, C. Lian, M. Ji, J. Xia, J. Xiong, et al., Convincing synthesis of atomically thin, single–crystalline in VO_4 sheets toward promoting highly selective and efficient solar conversion of CO_2 into CO, Nano Energy 61（2019）54–59.

[116] Q. Han, X. Bai, Z. Man, H. He, L. Li, J. Hu, et al., Highly efficient and

exceptionally durable CO_2 photoreduction to methanol over freestanding defective single–unit–cell bismuth vanadate layers, J. Am. Chem. Soc. 141（2019）4209–4213.

[117] S. Gao, B. Gu, X. Jiao, Y. Sun, X. Zu, F. Yang, et al., Photocatalytic reduction of CO_2 with H_2O to CH_4 over ultrathin $SnNb_2O_6$ 2D nanosheets under visible light irradiation, J. Am. Chem. Soc. 139（2017）3438–3445.

[118] S. Zhu, S. Liang, J. Bi, M. Liu, L. Zhou, L. Wu, et al., Single–*cry*stalline, ultrathin $ZnGa_2O_4$ nanosheet scaffolds to promote photocatalytic activity in CO_2 reduction into methane, Green Chem. 18（2016）1355–1363.

[119] Q. Liu, D. Wu, Y. Zhou, H. Su, R. Wang, C. Zhang, et al., Environmental applications of 2D molybdenum disulfide（MoS_2）nanosheets, ACS Appl. Mater. Interfaces 6（2014）2356–2361.

[120] Z. Wang, B. Mi, Construction of unique two–dimensional promising coste-ffective cocatalyst toward improved MoS_2–TiO_2 hybrid nanojunctions：MoS_2 as a photocatalytic reduction of CO_2 to methano, Environ. Sci. Technol. 51（2017）8229–8244.

[121] W. Tu, Y. Li, L. Kuai, Y. Zhou, Q. Xu, H. Li, et al., Highly efficient and stable CO_2 reduction photocatalyst with a hierarchical structure of mesoporous TiO_2 on 3D graphene with few–layered MoS_2, Nanoscale 9（2017）9065–9070.

[122] H. Jung, K.M. Cho, K.H. Kim, H.–W. Yoo, A. Al–Saggaf, I. Gereige, et al., Partially oxidized SnS_2 atomic layers achieving efficient visible– light–driven CO_2 reduction, ACS Sustain. Chem. Eng. 6（2018）5718–5724.

[123] X. Jiao, X. Li, X. Jin, Y. Sun, J. Xu, L. Liang, et al., Defect–mediated electron hole separation in one–unit–cell $ZnIn_2S_4$ layers for boosted solar–driven CO_2 reduction, J. Am. Chem. Soc. 139（2017）18044–18051.

[124] X. Jiao, Z. Chen, X. Li, Y. Sun, S. Gao, W. Yan, et al., New family of plasmonic photocatalysts without noble metals, J. Am. Chem. Soc. 139（2017）7586–7594.

[125] D. Wan, B. Yan, J. Chen, S. Wu, J. Hong, D. Song, et al., Electric field effect in atomically thin carbon films, Chem. Mater. 31（2019）2320–2327.

[126] K.S. Novoselov, A.K. Geim, S.V. Morozov, D. Jiang, Y. Zhang, S.V. Dubonos, et al., Critical aspects and recent advances in structural engineering of photocatalysts for sunlight–driven photocatalytic reduction of CO_2 into fuels,

Science 306（2004）666–669.

[127] N.N. Vu, S. Kaliaguine, T.O. Do, Graphene oxide as a promising photocatalyst for CO_2 to methanol conversion, Adv. Funct. Mater. 29（2019）1901825.

[128] H.–C. Hsu, I. Shown, H.–Y. Wei, Y.–C. Chang, H.–Y. Du, Y.–G. Lin, et al., Highly efficient visible light photocatalytic reduction of CO_2 to hydrocarbon fuels by Cu–nanoparticle decorated graphene oxide, Nanoscale 5（2013）262–268.

[129] I. Shown, H.–C. Hsu, Y.–C. Chang, C.–H. Lin, P.K. Roy, A. Ganguly, et al., Minimizing graphene defects enhances titania nanocomposite–based photocatalytic reduction of CO_2 for improved solar fuel production, Nano Lett. 14（2014）6097–6103.

[130] Y.T. Liang, B.K. Vijayan, K.A. Gray, M.C. Hersam, Effect of dimensionality on the photocatalytic behavior of carbon–titania nanosheet composites：charge transfer at nanomaterial interfaces, Nano Lett. 11（2011）2865–2870.

[131] Y.T. Liang, B.K. Vijayan, O. Lyandres, K.A. Gray, M.C. Hersam, A noble metal–free reduced graphene oxide – CdS nanorod composite for the enhanced visible–light photocatalytic reduction of CO_2 to solar fuel, J. Phys. Chem. Lett. 3（2012）1760–1765.

[132] J. Yu, J. Jin, B. Cheng, M. Jaroniec, Amine–functionalized graphene/CdS composite for photocatalytic reduction of CO_2, J. Mater. Chem. A 2（2014）3407–3416.

[133] K.M. Cho, K.H. Kim, K. Park, C. Kim, S. Kim, A. Al–Saggaf, et al., Ultrafast and efficient transport of hot plasmonic electrons by graphene for Pt free, highly efficient visible–light responsive photocatalyst, ACS Catal. 7(2017) 7064–7069.

[134] D. Kumar, A. Lee, T. Lee, M. Lim, D.–K. Lim, Using Z–scheme systems consisting of metal sulfides, CoO_x–loaded water splitting and CO_2 reduction under visible light irradiation $BiVO_4$, and a reduced graphene oxide electron mediator, Nano Lett. 16（2016）1760–1767.

[135] A. Iwase, S. Yoshino, T. Takayama, Y.H. Ng, R. Amal, A. Kudo, Construction of Bi_2WO_6/RGO/g–C_3N_4 2D/2D/2D hybrid Z–scheme heterojunctions with large interfacial contact area for efficient charge separation and high–performance photoreduction of CO_2 and H_2O into solar fuels, J. Am. Chem. Soc.

138（2016）10260–10264.

［136］W.–K. Jo, S. Kumar, S. Eslava, S. Tonda, Graphitic C_3N_4 based noble–metal free photocatalyst systems : A review, Appl. Catal. B : Environ. 239（2018）586–598.

［137］D. Masih, Y. Ma, S. Rohani, Ultra–thin nanosheet assemblies of graphitic carbon nitride for enhanced photocatalytic CO_2 reduction, Appl. Catal. B : Environ. 206（2017）556–588.

［138］P. Xia, B. Zhu, J. Yu, S. Cao, M. Jaroniec, Visible–light–driven CO_2 reduction with carbon nitride : enhancing the activity of ruthenium catalysts, J. Mater. Chem. A 5（2017）3230–3238.

［139］R. Kuriki, K. Sekizawa, O. Ishitani, K. Maeda, Sulfur–doped g–C_3N_4 with enhanced photocatalytic CO_2–reduction performance, Angew. Chem. Int. Ed. 54（2015）2406–2409.

［140］K. Wang, Q. Li, B. Liu, B. Cheng, W. Ho, J. Yu, Insights into photocatalytic CO_2 reduction on C_3N_4: Strategy of simultaneous B, K co–doping and enhancement by N vacancies, Appl. Catal. B : Environ. 176–177（2015）44–52.

［141］K. Wang, J. Fu, Y. Zheng, Intercorrelated superhybrid of AgBr supported on graphitic–C_3N_4–decorated nitrogen–doped graphene : high engineering photocatalytic activities for water purification and CO_2 reduction, Appl. Catal. B : Environ. 254（2019）270–282.

［142］H. Li, S. Gan, H. Wang, D. Han, L. Niu, Single atom（Pd/Pt）supported on graphitic carbon nitride as an efficient photocatalyst for visible–light reduction of carbon dioxide, Adv. Mater. 27（2015）6906–6913.

［143］G. Gao, Y. Jiao, E.R. Waclawik, A. Du, Photocatalytic reduction of CO_2 into hydrocarbon solar fuels over g–C_3N_4–Pt nanocomposite photocatalysts, J. Am. Chem. Soc. 138（2016）6292–6297.

［144］J. Yu, K. Wang, W. Xiao, B. Cheng, Enhanced photocatalytic activity of g–C_3N_4 for selective CO_2 reduction to CH_3OH via facile coupling of ZnO : a direct Z–scheme mechanism, Phys. Chem. Chem. Phys. 16（2014）11492–11501.

［145］W. Yu, D. Xu, T. Peng, Direct Z–scheme g–C_3N_4/$FeWO_4$ nanocomposite for enhanced and selective photocatalytic CO_2 reduction under visible light, J. Mater. Chem. A 3（2015）19936–19947.

［146］R. Bhosale, S. Jain, C.P. Vinod, S. Kumar, S.B. Ogale, 2D–2D MnO_2/g–C_3N_4 heterojunction photocatalyst : *In-situ* synthesis and enhanced CO_2 reduction activity, ACS Appl. Mater. Interfaces 11（2019）61746183.

［147］M. Wang, M. Shen, L. Zhang, J. Tian, X. Jin, Y. Zhou, et al., A direct Zscheme g–C_3N_4/SnS_2 photocatalyst with superior visible–light CO_2 reduction performance, Carbon 120（2017）23–31.

［148］T. Di, B. Zhu, B. Cheng, J. Yu, J. Xu, Oxidative polyoxometalates modified graphitic carbon nitride for visible–light CO_2 reduction, J. Catal. 352（2017）532–541.

［149］J. Zhou, W. Chen, C. Sun, L. Han, C. Qin, M. Chen, et al., g–C_3N_4/（Cu/TiO_2）nanocomposite for enhanced photoreduction of CO_2 to CH_3OH and HCOOH under UV/visible light, ACS Appl. Mater. Interfaces 9（2017）11689–11695.

［150］D.O. Adekoya, M. Tahir, N.A.S. Amin, Transition metal based layered double hydroxides tailored for energy conversion and storage, J. CO_2 Util. 18（2017）261–274.

［151］X. Long, Z. Wang, S. Xiao, Y. An, S. Yang, Layered double hydroxide nanostructured photocatalysts for renewable energy production, Mater. Today 19（2016）213–226.

［152］Y. Zhao, X. Jia, G.I.N. Waterhouse, L.–Z. Wu, C.–H. Tung, D. O'Hare, et al., Photocatalytic conversion of CO_2 in water over layered double hydroxides, Adv. Energy Mater. 6（2016）1501974.

［153］K. Teramura, S. Iguchi, Y.Mizuno, T. Shishido, T. Tanaka, Defect–rich ultrathin ZnAl–layered double hydroxide nanosheets for efficient photoreduction of CO_2 to CO with water, Angew. Chem. Int. Ed. 51（2012）8008–8011.

［154］Y. Zhao, G. Chen, T. Bian, C. Zhou, G.I.N. Waterhouse, L.–Z. Wu, et al., 185 nm photoreduction of CO_2 to methane by water. Influence of the presence of a basic catalyst, Adv. Mater. 27（2015）7824–7831.

［155］F. Sastre, A. Corma, H. García, g–C_3N_4/NiAl–LDH 2D/2D hybrid heterojunction for high–performance photocatalytic reduction of CO_2 into renewable fuels, J. Am. Chem. Soc. 134（2012）14137–14141.

［156］S. Tonda, S. Kumar, M. Bhardwaj, P. Yadav, S. Ogale, P25@CoAl layered double hydroxide heterojunction nanocomposites for CO_2 photocatalytic reduction, ACS Appl. Mater. Interfaces 10（2018）2667–2678.

［157］S. Kumar, M.A. Isaacs, R. Trofimovaite, L. Durndell, C.M.A. Parlett, R.E. Douthwaite, et al., Delaminated CoAl-layered double hydroxide@TiO$_2$ heterojunction nanocomposites for photocatalytic reduction of CO$_2$, Appl. Catal. B : Environ. 209 (2017) 394-404.

［158］S. Kumar, L.J. Durndell, J.C. Manayil, M.A. Isaacs, C.M.A. Parlett, S. Karthikeyan, et al., Two-dimensional nanocrystals produced by exfoliation of Ti$_3$AlC$_2$, Part. Part. Syst. Charact. 35 (2018) 1700317.

［159］M. Naguib, M. Kurtoglu, V. Presser, J. Lu, J. Niu, M. Heon, et al., 2D transition metal carbides (MXenes) for carbon capture, Adv. Mater. 23 (2011) 4248-4253.

［160］I. Persson, J. Halim, H. Lind, T.W. Hansen, J.B. Wagner, L.-Å. Näslund, et al., Cocatalysts for selective photoreduction of CO$_2$ into solar fuels, Adv. Mater. 31 (2019) 1805472.

［161］X. Li, J. Yu, M. Jaroniec, X. Chen, High and anisotropic carrier mobility in experimentally possible Ti$_2$CO$_2$ (MXene) monolayers and nanoribbons, Chem. Rev. 119 (2019) 3962-4179.

［162］X. Zhang, X. Zhao, D. Wu, Y. Jing, Z. Zhou, Ti$_2$CO$_2$ MXene : a highly active and selective photocatalyst for CO$_2$ reduction, Nanoscale 7 (2015) 16020-16025.

［163］X. Zhang, Z. Zhang, J. Li, X. Zhao, D. Wu, Z. Zhou, 2D/2D heterojunction of ultrathin MXene/Bi$_2$WO$_6$ nanosheets for improved photocatalytic CO$_2$ reduction, J. Mater. Chem. A 5 (2017) 12899-12903.

［164］S. Cao, B. Shen, T. Tong, J. Fu, J. Yu, Boosting the photocatalytic activity of P25 for carbon dioxide reduction using a surface-alkalinized titanium carbide MXene as co-catalyst, Adv. Funct. Mater. 28 (2018) 1800136.

［165］M. Ye, X. Wang, E. Liu, J. Ye, D. Wang, Oxygen-deficient BiOBr as a highly stable photocatalyst for efficient CO$_2$ reduction into renewable carbonneutral fuels, ChemSusChem 11 (2018) 1606-1611.

［166］X.Y. Kong, W.P.C. Lee, W.-J. Ong, S.-P. Chai, A.R. Mohamed, Synthesis of olive-green few-layered BiOI for efficient photoreduction of CO$_2$ into solar fuels under visible/near-infrared light, ChemCatChem 8 (2016) 3074-3081.

［167］L. Ye, H. Wang, X. Jin, Y. Su, D. Wang, H. Xie, et al., Efficient visible-lightdriven CO$_2$ reduction mediated by defect-engineered BiOBr atomic layers,

Sol. Energy Mater. Sol. Cells 144（2016）732–739.

[168] J. Wu，X. Li，W. Shi，P. Ling，Y. Sun，X. Jiao，et al.，Thickness–ultrathin and bismuth–rich strategies for BiOBr to enhance photoreduction of CO_2 into solar fuels，Angew. Chem. Int. Ed. 57（2018）8719–8723.

[169] L. Ye，X. Jin，C. Liu，C. Ding，H. Xie，K.H. Chu，et al.，Ultrathin SiC nanosheets with high reduction potential for improved CH_4 generation from photocatalytic reduction of CO_2，Appl. Catal. B：Environ. 187（2016）281–290.

[170] C. Han，B. Wang，C. Wu，S. Shen，X. Zhang，L. Sun，et al.，Carbon–doped BN nanosheets for metal–free photoredox catalysis，Chemistry Select 4（2019）2211–2217.

[171] C. Huang，C. Chen，M. Zhang，L. Lin，X. Ye，S. Lin，et al.，Visible–light driven CO_2 reduction on a hybrid photocatalyst consisting of a Ru（Ⅱ）binuclear complex and a Ag–loaded TaON in aqueous solutions，Nat. Commun. 6（2015）7698.

[172] A. Nakada，T. Nakashima，K. Sekizawa，K. Maeda，O. Ishitani，Efficient photocatalysts for CO_2 reduction，Chem. Sci. 7（2016）4364–4371.

[173] G. Sahara，O. Ishitani，Inorg. Chem. 54（2015）5096–5104.

第8章 水中光催化微生物消毒

Pilar Fernandez-Ibanez[1] John Anthony Byrne[1] Maria Inmaculada Polo Lopez[2] Anukriti Singh[1] Stuart McMichael[1] Amit Singhal[1]

[1] 英国 纽敦阿比 纳米技术与综合生物工程中心 阿尔斯特大学 计算机与工程学院；[2] 西班牙 塔韦纳斯（阿尔梅里亚） 阿尔梅里亚太阳能平台 - 能源研究中心 Carretera de Senés Km 4

8.1 引言

据世界卫生组织（WHO）估算，目前地球上有 22 亿人无法获得安全的水资源供给，而被迫饮用被污染过的水资源，加剧了感染腹泻、伤寒、霍乱等水传播疾病的风险。由于对淡水资源的需求不断增加，许多国家正在遭受水资源短缺的问题，同时淡水资源的污染也使这种全球性危机进一步恶化。现在人们迫切需要一种可持续且环境友好的新方法或新技术来处理污染水。光催化就是一种能够利用电磁辐射（甚至是可见光）和大气中的氧气去灭活和降解水中微生物和有机污染物的清洁技术。一旦太阳能被用于水资源净化，光催化技术将成为一种绿色环保的水处理技术。尽管经历多年研究后仍然缺少工业规模的光催化水处理技术应用，但这一领域已经成为一个活跃的交叉学科和激动人心的研究领域。当前亟待解决的关键问题包括开发能更好地利用可见光能量的新型光催化材料，并提高其太阳能利用率，以及发现能更有效地灭活微生物或降解难降解污染物的材料。因此，理解多相光催化的基本原理对于解决这一问题至关重要。

从保障公众健康角度来说，地表水和空气中的微生物杀菌消毒至关重要。许多传统消毒方法（如氯化消毒）使用了有毒化学物质，产生更多的难以消除且对人类健康有害的副产物。短波紫外线消毒是一种有效的消毒方法，但太阳短波紫外线辐射会因被臭氧层吸收而无法到达地表。在海平面上，太阳光谱只有长波紫外线（315 ~ 400nm）和部分中波紫外线（280 ~ 315nm）。太阳紫外线与太阳能加热效应协同作用使水中的病原体失活，即太阳能消毒（SODIS）。如今，SOIDS已经被用来为缺少安全饮用水的家庭提供太阳能消毒。这需要一个用能透过紫外线的材料，如聚对苯二甲酸乙二醇酯（PET）制成的容器，并在阳光下直射至少

6h。不过，相比于氯化消毒、短波紫外线消毒或者通过高级氧化来消毒的方法，SOIDS 效率更低。加入光催化材料，如二氧化钛（TiO₂）或 TiO₂– 还原氧化石墨烯复合新材料（TiO₂–rGO），能增强太阳能水消毒效果。

据报道，多相光催化能够有效灭活多种病原体。自从 1985 年发表第一篇关于光催化消毒的文章以来，迄今为止已经发表了 1000 余篇文章（图 8.1），其中 79% 为研究论文，其余为评论和会议论文。人们对这一领域的研究兴趣不断增加，主要集中在两个方面：一是在可见光下，用于增强消毒杀菌性能的新型纳米材料、纳米复合材料以及异质结材料；二是开发具有自清洁和抗菌性能的光催化涂层用于医用的抗菌表面和设备。

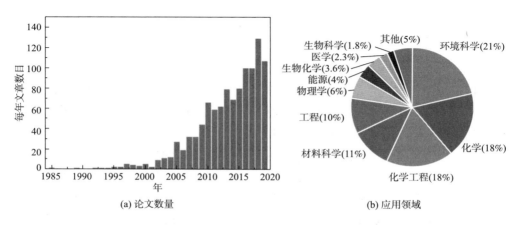

(a) 论文数量   (b) 应用领域

图 8.1　光催化消毒领域每年发表的论文和各个应用领域的分布情况
来源：Scopus，2019 年 7 月。

8.2　光催化消毒的基本原理

严格来讲，光催化是通过催化剂吸收光的辐射能来加速化学反应的进行。多相或半导体光催化本质上是一种敏化反应，其中半导体通过吸收光子来促进反应的进行，不过大多数人更习惯称之为半导体光催化。以 TiO₂ 为例，多相光催化原理可做如下解释：当能量大于或等于带隙的光子被 TiO₂ 吸收时，电子从价带（VB）激发到导带（CB），在 VB 中留下一个带正电的空穴。TiO₂ 中的 VB 空穴具有非常高的电化学还原电位，可以氧化颗粒表面的水或者污染物。水或氢氧根离子氧化产生的羟基自由基是一种非常强大的非选择性氧化剂，CB 电子只有具有足够负的还原电位才能还原氧分子形成过氧负离子自由基，进一步还原形成过氧化氢和羟基自由基。这些活性氧物种（ROS）产生后可以攻击并灭活微生物也可降解有机污染物，该过程如图 8.2 所示。

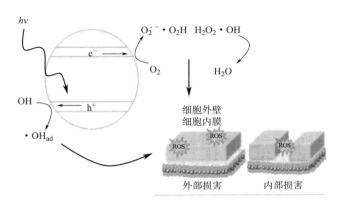

图 8.2　TiO$_2$ 活性氧物种（ROS）的产生机理和杀灭微生物示意图

　　CB 和 VB 的电化学氧化还原电位以及相应的带隙能量（E_g）取决于光催化剂材料。光催化剂材料的能带带隙足够小，便于充分利用太阳光谱中紫外线和可见光光子的能量，同时也应足够大，以驱动半导体表面的氧化还原反应的进行。要产生羟基自由基，价带空穴（h_{VB}^+）的电化学还原电位必须高于 +2.73V（SHE）（pH=7 时为 +2.31V）[式（8-2）]，这是一个非常高的还原电位。为了还原氧分子产生超氧自由基阴离子，CB 还原电位必须低于 −0.18V（在 10Pa 下为 −0.35V）。总的来说，电解电压在 pH=0 时为 2.91V，在 pH=7 时为 2.49V。锐钛矿 TiO$_2$ 的带隙能（E_g）为 3.2eV，只留下了 0.7V 的过电位（活化能）来驱动相应的氧化还原反应[式（8-2）和式（8-3）]。如果式（8-1）和式（8-2）的反应发生，那么在 pH=7 时，催化此反应的半导体材料必须具有大于 2.49eV 的带隙能量，对应等于或小于 500nm 的激发波长。许多报道中的半导体 VB 没有足够高的正电位，因此不能通过水的氧化产生羟基自由基。特别是在可见光激发下，必须采用不同的氧化还原反应和机制使微生物灭活或降解有机污染物。

$$H_2O + h^+ \longrightarrow HO^· + H^+ \quad E^0 = 2.8V（pH=0 时相对于标准氢电极）\quad （8-1）$$

$$O_2 + e^- \longrightarrow O_2^{·-} \quad E^0 = -0.18V（标准大气压为 -0.35V）\quad （8-2）$$

$$表观量子效率（AQE）= \frac{反应速率（mol/s）}{光子通量（mol/s）} \quad （8-3）$$

更多涉及 ROS 还原电位的信息可以参考 Wood 和 Armstrong 等的研究。

在紫外光下（波长 <390nm）TiO₂（锐钛矿晶型，E_g=3.2eV）以及市售的 Evonik Aeroxide P25 型混晶型 TiO₂ 应该是灭活微生物和降解有机污染物的最佳光催化剂。然而，因其只能利用大约 4% 的太阳光子，并且光催化的表观量子效率通常远小于 10%［式（8-3）］，因此太阳能效率只能达到 0.4%。

在式（8-3）中提到的 AQE 使用的是来自多色源的入射光子通量，表观量子效率或光子效率需要考虑来自单色源的光子通量。如果要确定太阳能效率，即使半导体只能利用很小的比例，也必须要考虑太阳总光子通量。寻找能够利用更多的太阳光谱（即紫外光和可见光光子）来促进光催化氧化还原反应进行的新材料才是研究的重点。具有不同的带隙能和可变氧化还原电位水平的光催化材料很多，根据它们不同的特征参数，可以应用于不同的方面。图 8.3 显示了不同的 n 型和 p 型半导体材料的带隙能量相对于太阳功率密度以及目标氧化还原反应的 VB 和 CB 电位。

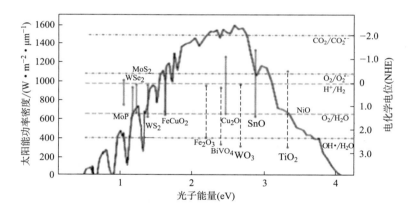

图 8.3 半导体材料的能带间隙能量在太阳光谱中的分布以及它们相对于电化学电位（NHE）的带边电位，其中虚线表示 n 型半导体，实线表示 p 型半导体，同时给出了一些关键反应的氧化还原电位

8.3 活性氧的作用

文献中普遍认为光催化过程中产生的 ROS 首先会破坏微生物的细胞壁，最初是氧化细胞壁的脂多糖外层，随后通过膜内脂质和蛋白质的过氧化作用使肽聚糖层氧化断裂。一些研究报道称，光催化消毒过程中有钾离子和铵离子的释放，证明膜发生了物理损伤，这种膜内物质流失会导致细胞丧失重要的代谢功能，最

终使细胞死亡。大量关于其消毒机制以及生成 ROS 作用的研究表明，羟基自由基（·OH）是使微生物灭活的主要物质。不过，其他 ROS（如过氧化氢和超氧阴离子自由基）也参与了这一过程。TiO_2 纳米颗粒被光辐射后可以直接产生单线态氧，单线态氧（$^1O_2$）因其高能量（22.5kcal/mol）而表现出高反应活性。据报道，通过使用太阳能激活的 Ru（Ⅱ）络合物复合光敏剂可以有效灭活大肠杆菌和粪肠球菌。电子顺磁能谱（ESR）检测到的 TiO_2 紫外线激发形成 $O_2^{\cdot-}$，超氧化物可以通过直接或间接的化学电子传递反应导致微生物失活，这些 ROS 微生物特定靶向作用方式包括损伤 DNA 和 RNA、膜破裂。通过抑制辅酶 A 破坏呼吸代谢、增加细胞壁离子通透性等。虽然在真菌、病毒病原体和原生动物寄生虫中也发现了类似过程，但这些机制更常出现在细菌中。

8.4　光的分布

当处理的水体系不仅有悬浮于其中的光催化纳米颗粒和细菌，而且有溶于水相中的离子和有机物分子时，水—微生物—光催化剂体系的局部体积能量吸收率是一个非常复杂的问题。当光催化体受到照射时，为了评价来自太阳或灯光的光通量分布，可能会考虑以下两个重要因素：溶液中每个纳米颗粒和微生物的相对体积和粒径，以及纳米颗粒和细菌的胶体稳定性和聚焦状态。在水相中，当光子入射到光催化剂表面产生所需活性氧物种时，纳米粒子与自身以及与微生物相互作用的方式是一个需要考虑的重要因素。光催化剂与微生物之间的相互作用将决定两者的胶体稳定性和聚焦状态，这将强烈影响光催化剂暴露于辐射的有效表面积和暴露于 ROS 的微生物表面。对于最具氧化性的物种而言，生成 ROS 的寿命是可变的，绝大多数氧化性物种 ROS 的寿命非常短暂，从 300ps（$CH_3O^{\cdot-}$），40μs（·OH）、4μs（$^1O_2$）、10～100μs（$O_2^{\cdot-}$）到几分钟（H_2O_2）不等。

此外，为了认识光催化剂—微生物之间的界面相互作用强度以及如何影响所研究体系的光催化性能，可能需要考虑受污染水的物理化学特性，如水的 pH，离子强度，水中化学物质的性质，催化剂和微生物的等电点，以及微生物之间的生化相互作用（如生物团聚、生物膜等）。这些已经使用严格的动力学模型进行了广泛的研究，并通过试验进行了验证，这些现象将影响光穿过水作用于催化剂进行活化的方式，从而对光反应器的设计和反应器中催化剂的分布结构（分散或固定在合适的载体上）产生直接影响。

8.5　水化学效应

废水、地下水和地表水是含有无机和有机可溶性化合物以及悬浮固体的复杂混合物，在光辐射时会干扰光催化剂、微生物和光通量。有机物和无机离子（钠、钾、碳酸盐、磷酸盐等）的存在不仅能作为营养物质的来源，而且会提供一个渗透压稳定的微环境，更适合微生物生存繁殖，因此消毒变得更加具有挑战性。

水中碳酸盐和碳酸氢盐离子的存在会降低光催化消毒的效率，因为这些离子相当于羟基自由基的牺牲剂，降低了光催化过程的效率。这些离子形成 $CO_3^{\cdot-}$ 自由基，它可以与多种有机化合物反应，并且具有光吸收能力。在光催化过程中，它具有双重作用，既可以作为微生物的氧化剂，也可以作为微生物的遮光保护器。在水中发现的其他常见离子（硫酸盐、硝酸盐和氯化物）会干扰光催化剂的表面，限制其产生 ROS 的能力。

在非均相光催化消毒过程中，水中天然有机物（NOM）的存在对消毒效果具有负面影响。水源中天然存在的有机物是腐殖质和非腐殖质物质。腐殖酸包括几种芳香和脂肪族化合物、羧基、酚羟基、氨基和醌基等，不过，自然水体中腐殖质化合物的组分变化很大，这主要取决于水体的环境条件。普遍认为，任何有机物在水中都会与其他污染物和微生物竞争光催化产生的自由基，其中以具有高反应性和非选择性的羟基自由基为主。最近，García-Fernández 等研究了非均相光催化对城市废水消毒的效率，并将其与其他含有大肠杆菌（细菌）和镰刀菌孢子（真菌）的合成废水和清洁水进行了比较。观察发现，水基质的组成会显著影响光催化处理的效率，在清洁水（不含有机物）中表现出了比较好的灭活率，另外是合成废水和从城市污水处理厂收集后经过二次生物处理的真实的城市废水。他们还观察到消毒效率的下降主要归因于水样中无机碳含量高、溶解性有机物浓度（20mg/L）、真实废水浊度 [（15.2 ± 0.1）NTU❶] 等因素，它们也会通过遮蔽催化剂颗粒和屏蔽微生物（散射和吸附）对光催化过程产生负面影响。

8.6　微生物的性质

微生物不同的性质决定它们对光催化过程的抗性，因此，不同的微生物对紫

---

❶　注：NTU=1mg/L，浊度的单位。

外和可见光照射以及光催化剂材料（无论是在黑暗中还是在照射下）都会有不同的反应和相互作用。此外，不同的微生物会有不同的机制保护自身免受环境胁迫，如 ROS 攻击、暴露于紫外光照射以及 pH、离子强度、有机质、温度等环境因素的变化。我们可能会在水、土壤、空气或具有不同复杂性的表面发现细菌、病毒、真菌、原生动物等的存在，因此，了解它们的形态和代谢状况从而确定它们对光催化的响应非常重要。

对于其他消毒技术，不同微生物对光催化损伤的抗性取决于它们的性质、物理与生化结构、新陈代谢和遗传工具，以克服它们可能暴露的环境因素胁迫（包括紫外线辐射、pH 变化和氧化剂种类）。一般而言，与其他类型的水媒病原体相比，细菌易受光催化的影响。细菌对消毒过程的敏感性取决于细胞壁结构（革兰氏阳性和革兰氏阴性菌）、是否泳动（鞭毛细菌），或者是否产孢（产气荚膜梭菌、芽孢杆菌和枯草芽孢杆菌）等因素。就其细胞壁组成而言，可分为革兰氏阳性菌和革兰氏阴性菌。革兰氏阳性菌具有由肽聚糖层（占细胞壁的 80%）、脂肪和脂质层组成的单层细胞壁（20 ~ 80nm 厚）。革兰氏阴性菌具有磷脂和脂多糖层组成的双层细胞壁，赋予其选择通透性。大肠杆菌是水和废水消毒中最常见的粪便污染指标，粪污染水中常见的是革兰氏阴性大肠杆菌，是对消毒技术最敏感的病原菌之一。革兰氏阳性菌粪肠球菌是肠道中最主要的肠球菌，在污水中普遍存在，粪肠球菌通常比大肠杆菌对消毒技术更有耐性。

细菌具有响应氧化应激的保护和防御机制。例如，细菌会产生过氧化氢酶（CAT）和超氧化物歧化酶（SOD）等来催化细菌细胞壁内过量的氧化物种，并使其保持在基础水平。在遗传方面，外切核酸酶和 DNA– 糖基化酶会修复 DNA 的损伤，有利于氧化应激后遗传物质的修复。

Agulló–Barceló 等比较了使用悬浮 TiO_2 多相光催化降解含有多种水污染指标水体的效果。对体细胞噬菌体（SOMCPH）、MS_2（FRNA 噬菌体）、大肠杆菌和亚硫酸盐还原梭菌（SRC）等不同的病毒指标进行了研究，敏感性顺序为 FRNA>SOMCPH≥大肠杆菌 >SRC，相似的结果在接种微生物中也有报道。据报道，肠病毒比大肠杆菌更容易受 TiO_2 光催化的影响。

García–Fernández 等比较了水中带有大肠杆菌和茄病镰刀菌孢子光催化消毒效果。观察到大肠杆菌更容易受到 TiO_2 光氧化作用的影响，他们将真菌孢子高抗性归因于其结构和组成。大肠杆菌是具有简单细胞壁的营养型，但真菌孢子壁是具有弹性的结构，含有多聚糖、蛋白质、糖蛋白和外木聚糖层，这也使孢子对其他环境胁迫因子具有更高的抗性。

8.7 水温

水温对光催化的影响已被广泛研究。在 20 ~ 80℃范围内催化剂的光活化不受影响。据阿仑尼乌斯（Arrhenius）图测定，在一般情况下，光催化降解有机物的活化能较低，所以其对温度敏感性不高。然而，在水消毒中就需要考虑其他方面，例如，在 20 ~ 60℃，存在的离子物种（OH^-，H_3O^+）随温度升高而增加。在研究最多的水细菌指标（大肠杆菌和粪肠球菌）、病毒指标（MS2 噬菌体和phiX–174）、真菌（镰刀菌）和寄生虫（隐孢子虫卵囊）中，大肠杆菌和粪肠球菌生长温度在 10 ~ 47℃，最适生长温度分别为37℃和35℃。在最适生长温度下，代谢活性达到其理想活性；偏离适宜生长温度时，为了保证其在恶劣情况下的生存，细胞、孢子、孢囊的代谢会发生一些变化，因此，它们会根据温度不同改变对几种应激因素（如紫外线辐射、羟基自由基、超氧离子自由基等）的反应，例如，当温度在 10 ~ 20℃之间变化时，大肠杆菌显示出降低的 SOS 响应，这是一种全局性的 DNA 损伤响应，在这种情况下，细胞生长周期停止并诱导 DNA 修复和突变。当温度保持在 20℃至 40℃时，SOS 响应保持稳定。最近，一个中试规模太阳能反应器分别在 15℃、25℃、35℃和45℃下对大肠杆菌和茄病镰刀菌孢子进行光催化消毒，结果表明，当温度从 15℃上升到 35℃时，光催化消毒效率增加，而在 35 ~ 45℃，由于两种情况下的代谢活性相似，光催化消毒效率没有显著差异。

8.8 新型光催化材料

为了使吸收电磁波波长发生红移，人们在带隙窄化方面进行了广泛研究。金属氧化物（WO_3、$BiVO_4$、Cu_2O 等）由于其较窄的能带宽度（2 ~ 2.8eV），能同时利用紫外光和可见光，故可以代替 TiO_2 材料。WO_3 是一种 n 型金属氧化物半导体，禁带宽度约为 2.7eV，能在可见光范围（至 450nm）利用约 12% 的太阳光子。WO_3 无毒，光化学和热稳定俱佳，已被作为光催化剂用于有机污染物的降解、CO_2 的还原、水的分解等研究。WO_3 也有包括半导体 / 电解质的界面电荷转移缓慢、载流子复合速率较快等局限性。WO_3 虽然具有良好的整体带隙，但具有不利的 CB 带边，无法将分子氧还原为超氧阴离子（也不能生成氢），不过 WO_3 的 VB 带边氧化还原电位与 TiO_2 类似，能氧化水生成羟基自由基。

　　二维（2D）材料由于具有高比表面积和尺寸量子化效应等特性，作为潜在的光催化剂脱颖而出。Singh 等报道了二维材料在光催化应用方面的理论计算筛选，与 0D—2D 或 1D—2D 组合相比，2D—2D 层状异质结构是一种更好的构筑组合模式，这主要是由于较高的比表面积以及层间大量的表面活性位点，可以生成高度稳定的 2D 层状异质结构。大的接触比表面积也提供了良好的界面电荷转移，因此 2D—2D 异质结构有望获得更高的光催化活性。WO_3 与另一种 2D 材料构建 2D-2D 异质结构，可以减缓载流子复合速率和提升光催化活性，将 2D-WO_3 与另一种具有更负 CB 带边的 2D 光催化剂复合形成 Z 型异质结可构筑高效光催化材料。

　　Z 型异质结催化剂充分利用两种半导体光催化剂的氧化还原能力，该方法主要适用于水的分解或 CO_2 的还原，也有可能用于分子氧的还原和羟基自由基的生成，即 ROS 的生成。图 8.4 显示了 Ⅱ 型异质结和 Z 型异质结，两种情况下需要吸收两个光子能量，在 Z 型异质结中总能级电位差更大。

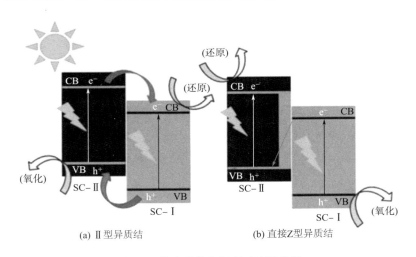

(a) Ⅱ型异质结　　　　　　　　(b) 直接Z型异质结

图 8.4　载流子分离机理对比示意图

　　许多课题组研究了 Ⅱ 型和 Z 型 WO_3/g-C_3N_4 异质结构光催化剂，将二维光催化材料用于水消毒正在引起人们的普遍关注。Liu 等报道了用于灭活细菌的 2D 材料的晶体工程，通过产生 ROS 起到杀菌灭活的作用，此外，新型 2D 光催化材料用于去除水中的病原微生物也有进一步的报道。迄今为止，研究的材料包括石墨烯、还原氧化石墨烯（rGO）、类石墨相氮化碳（g-C_3N_4）、过渡金属化合物（WO_3、Bi_2WO_4、BiOBr、BiOI 以及一些过渡金属硫族化合物（如 MoS_2、WS_2、WSe_2）。

石墨烯是一种二维材料，具有单分子层 sp^2 杂化碳原子构型。它具有优异的电子性能，是理想的二维催化剂载体。与石墨烯不同的是，其氧化物形式，即氧化石墨烯（GO）的导电性显著下降，不过这可以通过将其含氧官能团部分还原形成还原氧化石墨烯（rGO）来解决。据报道，石墨烯或其衍生物与其他半导体材料的结合主要通过减少电子—空穴对的复合来提高活性，由 rGO 和 TiO_2 形成的复合材料已用于光催化消毒。

Deng 等报道利用简单静电驱动自组装方法制备的石墨烯 $-Ag_3PO_4$ 具有优异的可见光催化活性。与纯 Ag_3PO_4 相比，$GO-Ag_3PO_4$ 复合催化剂对革兰氏阳性菌（金黄色葡萄球菌）和革兰氏阴性菌（大肠杆菌）的光催化灭活效率更高，强化的杀菌性能主要归因于氧化石墨烯表面存在更多细菌活性吸附位点以及由于氧化石墨烯的高电子电导率而抑制电子—空穴对的复合。其他文献表明，TiO_2 与 WO_3 的耦合形成异质结光催化剂，可以获得更高的光催化活性。Zeng 等利用超分散的 TiO_2 纳米晶体和 WO_3 纳米棒固定在还原氧化石墨烯（rGO）表面，制备了 Z 型异质结光催化剂 $TiO_2/rGO/WO_3$。与 TiO_2/WO_3 纳米复合材料相比，异质结的光催化在人工太阳照射下表现出更高的细菌灭活效率。电化学测试表明，异质结产生的 ROS 抑制了电子—空穴对的复合，并增强了光催化氧还原反应速率。

最近，以碳粉（CP）为载体的四硫化钒（VS_4）纳米复合材料对大肠杆菌（革兰氏阴性菌）表现出良好的杀菌性能。在人工可见光和自然太阳辐射下光催化处理 30min，其单位体积菌落数（CFU/mL）计算灭菌率达到 99.9999%（在 0.1g/L 时）。另外，相同的 VS_4-CP 复合材料对金黄色葡萄球菌（革兰氏阳性）的灭活效果就要差很多，在相同的处理时间内，单位体积菌落数的灭菌率仅为 85.77%，这一过程的分子领域的研究揭示了在细胞膜水平上的破坏，如矿化、脂质过氧化、膜电位和渗透力的崩溃，随后引起细胞内损伤，DNA 降解，ATP 水平降低。

类石墨相氮化碳（$g-C_3N_4$）具有 2.7eV 的窄带隙，其 CB 带边为 $-1.13V$ vs NHE（pH=7），VB 电位为 $+1.57V$ vs NHE（pH=7），表现出可见光活性，能有效吸收高达 12% 的太阳光光谱。理论上，C_3N_4 的 CB 电位足够负以使水中的氧气接受电子，产生 ROS 用于光催化灭活微生物（如大肠杆菌 K12 和噬菌体 MS2）。从 VB 边缘的位置来看，$g-C_3N_4$ 的多态相 g-h 庚嗪环是唯一符合氧化水产氧所需电位的晶相，但其价带电位依然无法产生羟基自由基。少量研究报道在可见光照射下利用 C_3N_4 光催化灭活大肠杆菌。据报道，与体相 $g-C_3N_4$ 相比，以 SiO_2 作为硬模板，通过三聚氰胺自缩聚制备的介孔 $g-C_3N_4$ 具有更优异的光催化灭活速率。

通过调节 SiO_2 和氰胺前驱体的质量比，可以制备最大比表面积为 $230m^2/g$ 的介孔 C_3N_4，在 4h 可见光照射下大肠杆菌的 CFU/mL（单位体积中的细菌、霉菌、酵母等微生物的群落总数）总灭菌率为 99.9999%。2017 年，另一课题组报道了通过水热处理和热刻蚀两步法制备的多孔 C_3N_4，增强了光催化对大肠杆菌的灭活效率。此外，Zhao 等还研究了将 $g-C_3N_4$ 剥离成单原子层厚可以提高其表面积和光催化消毒活性。在异丙醇溶液中对 $g-C_3N_4$ 体相材料和纳米片进行热蚀刻和超声剥离，形成电荷转移电阻低和电荷分离效率高的 0.5nm 厚单层 $g-C_3N_4$。为了进一步研究光催化消毒机理，在 4h 内对大肠杆菌的光催化灭菌率为 99.99999%，研究发现，随着 $g-C_3N_4$ 片材厚度的减小，因其较高的比表面积和较多的活性位点，光催化灭菌效率提高。

近期报道了一种用于灭活大肠杆菌 K12 的环八硫 / 石墨烯 $/g-C_3N_4$ 非金属异质结构光催化剂。研究采用两种不同的包覆顺序制备 rGO 和 C_3N_4，$\alpha-S_8$ 分别单独包覆 rGO 或 $g-C_3N_4$ 均能显著改善光催化灭活性能。由于石墨烯优异的电子传导性能，所以包裹石墨烯的 $\alpha-S_8$ 复合光催化剂的活性更高。

二维结构的金属卤化物（如 BiOX，X 为 I、Br 或 Cl）也被研究用于光催化灭菌。采用控制 pH 的水热法合成了具有特定取向的 BiOBr 纳米片，在可见光下照射 120min，大肠杆菌 K12 的菌落数下降了 10^7CFU/mL，显示了优越的光催化活性。这一研究引发了一系列掺杂和复合 BiOBr 纳米片以测试其对大肠杆菌灭活的光催化活性的研究。

硫化钼（MoS_2）是一种二维层状过渡金属硫化物（TMC），直接带隙为 1.9eV，间接带隙为 1.29eV。如此低的禁带宽度，使得 MoS_2 能够吸收宽范围的太阳光谱，通过增加表面活性位点促进电子—空穴对有效分离。体内抗菌试验证明了 MoS_2 对人体细胞无毒。Cheng 等测试了 $2D-MoS_2$ 金字塔形光催化剂在最低 0.7mg/L 下对大肠杆菌的灭活效果，结果表明，该催化剂在 40min 内对大肠杆菌的灭活率为 99.99%。Liu 等报道了类似的结果，在 120min 内，垂直排列的少层 MoS_2 纳米片在可见光照射下使大肠杆菌细胞减少了 99.999%。随着铜、金等金属离子的加入，消毒效率显著提高，分别在 20min 和 60min 内达到完全灭菌的效果。性能最佳的是 $Cu-MoS_2$，因为 Cu 具有良好的导电性，可以与革兰氏阴性大肠杆菌细胞相互作用。不过，Cu 是一种抗菌材料，不太适合用于饮用水杀菌处理。

除了 MoS_2 以外，有少部分 TMCs 材料表现出良好的光催化消毒活性，如四硫化钒（VS_4）与碳复合材料复合实现了可见光活性的增强。在之前的报道中，WS_2 和 WSe_2 的二维纳米片通过包裹活细胞并产生 ROS 引起氧化应激也表现出一定的抗菌活性。因此这些发现可能会促进硫化钨基材料作为光催化剂用于细菌灭活。

虽然过渡金属硫族化合物与其他半导体相比具有较窄的禁带宽度，但其在光催化消毒水体中的应用仍然有限。考虑到其优良的电子性质、固有的二维形貌以及化学性质，它们可作为一种有效的 p 型阴极材料构筑 2D/2D 异质结光（电）催化剂用于太阳能微生物消毒，这也是近期大多数研究者感兴趣的领域。

虽然研究人员报道了光催化（尤其是可见光激发下）灭活水中微生物的有效性，但研究界仍应谨慎行事。微生物实验通常操作困难，而且非常耗时，需要进行广泛的控制以及再生长分析，物理化学家和材料科学家最好与微生物学专家密切合作进行微生物实验。值得注意的是，在过去几十年中，已经发表了许多关于提高或改进光催化效率的论文，这使我们有理由相信，与目前商用光催化剂（如 Evonik Aeroxide P25）相比，新型光催化剂杀菌效率已经有了显著提高。

8.9   结论和展望

光催化在水体消毒、降解持续性有机污染物等方面的应用仍是一个复杂研究领域，吸引着研究人员开展相关课题。利用光催化进行消毒的报道很多，论文数量呈指数级增长，可灭活的微生物的范围包括细菌、病毒、真菌和原生动物寄生虫。然而，我们尚未看到工业规模或商用光催化水消毒系统的工业应用。尽管如此，光催化还是呈现出多学科、挑战性的特点，从事该领域研究的人员需要多学科的知识储备。光催化研究的未来是令人振奋的，但更应注意采用一些标准化的测试方法以便于比较光催化活性。已有几篇论文涉及这一方面，建议直接报告光子或实际光量子效率，并在实验中加入基准光催化剂材料进行相对直接的比较。在光催化消毒时，实际光量子效率测定可能要考虑与界面微生物—光催化剂相关的一些特性，一是微生物与光（紫外或可见光）的相互作用；二是微生物与异相催化剂的相对尺寸大小会改变吸附过程，从而改变理论方法；三是由光催化剂产生的活性氧诱发了一种纯粹的光催化破坏机制，随后细胞内发生其他损伤，并产生一系列与微生物防御机制崩溃相关的损伤机制，最终导致细胞死亡。此后的步骤不是单纯的光催化反应，而是由 ROS 引发的光催化损伤。因此，明确光催化消毒过程的机理是对实际光量子效率进行任何定量测定的前提条件。

参考文献

［1］WHO. 1 in 3 people globally do not have access to safe drinking water–UNICEF, WHO. <https://www.who.int/news–room>，2019（accessed 01.08.19）.

［2］K.G. McGuigan, R.M. Conroy, H.J. Mosler, M. du Preez, E. Ubomba–Jaswa, P. Fernandez–Ibañez, Solar water disinfection（SODIS）: a review from benchtop to roof–top, J. Hazard. Mater. 235–236（2012）29–46.

［3］B.R. Cruz–Ortiz, J.W.J. Hamilton, C. Pablos, L. Díaz–Jiménez, D.A. Cortés–Hernández, P.K. Sharma, et al., Mechanism of photocatalytic disinfection using titania–graphene composites under UV and visible irradiation, Chem. Eng. J. 316（2017）179–186.

［4］T. Matsunaga, R. Tomoda, T. Nakajima, H. Wake, Photoelectrochemical sterilization of microbial–cells by semiconductor powders, FEMS Microbiol. Lett. 29（1985）211–214.

［5］P.M. Wood, The potential diagram for oxygen at pH 7, Biochem. J. 253（1988）287–289.

［6］D.A. Armstrong, R.E. Huie, S. Lymar, W.H. Koppenol, G. Merényi, P. Neta, et al., Standard electrode potentials involving radicals in aqueous solution : inorganic radicals, Bioinorg. React. Mech. 9（1–4）（2013）59–61.

［7］P. Ganguly, C. Byrne, A. Breen, S.C. Pillai, Antimicrobial activity of photocatalysts : fundamentals, mechanisms, kinetics and recent advances, Appl. Catal. B : Environ. 225（2018）51–75.

［8］S. Helali, M.I. Polo–López, P. Fernández–Ibáñez, B. Ohtani, F. Amano, S. Malato, et al., Solar photocatalysis : a green technology for *E. coli* contaminated water disinfection. Effect of concentration and different types of suspended catalyst, J. Photochem. Photobiol. A : Chem. 276（2013）31–40.

［9］W. Jiang, B.Y. Kim, J.T. Rutka, W.C. Chan, Nanoparticle–mediated cellular response is size–dependent, Nat. Nanotechnol. 3（2008）145–150.

［10］M. Cho, H. Chung, W. Choi, J. Yoon, Linear correlation between inactivation of *E. coli* and OH radical concentration in TiO_2 photocatalytic disinfection, Water Res. 38（4）（2004）1069–1077.

［11］R. Konaka, E. Kasahara, W.C. Dunlap, Y. Yamamoto, K.C. Chien, M. Inoue,

Irradiation of titanium dioxide generates both singlet oxygen and superoxide anion, Free. Radic. Biol. & Med. 27（1999）294–300.

[12] L. Villén, F. Manjón, D. García–Fresnadillo, G. Orellana, Solar water disinfection by photocatalytic singlet oxygen production in heterogeneous medium, Appl. Catal. B : Environ. 69（1–2）（2006）1–9.

[13] J.A. Imlay, S. Linn, DNA damage and oxygen radical toxicity, Science 240（4857）（1988）1302–1309.

[14] K. Sunada, T. Watanabe, K. Hashimoto, Studies on photokilling of bacteria on TiO$_2$ thin film, J. Photochem. Photobiol. A 156（2003）227–233.

[15] A.G. Rincon, C. Pulgarin, N. Adler, P. Peringer, Interaction between *E. coli* inactivation and DBP–precursors–dihydroxybenzene isomers in the photocatalytic process of drinking–water disinfection with TiO$_2$, J. Photochem. Photobiol. A 139（2001）233–241.

[16] H. Gerischer, Photocatalysis in aqueous solution with small TiO$_2$ particles and the dependence of the quantum yield on particle size and light intensity, Electrochim. Acta 40（1995）1277–1281.

[17] J. Marugán, R. Van Grieken, C. Pablos, M.L. Satuf, A.E. Cassano, O.M. Alfano, Rigorous kinetic modelling with explicit radiation absorption effects of the photocatalytic inactivation of bacteria in water using suspended titanium dioxide, Appl. Catal. B : Environ. 102（2011）404–416.

[18] S. Canonica, T. Kohn, M. Mac, F.J. Real, J. Wirz, U. von Guten, Photosensitizer method to determine rate constants for the reaction of carbonate radical with organic compounds, Environ. Sci. Technol. 39（2005）9182–9188.

[19] M. Agulló–Barceló, M.I. Polo–López, F. Lucena, J. Jofre, P. Fernandez–Ibañez, Solar advanced oxidation processes as disinfection tertiary treatments for real wastewater : implications for water reclamation, Appl. Catal. B : Environ. 136–137（2013）341–350.

[20] I. García–Fernández, I. Fernández–Calderero, M.I. Polo–López, P. Fernández–Ibáñez, Disinfection of urban effluents using solar TiO$_2$ photocatalysis : a study of significance of dissolved oxygen, temperature, type of microorganism and water matrix, Catal. Today 240（2015）30–38.

[21] K.L. Nelson, A.B. Boehm, R.J. Davies–Colley, M.C. Dodd, T. Kohn, K.G. Linden, et al., Sunlight–mediated inactivation of health–relevant microorganisms

in water：a review of mechanisms and modeling approaches，Environ. Sci. Process. Impacts 20（2018）1089–1122.

[22] A. Markowska–Szczupak，K. Ulfig，A.W. Morawski，The application of titanium dioxide for deactivation of bioparticulates：an overview，Catal. Today 169（1）（2011）249–257.

[23] J.A. Imlay，Cellular defenses against superoxide and hydrogen peroxide，Annu. Rev. Biochem. 77（2008）755–776.

[24] S. Giannakis，M.I. Polo López，D. Spuhler，J.A. Sanchez–Perez，P. Fernández–Ibáñez，C. Pulgarin，Solar disinfection is an augmentable，in situ–generated photo–Fenton reaction—part 1：a review of the mechanisms and the fundamental aspects of the process，Appl. Catal. B：Environ. 199（2016）199–223.

[25] S. Giannakis，M.I. Polo López，D. Spuhler，J.A. Sanchez–Perez，P. Fernández–Ibáñez，C. Pulgarin，Solar disinfection is an augmentable，in situ–generated photo–Fenton reaction—part 2：a review of the applications for drinking water and wastewater disinfection，Appl. Catal. B：Environ. 198（2016）431–446.

[26] M. Castro–Alférez，M.I. Polo–López，P. Fernández–Ibáñez，Intracellular mechanisms of solar water disinfection，Nat. Sci. Rep. 6（2015）38145.

[27] Y.W. Kow，Repair of deaminated bases in DNA，Free. Radic. Biol. Med. 33（7）（2002）886–893.

[28] R.J. Watts，S. Kong，M.P. Orr，G.C. Miller，B.E. Henry，Photocatalytic inactivation of coliform bacteria and viruses in secondary wastewater effluent，Water Res. 29（1995）95–100.

[29] M.N. Chong，B. Jin，C.W.K. Chow，C. Saint，Recent developments in photocatalytic water treatment technology：a review，Water Res. 44（10）（2010）2997–3027.

[30] S. Malato，P. Fernández–Ibáñez，M.I. Maldonado，J. Blanco，W. Gernjak，Decontamination and disinfection of water by solar photocatalysis：recent overview and trends，Catal. Today 147（1）（2009）1–59.

[31] E. Ortega–Gómez，P. Fernández–Ibáñez，M.M. Ballesteros–Martín，M.I. Polo–López，B. Esteban–García，J.A. Sánchez–Pérez，Water disinfection using photo–Fenton：effect of temperature on *Enterococcus faecalis* survival，Water Res. 46（2012）6154–6162.

[32] N. Li，H. Teng，L. Zhang，J. Zhou，M. Liu，Synthesis of Mo–doped WO$_3$

nanosheets with enhanced visible−light−driven photocatalytic properties, RSC Adv. 5（115）（2015）95394−95400.

[33] X.D. Ma, W.X. Ma, D.L. Jiang, D. Li, S.C. Meng, M. Chen, Construction of novel $WO_3/SnNb_2O_6$ hybrid nanosheet heterojunctions as efficient Z−scheme photocatalysts for pollutant degradation, J. Colloid Interface Sci. 506（2017）93−101.

[34] W. Yossy, L. Sanly, S. Jason, A. Rose, Tungsten trioxide as a visible light photocatalyst for volatile organic carbon removal, Molecules 19（2014）17747−17762.

[35] Y.P. Xie, G. Liu, L. Yin, H.−M. Cheng, Crystal facet−dependent photocatalytic oxidation and reduction reactivity of monoclinic WO_3 for solar energy conversion, J. Mater. Chem. 22（14）（2012）6746−6751.

[36] X. Chen, Y. Zhou, Q. Liu, Z. Li, J. Liu, Z. Zou, Ultrathin, single−crystal WO_3 nanosheets by two−dimensional oriented attachment toward enhanced photocatalytic reduction of CO_2 into hydrocarbon fuels under visible light, ACS Appl. Mater. Interfaces 4（7）（2012）3372−3377.

[37] F. Amano, E. Ishinaga, A. Yamakata, Effect of particle size on the photocatalytic activity of WO_3 particles for water oxidation, J. Phys. Chem. C. 117（44）（2013）22584−22590.

[38] A.K. Singh, K. Mathew, H.L. Zhuang, R.G. Hennig, Computational screening of 2D materials for photocatalysis, J. Phys. Chem. Lett. 6（6）（2015）1087−1098.

[39] T. Hisatomi, J. Kubota, K. Domen, Recent advances in semiconductors for photocatalytic and photoelectrochemical water splitting, Chem. Soc. Rev. 43（22）（2014）7520−7535.

[40] Y. Liu, X. Zeng, X. Hu, J. Hu, X. Zhang, Two−dimensional nanomaterials for photocatalytic water disinfection : recent progress and future challenges, J. Chem. Technol. & Biotechnol. 94（1）（2019）22−37.

[41] Y. Li, C. Zhang, D. Shuai, S. Naraginti, D. Wang, W. Zhang, Visible−light driven photocatalytic inactivation of MS_2 by metal−free g−C_3N_4: virucidal performance and mechanism, Water Res. 106（2016）249−258.

[42] W. Wang, J.C. Yu, D. Xia, P.K. Wong, Y. Li, Graphene and g−C_3N_4 nanosheets cowrapped elemental α−sulfur as a novel metal−free heterojunction

photocatalyst for bacterial inactivation under visible–light，Environ. Sci. Technol. 47（15）（2013）8724–8732.

[43] H. Zhao，H. Yu，X. Quan，S. Chen，Y. Zhang，H. Zhao，et al.，Fabrication of atomic single layer graphitic–C₃N₄ and its high performance of photocatalytic disinfection under visible light irradiation，Appl. Catal. B：Environ. 152–153（2014）46–50.

[44] P. Fernández–Ibáñez，M.I. Polo–López，S. Wadhwa，J.W.J. Hamilton，P.S.M. Dunlop，R. D'Sa，et al.，Solar photocatalytic disinfection of water using titanium dioxide graphene composites，Chem. Eng. J. 261（2015）36–44.

[45] C.H. Deng，J.L. Gong，L.L. Ma，G.M. Zeng，B. Song，P. Zhang，et al.，Synthesis，characterization and antibacterial performance of visible light responsive Ag₃PO₄ particles deposited on graphene nanosheets，Process. Saf. Environ. Prot. 106（2017）246–255.

[46] X. Zeng，Z.Wang，G.Wang，T.R. Gengenbach，D.T. McCarthy，A. Deletic，et al.，Highly dispersed TiO₂ nanocrystals and WO₃ nanorods on reduced graphene oxide：Z–scheme photocatalysis system for accelerated photocatalytic water disinfection，Appl. Catal. B：Environ. 218（2017）163–173.

[47] B. Zhang，S. Zou，R. Cai，M. Li，Z. He，Highly–efficient photocatalytic disinfection of *Escherichia coli* under visible light using carbon supported vanadium tetrasulfide nanocomposites，Appl. Catal. B：Environ. 224（2018）383–393.

[48] J. Fu，J. Yu，C. Jiang，B. Cheng，g–C₃N₄–based heterostructured photocatalysts，Adv. Energy Mater. 8（3）（2017）1701503.

[49] G. Mamba，A.K. Mishra，Graphitic carbon nitride（g–C₃N₄）nanocomposites：a new and exciting generation of visible light driven photocatalysts for environmental pollution remediation，Appl. Catal. B：Environ. 198（2016）347–377.

[50] Y. Xu，S.–P. Gao，Band gap of C₃N₄ in the GW approximation，Int. J. Hydrog. Energy 37（15）（2012）11072–11080.

[51] J. Huang，W. Ho，X. Wang，Metal–free disinfection effects induced by graphitic carbon nitride polymers under visible light illumination，Chem. Commun. 50（33）（2014）4338–4340.

[52] W. Wang，G. Huang，J.C. Yu，P.K. Wong，Advances in photocatalytic disinfection of bacteria：development of photocatalysts and mechanisms，J.

Environ. Sci. 34（2015）232–247.

［53］J. Xu，Z. Wang，Y. Zhu，Enhanced visible–light–driven photocatalytic disinfection performance and organic pollutant degradation activity of porous g–C₃N₄ nanosheets，ACS Appl. Mater. Interfaces 9（33）（2017）27727–27735.

［54］D. Wu，B. Wang，W. Wang，T. An，G. Li，T.W. Ng，et al.，Visible–light–driven BiOBr nanosheets for highly facet–dependent photocatalytic inactivation of Escherichia coli，J. Mater. Chem. A 3（29）（2015）15148–15155.

［55］D. Wu，S. Yue，W. Wang，T. An，G. Li，H.Y. Yip，et al.，Boron doped BiOBr nanosheets with enhanced photocatalytic inactivation of *Escherichia coli*，Appl. Catal. B：Environ. 192（2016）35–45.

［56］D. Wu，L. Ye，S. Yue，B. Wang，W. Wang，H.Y. Yip，et al.，Alkali–induced in situ fabrication of Bi₂O₄–decorated BiOBr nanosheets with excellent photocatalytic performance，J. Phys. Chem. C 120（14）（2016）7715–7727.

［57］F. Cao，E. Ju，Y. Zhang，Z. Wang，C. Liu，W. Li，et al.，An efficient and benign antimicrobial depot based on silver–infused MoS₂，ACS Nano 11（5）（2017）4651–4659.

［58］P. Cheng，Q. Zhou，X. Hu，S. Su，X. Wang，M. Jin，et al.，Transparent glass with the growth of pyramid–type MoS₂ for highly efficient water disinfection under visible–light irradiation，ACS Appl. Mater. Interfaces 10（28）（2018）23444–23450.

［59］C. Liu，D. Kong，P.–C. Hsu，H. Yuan，H.–W. Lee，Y. Liu，et al.，Rapid water disinfection using vertically aligned MoS₂ nanofilms and visible light，Nat. Nanotechnol. 11（2016）1098–1104.

第9章 等离子诱导光催化转化

Palaniappan Subramanian[1]，**Sabine Szunerits[2]**，**Rabah Boukherroub[2]**

[1] 比利时赫弗利 鲁汶大学 材料工程系；[2] 法国里尔 里尔大学 法国科学研究中心 ISEN 瓦伦西亚大学 UMR8520-IEMN

9.1 引言

9.1.1 多相催化剂

随着全球特别是发展中国家人民生活水平的不断提高，对能源和日用化学品的需求日益增加。为了满足不断增长的需求，能源和化工行业需要扩大生产规模，同时提高能源效率，并尽量减少副产品。对于化学品的规模化生产来说，多相催化是一种不可或缺的技术，因其推动了脱氢、部分氧化、还原反应、烃类重整和合成氨等许多工业化学转化过程的实现，所以也被称为化学工业的核心。催化剂是一种能够加快化学反应速率且本身的化学性质在反应前后不发生变化的物质。使用催化剂进行化学转化的两个主要优点：一是能够使化学转化在更低的温度下进行；二是实现特定化学转化的高选择性，将反应物转化为所需的产品，同时减少副产品的生成。随着工业过程的可持续和规模化发展，工业原料变得越来越稀缺，化学废弃物的环境影响和相关成本也得到了极大的关注，化学催化的这些特征就显得越发重要。

9.1.2 光催化剂

光催化通常使用半导体催化剂，其吸收光子并在基体中产生电子和空穴，从而引发化学物质的氧化或还原反应。这种技术对于许多应用是很有效的，如废水处理、空气净化、水分解、二氧化碳还原、消毒和自清洁表面。虽然光催化的研究已经取得了很大的进展，但其在环境和能源行业的大规模应用仍然很少。其中有两个最为关键的技术难题，一是低的光催化效率，二是缺少可见光响应的催化材料。前者主要是由于激发态电子和空穴的重新组合。当光子被半导体光催化剂吸收时，被激发的电子和空穴需要迁移到表面才能进行氧化还原反应。在均相半导体中，迁移是一种随机跃迁，激发态的电子和空穴的复合概率很高，从而导致光催化效率低。另外，很多高性能光催化材料，如二氧化钛（TiO_2）和氧化锌（ZnO）有较大的带隙，因此只能吸收近紫外区域（波长 < 400nm）的光，而大多数的窄带隙光催化剂如硫化镉（CdS）和三氧化二铁（Fe_2O_3），又难以长期保持光催化活性。对于宽能带材料，使用人造紫外光源需要消耗电能，当能源短缺、价格飙升的时候就不够划算。

9.2 等离子的概念和等离子诱导光催化

9.2.1 局域表面等离子体共振

当金属纳米颗粒的直径小于入射光波长时，电磁波诱导金属局域电子发生共振，吸收大量的光子能量，被称为局域表面等离子体（LSPs）。在自由电子的共振激发下，纳米粒子表面形成增强的局域电场，极大地提高了吸收光强度。这种共振吸收被称为局域表面等离子体共振（LSPR），区别于在金属表面传播的表面等离子体激元。纳米颗粒振荡微观分析如图 9.1 所示。经大量研究证明，通过设计等离子体纳米结构可以控制 LSPR 共振波长的峰值频率（λ_{max}）的大小，这种具有 LSPR 效应的纳米结构能实现从紫外到中红外范围内的光谱吸收［图 9.1(b)］。因等离子体纳米材料的 LSPR 特性强烈依赖于材料的微观结构特性，如形貌、大小、形状、组成及其组装粒子的相邻性，所以通过调控这些参数就可以得到所需的 λ_{max}。由于 LSPR 的频率会随着粒子周围介质折射率的变化而变化，因此将金属纳米结构嵌入不同介电材料中或形成核壳等离子体结构是另一种调节 LSPR 效应的有效方法。

在纳米粒子吸收光和 LSPR 激发后，等离子体可以通过多条相互竞争的途径进行衰变。激发态表面等离子体共振波的衰变过程为：载流子带内和带间激发引起的非辐射衰变；通过散射的辐射衰减；热载流子转移到周围的环境中；载流子弛豫转变为热；局部电磁场增强；偶极子共振能量转移。如图 9.1 (c) 所示。一种途径是辐射衰变，即等离子体衰变为光子，从而产生强烈的光散射效应。这种现象经常被用于成像，同时也是表面增强拉曼光谱和传感技术的核心基础。另一种途径是非辐射衰变过程，主要存在于小于 40nm 的金属纳米颗粒中，会在等离子体纳米结构中产生大量的高能电子和空穴。激发表面等离子体激元经衰变而形成局部热能散失，这有助于如光热疗法等的光热转化应用，同时也将热载流子转移到周围介质中。事实上，热电子注入是最早报道的等离子体增强宽能带半导体光活性机制。

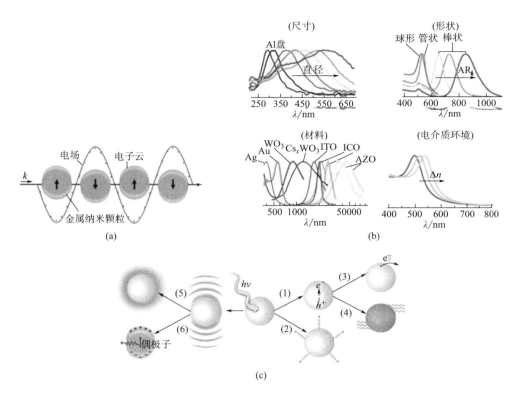

图 9.1　（a）当金属纳米颗粒的直径小于光波长时，金属纳米颗粒自由电子光响应的集体
相干涉示意图；（b）纳米材料的尺寸、形状、组成成分和介电环境（$n=1.00 \sim 1.50$）对
等离子共振的影响；（c）激发态表面等离子体共振波的衰变过程

9.2.2　等离子诱导光催化

　　等离子体诱导光催化的目的是高效且选择性地在等离子体金属纳米颗粒表面
进行直接化学反应。这种方法利用了 LSPs 的特性，即等离子体金属纳米粒子与
光相互作用时产生的表面电荷集体振荡诱导。随着时间的推移，LSPs 会衰变并
产生高能载流子，通常被称为"热"电子和空穴。所产生的电子可以转移到吸附
基质的未被占据分子轨道上，从而形成一个瞬态阴离子络合物。

　　等离子体诱导光催化作为一种非常有前途的高性能光催化技术，近年来备受
关注。它涉及将单独的贵金属粒子如银、金或离散的贵金属纳米粒子（主要是金
和银，大小可从几十到几百纳米）分散到半导体光催化剂中，在紫外光和可见光
的照射下会产生剧烈且增强的光反应性。与普通的半导体光催化技术相比，等离
子体光催化具有两个显著的特征——肖特基结和 LSPR，各自以不同的方式促进

光催化过程。肖特基结是由贵金属与半导体的接触而形成的，在光催化剂内部靠近金属/半导体界面的空间电荷区域内形成内建电场。一旦电子和空穴在肖特基结内部或附近形成，内建电场就会使其向不同方向移动。此外，肖特基结的金属部分为电荷转移提供了一个快速的通道，其表面作为一个电荷陷阱中心以容纳更多的光反应活性位点。肖特基结和快速电荷转移通道共同抑制了电子空穴的复合。

9.3 等离子诱导光催化纳米材料

9.3.1 贵金属纳米结构

Chen 等研究了绝缘氧化物颗粒（如 ZrO_2、SiO_2）搭载金纳米粒子在挥发性有机化合物（VOCs）的热氧化催化方面的性能。结果表明，ZrO_2 负载的金纳米颗粒在蓝光、红光和阳光下对极性挥发性有机物（如甲醛和甲醇）具有良好的光催化活性，但对环己烷等非极性分子影响不大。由于在氧吸附能力方面的差异（ZrO_2 高于 SiO_2），金纳米颗粒负载在 ZrO_2 载体上比在 SiO_2 载体上具有更好的性能。由于 ZrO_2 和 SiO_2 的带隙分别为 5.0eV 和 9.0eV，均不能有效地吸收可见光，因此，光催化活性归因于局部加热效应和热氧化作用。LSPR 吸收是以 3 ~ 5℃ /s 的速率将金纳米颗粒加热到 100℃，此时 VOC 氧化速度显著增加。此外，振荡的 LSPR 局部场与极性分子相互作用并活化，从而与吸附的氧物种发生高效反应。这些因素解释了我们观察到的金纳米颗粒负载的 ZrO_2 催化剂对极性分子的快速降解和对非极性分子的缓慢降解等现象。

Cristorfo 等报道使用纯银纳米颗粒进行热辅助反应就是一个很好的例子，与传统热催化过程相比，它能在更低的温度下同时利用热能和低强度光子通量（数量级与太阳强度相当）驱动催化氧化反应。光还原法在将氧化石墨烯（GO）还原为石墨烯或还原氧化石墨烯（rGO）时起到非常重要的作用。在近期研究中，Wu 等在可见光下利用电子供体—银纳米颗粒实现了这种光催化辅助还原。更具体地说，由于 LSPR 效应和激发态的金属电子和空穴，银纳米粒子产生了一个强烈振荡的局域电场。然后，将这些光激发电子注入氧化石墨烯的导带中，导致氧化石墨烯的还原和银纳米颗粒的氧化。同时，溶液中的电子供体（ED）耗尽了银纳米颗粒中的空穴，并将其还原为金属银。与传统的化学还原相比，很容易通过紫外或可见光的照射来控制还原过程，因此氧化石墨烯的光还原是绿色和可控的。

Ag@C 是一种独立的贵金属等离子体催化剂，是以银纳米颗粒为核心，以非晶碳为外壳的核壳结构。非晶碳没有光催化活性，但具有优异的导电性，它能够在保持导电能力的同时，保护银纳米颗粒免受周围溶液的影响。因此，不仅避免了银纳米颗粒被氧化，还能使光激发电子和空穴自由移动。另一个优点是，非晶态碳的介电常数比氧化物的要小，可以在光诱导近场区产生增强的电磁场。前期研究已证明非晶态碳作为光催化基材的可行性。例如，Sun 等报道了一种用于等离子体光催化的 Ag@C 纳米复合材料。图 9.2 显示了其透射电镜照片和光催化活性。银纳米颗粒的直径为 70 ~ 100nm，并包覆约 25nm 厚的碳层。由于 Ag 核

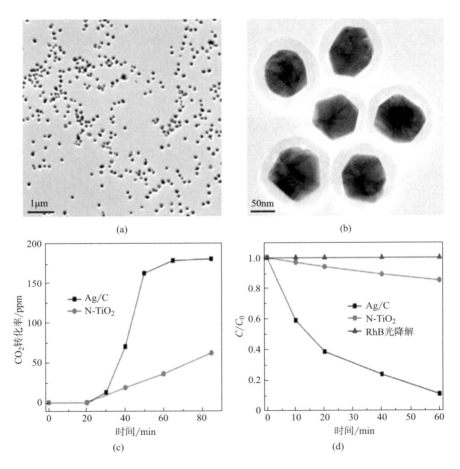

图 9.2　所制备的 Ag@C 纳米复合材料的低倍数（a）和（b）高倍数 TEM 图像；（c）可见光下在空气中降解乙醛的光催化活性；（d）在可见光下降解 RhB 的光催化活性。
来源：经 X Zhang，Y L Chen，R–S Liu，D P Tsai，许可转载。
Rep Prog Phys 76（4）（2013）046401。

的 LSPR 效应，Ag@C 纳米复合材料在约 630nm 处有一个较宽的吸收带。在可见光照射下，Ag@C 纳米复合材料对罗丹明 B（RhB）和气态乙醛（CH_3CHO）的分解具有较高的光催化活性。从图 9.2（c）可以看出，在光照 65min 后，在 Ag@C 表面气态乙醛的分解速率比 N 掺杂二氧化钛快 3 倍。同样，使用 Ag@C 光催化剂对 RhB 水溶液的分解速率增强更为明显，在 60min 内，它比使用 N 掺杂二氧化钛催化反应速率快 6 倍。其较高的光催化活性主要是由于 Ag@C 纳米复合材料的 LSPR 效应，它不仅能引起光热催化效应，而且能增加极性污染物的吸收和氧化。

9.3.2 金属半导体纳米结构

Au/TiO_2 和 $Au—TiO_2$ 分别代表金纳米颗粒沉积在 TiO_2 颗粒表面和 TiO_2 厚膜。该形态下的金纳米颗粒在物理上和化学上都是稳定的。这使得 Au/TiO_2 和 $Au—TiO_2$ 成为研究等离子体光催化的理想模型材料，并吸引了人们广泛的关注。对于 Au/TiO_2，Kowalska 等做了一个经典的试验，他通过光沉积法在 15 个商业 TiO_2 粉末样品上沉积金纳米颗粒，并研究了这些催化剂的可见光催化氧化乙酸和 2- 丙醇的性能。图 9.3 是不同 Au/TiO_2 样品的显微镜照片。试验数据表明，其催化活性强烈依赖于 Au 和 TiO_2 的颗粒尺寸和形状、表面积和晶体形式等性质，而金纳米颗粒的 LSPR 吸收峰与光合有效光谱的最大波长区域非常吻合。这表明了 LSPR 的吸收是 TiO_2 的可见光活性的主要来源。很多其他研究也发现了 Au/TiO_2 纳米复合材料具有优越的光催化性能。对于 $Au—TiO_2$，Liu 等通过电化学氧化钛箔制备了锐钛矿晶相的二氧化钛膜，然后蒸镀 5nm 金膜，形成岛状金纳米颗粒。同样，Ag/TiO_2 和 $Ag—TiO_2$ 在可见光下也表现出了优越的光催化性能。虽然银纳米颗粒容易被氧化，但比金纳米颗粒具有更强的 LSPR 效应，其 LSPR 共振波长可以调谐到更长的可见光波长。更重要的是，由于不同的灭活机制，银纳米颗粒和银离子能够非常有效地杀死数百种不同的菌株。这就是使用银纳米颗粒而不是单独的纳米层的好处。一些研究发现，Ag/TiO_2（即 TiO_2 颗粒上的 Ag 纳米颗粒）可以有效地分解溶液中的染料，清除气相中的挥发性有机物，抑制微生物的生长。例如，Xiang 等使用水热和光还原方法制备涂有银纳米颗粒（直径约 10nm）的空心 TiO_2 球（直径约 500nm），实验表明，Ag/TiO_2 纳米复合材料在分解罗丹明 B 时显示高光催化活性，是 P25 光催化性能的 2 倍。在 Zielinska 等的另一项工作中，用微乳液法将 5 ~ 10nm 大小的银纳米颗粒沉积在商业 Degussa P25TiO_2 颗粒表面。对于 $Ag—TiO_2$（即 TiO_2 膜上的银纳米颗粒），一些研究报道了其类似的光催化和抗菌活性增强。在 Guillen-

Santiago 的研究中，将银纳米颗粒（90nm 和 200nm）沉积在 TiO$_2$ 薄膜上，以增强其紫外光降解亚甲基蓝的性能。

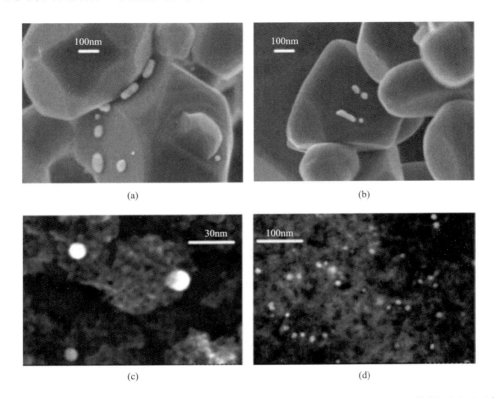

图 9.3　Au/TiO$_2$ 样品的显微形貌，Au/TiO$_2$ 的 SEM 图像[（a）和（b）]和 STEM 图像[（c）和（d）]
来源：Reprinted with permission from X. Zhang，Y.L. Chen，R.–S. Liu，et al. Plasmonic photocatalysis，Rep. Prog. Phys. 76（4）（2013）046401.

　　与 Ag 和 Au 相比，Pt 对某些反应具有固有的催化作用，如氢解离和产氢。此外，Pt 表面可以吸附高浓度的羟基，能够有效地消耗光生价带空穴。更重要的是，Pt 比 Au 和 Ag 具有更低的费米能级（即更高的功函数）。Pt 的费米能级为 −6.3eV，而 Ag 和 Au 则分别为约 −4.7eV 和 −5.1eV。因此，Pt 可以作为一个有效的电子陷阱中心，加速二氧化钛中光生电子的放电，从而延长电子—空穴对的寿命。这些特性解释了为什么使用 Pt 负载 TiO$_2$ 能分解溶液和空气中的有机污染物，提高光催化效率。值得注意的是，在大多数情况下，紫外光激发 TiO$_2$ 粒子（或薄膜），而 Pt 纳米粒子不处于 LSPR 状态。关于 Pt 负载 TiO$_2$ 环境应用的综述可以参见文献。与 Au 或 Ag 不同，Pt 通常没有等离子体活性。然而有文献表明，通过选择合适的激发波长，Pt 纳米粒子可以进行表面等离子体共振。由于这一发现，使用 Pt 纳米粒子的等离子体光催化研究已经拉开了帷幕。Kowalska 等研究表明，掺杂了 Pt（II）或 Pt 团簇的 P25 TiO$_2$ 粉末在可见光下催化活性增强。在 Zhang 近期研究中，用 Pt 纳米粒子修饰 TiO$_2$ 颗粒表面，在可见光下对罗丹明 B 的光降解性能有所增强。试验结果表明，可见光催化活性与 LSPR 吸收、电子吸收及其 Pt 纳米颗粒上吸附的羟基有关。

除了 TiO$_2$ 外，还研究了其他含有 Pt 纳米颗粒的半导体氧化物。例如，Abe 等研究发现，Pt/WO$_3$ 对有机化合物的液相、气相分解具有较高的光催化活性；其活性与紫外光下的 TiO$_2$ 相当，远高于可见光照射下的 N 掺杂 TiO$_2$。Li 等发现 Pt/Bi$_2$O$_3$ 比其他光催化剂具有更优越的可见光催化活性。例如，测试在可见光（$\lambda > 400nm$）下乙醛水溶液的氧化分解时，在室温下 Pt/Bi$_2$O$_3$ 的活性分别大约是 Bi$_2$O$_3$ 和 N—TiO$_2$ 纳米颗粒的 10 倍和 4 倍。在甲醛的光分解过程中，Pt/Bi$_2$O$_3$ 在可见光下的分解速率与紫外光下的 TiO$_2$ 纳米颗粒（Degussa P25）相当，比可见光照射下的 N 掺杂 TiO$_2$ 的光分解速率高 34.4 倍。在甲醇的光还原过程中，Pt/Bi$_2$O$_3$ 的可见光活性远远高于 Pt/TiO$_2$ 和 Pt/CdS。这两项研究表明，简单金属氧化物是一种高效、寿命长的可见光催化剂，其中多电子氧还原过程比单电子氧还原过程效率更高。

9.4 等离子诱导光催化的反应和机理

在共振激发下，等离子体激元会在数十飞秒内发生弛豫。弛豫是通过辐射光子再发射（散射）或非辐射激发高能载流子（吸收）发生的。非辐射途径在纳米粒子表面形成高能量的电子—空穴对，其能量与共振光子能量相匹配。对于直径大于 50nm 的 Ag 的大型独立等离子体纳米结构来说，辐射光子发射是衰变的主要方式，主要发生在非反应环境的纳米结构中，此时表面没有任何分子吸附物与纳米颗粒进行电子互换。除了在纳米结构邻近的光活性分子中通过传统的光学 HOMO–LUMO 激发外（经典的光漂白过程），共振光子的辐射发射预期不会引起化学转变。在等离子纳米颗粒存在的情况下，由于散射光的强度增加以及被激发纳米结构附近电场的升高，这些过程得到进一步强化。另外，在非反应环境中（无吸附物），对于孤立的小纳米粒子（直径小于 30nm 的 Ag），等离子体弛豫的主要模式是无辐射的朗道阻尼过程，这会形成高能载流子。这种等离子体弛豫机制对于限域在两个等离子体纳米粒子之间的等离子体模式很重要（如立方纳米粒子边缘之间的纳米间隙）。在这些区域，两个粒子之间的距离仅为

1nm 或着更小，等离子体粒子中的振荡电子云与相邻粒子中的振荡电子云之间的电容耦合产生非常强的电场，促进了载流子的流动。人们推测，这些位置在强电场的影响下，载流子在隧穿效应作用下可以在粒子之间有效移动。这种等离子体非辐射衰变过程促进了高能载流子的形成，并以多种方式诱导化学转变。下文描述了这些步骤的机制。

9.4.1 纳米结构的光致热效应

在纳米颗粒表面形成的高能载流子可以与纳米颗粒的其他载流子和声子模相互作用，形成随时间演化的载流子能量分布［图 9.4（a）］。在块状金属单晶上进行的光泵—探针光谱试验研究，揭示了电子与电子以及电子与金属中的声子之间相互作用的时间常数。人们发现，形成电子—空穴对后，这些高能载流子与系统中电子相互作用服从非热载流子分布，因此无法用热费米—狄拉克分布加以描述［图 9.4（b）］。当温度高于声子温度时，热弛豫到费米—狄拉克分布的特征时间为几百飞秒［图 9.4（c）］。在热弛豫后，随着能量转移到纳米粒子的声子模，在几皮秒内发生电子冷却［图 9.4（d）］。纳米颗粒高能电子—空穴对和声子模之间的能量交换过程导致金属纳米颗粒的（声子）温度升高，然后在更长的时间尺度内消散到环境中。已经证明，金属纳米粒子吸收可见光，并转换成高能电子—空穴对。对于非常小的纳米粒子（小于 5nm），纳米粒子的声子温度可以提高约 5K；但是对于较大的纳米颗粒，温度升高可以忽略不计（小于 1K）。值得关注的是，一些试验表明，由等离子体激发诱导的热效应可以驱动化学反应。例如，Adleman 等报道了在 10 ~ 20nm 球形金纳米粒子上催化乙醇与水蒸气重整反应。在这项研究中，使用光强比太阳光强度高 10^7 倍的人造光源，在等摩尔乙醇—水混合物的连续流动微流控通道中进行试验。在这些条件下，LSPR 媒介加热导致形成气泡吞没纳米粒子。在气泡和纳米颗粒界面发生乙醇催化重整反应转化为二氧化碳、氢气和一氧化碳。同样，在含有直径 13nm 金纳米颗粒的水溶液中，使用 532nm、50mJ 脉冲集束激光，光诱导过氧化二异丙苯分解为 2- 苯基 -2- 丙醇和苯乙酮。以每秒 1 次脉冲或不超过 2min 辐照时间，每次脉冲 8ns 辐照，将样本暴露在比太阳通量高 10^7 倍的光强下，对含有金纳米粒子和过氧化二聚氰胺的悬浮液滴进行光诱导催化。据估计，在这些条件下，金纳米粒子表面温度将在小于 10^{-6}s 内达到 500℃，使过氧键断裂。除了这些液相和气相反应，共振等离子体诱导加热也被成功地用于增强化学气相和溶液在金纳米结构上的沉积。

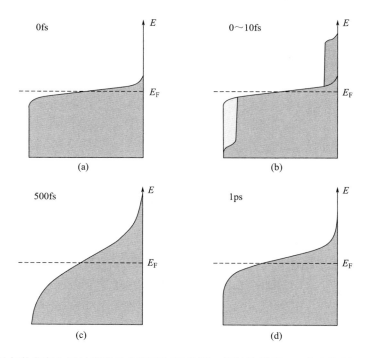

图 9.4   金属中激发态电子的能量分布随时间演化图，纵轴为能量 E，费米能级 E_F 表示。灰色
阴影表示电子的填充状态，（a）在初始的系统温度下，电子遵循费米—狄拉克分布；（b）光
激发电子从填充态跃迁到未填充态产生的非热电子分布；（c）电子—电子散射后的电子分布；
（d）因与衬底声子耦合，热电子分布随着时间的推移而冷却。图（a）和图（d）的差异是因为
（d）电子分布比系统初始状态时存在更多的声子和电子。

来源：Reprinted with permission from S. Linic，U. Aslam，C. Boerigter，et al. Photochemical transformations on
plasmonic metal nanoparticles，Nat. Mater. 14（6）（2015）567–576.

以上描述的光热机制是假设光子的能量传输到纳米粒子的声子模，然后驱动
化学转换。激发的电子分布用作纳米粒子（声子）加热的载体。另一种机制假设
在纳米粒子表面形成高能载流子（电子或空穴），在其能量消散为纳米粒子的声
子模之前，暂时占据被吸附分子的能量轨道。此机理解释反应是由这些高能载流
子附着在被吸附的分子上引起的。

载流子媒介光化学的研究越来越多。例如，Linic 等已经提出，这种机
制在诱发 50nm 银纳米立方体团簇上的氧化反应中发挥作用，银纳米团簇在
450 ~ 500K 温度下，几百微瓦 /cm^2 宽带光源的照射下沉积在氧化铝表面。在这
些研究中，氧化反应都有一个共同的特征：总的反应速率是由氧分子的分解速率
控制的。结果表明，吸附的氧分子结合一个高能电子增强了反应速率，形成了一
个瞬态负氧离子（O^{2-}），然后通过解吸诱导的电子跃迁（DIET）机制分解为氧

原子。这些反应表现出高能载流子驱动金属表面反应的实验特性，包括反应速率和光子通量关系从线性到非线性的变化，以及超乎寻常的动力学同位素效应。Halas 等也得出了类似的结论，证明在室温和约 $2W/cm^2$ 光源照射下，高能电子能够诱导 5 ~ 20nm 的等离子体 Au 纳米结构表面的 H_2 解离，如图 9.5（a）和（b）所示。

许多研究也报道了更复杂分子的电荷驱动反应，包括在 310K 时，紫外、可见光强度为几百毫瓦 $/cm^2$，在 6nm 金纳米粒子表面还原硝基芳香族化合物，在 $300mW/cm^2$ 可见光照射下，介孔 SiO_2 负载小于 10nmAg 纳米球和 Ag 纳米棒用于

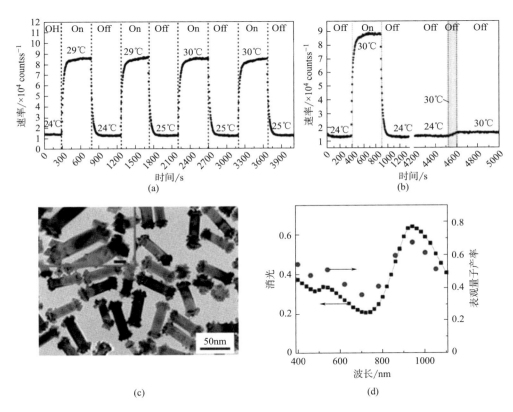

(a)

(b)

(c)

(d)

图 9.5　电子触发的化学转化过程（a）光照和黑暗条件下等离子体金纳米颗粒表面的氢解离，在光照条件下，随着温度从 24℃小幅上升至 30℃，出现了即时且可逆的速率增长；（b）在黑暗条件下，从 24℃上升到 30℃，并没有导致与图（a）中相同的速率提高；（c）等离子体铂尖端覆金纳米棒用于从水—甲醇混合物中析氢，插图中的比例尺为 10nm；（d）双金属催化剂的表观量子效率（每个光子产生的氢量）遵循消光光谱

来源：Reprinted with permission from S. Linic，U. Aslam，C.Boerigter，et al. Photochemical transformations on plasmonic metal nanoparticles，Nat. Mater. 14（6）（2015）567–576.

氨硼烷制氢；在 $300mW/cm^2$ 可见光照射下，使用不同载体负载 10nm 以下的 Au 纳米颗粒，在室温下苯甲醛与乙醇酯化反应生成苯甲酸乙酯等等。另外，一些报道表明，含有等离子体纳米结构的双金属纳米粒子（已经报道的有 Au 和 Ag）与另一种化学反应性更强的金属（如 Pt 和 Pd）结合也可以诱导载流子反应。其中一篇报道称，在室温下使用几 mW/cm^2 的低强度可见光，在溶液中以甲醇作为空穴牺牲剂，在尖端覆盖 Pt 纳米团簇的金纳米棒（长 50nm，直径 13nm）表面发生电子驱动析氢反应，如图 9.5（c）和（d）所示。也有其他研究报道了在 Au—Pd 和 Au—Cu 双金属纳米结构上的几种烃类氧化和偶联反应。在这些体系中,（Au 或 Ag）纳米结构的等离子光激发可能会形成载流子，载流子转移到另一种化学反应活性更强的金属处发生化学反应。

尽管可以从概念层面理解 DIET 机制的电荷—载体驱动转化的动力学原理，但关于电荷转移到激发纳米颗粒表面吸附质的机制，仍有一些关键性的问题未解决。这种机制基本上有两种转移方式：直接机制和间接机制，这些机制将在下一节中进行描述。

9.4.2　间接电荷转移机制

间接电荷转移机制假设，在大电场作用下，首先在光激发的等离子体纳米粒子表面形成高能载流子，然后转移到吸附质受体态，如图 9.6（a）所示。值得注意的是，在表面形成的高能载流子通过上述的电子—电子碰撞迅速冷却。因此，受激发贵金属纳米粒子（电子跃迁在 sp 带内）的平均载流子分布是非热化（非常高强度光）和（或）"热"热化费米—狄拉克分布（低强度光）。这些分布的共同特征是，与高能量载流子相比，在费米能级附近的低能量载流子的数量显著增加。这种低能量载流子（包括电子和空穴）数量的增加是由于单个高能电子空穴对可以衰变成许多低能量载流子。此外，低能载流子的寿命比高能量载流子的寿命要长。这种电子分布的性质表明，由于低能电子的浓度较高，间接电荷转移机制通常有利于受体轨道能量接近费米能级的相互作用；也就是说，反应路径将优先通过接近费米能级的轨道。这表明，间接化学转移机制通过控制纳米结构的光学性质，靶向选择特定的轨道来影响光化学反应的结果（即选择性）。

9.4.3　直接电荷转移机制

直接电荷转移机制提出，电荷可以通过等离子体介导的电荷散射高速转移到吸附质，这个过程被称为化学界面阻尼。在这种情况下，光子吸收的过程是由等离子体激元与接近的吸附质电子态之间的相互作用引起的，从而使载流子通过吸附质态发生散射，如图 9.6（b）所示。这一过程不同于间接电荷转移机制，在直接机制中，高能电子（或空穴）直接注入吸附受体能级轨道，而不是首先占据金属中的可用能级轨道。Yan 等利用线性响应时变密度泛函理论验证了直接电荷转移过程。研究表明，吸附在银表面的氢吸附质会影响等离子体激元的阻尼，电子从 H—Ag 络合物上的成键轨道激发到反键轨道，增强了光子的吸收（图 9.7）。可以从介电函数的角度做如下理解：与电子转移相关的介电函数虚部有一个很大的值，主要对应电子转移的高电子态密度和光子激发等离子共振响应（LSPR）形成的强电场。这些协同效应为在相应频率上电荷转移导致的高光吸收提供了合理的解释。

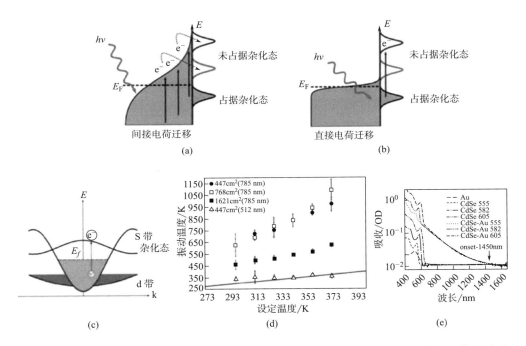

图 9.6　等离子体金属—分子体系中的能量转移机理（a）间接能量传递机制，等离子体弛豫形成以高浓度低能载流子为特征的电子分布，位于最低未被占据吸附轨道及以上能级的电子可以转移到这些轨道上；（b）直接能量传递机制，共振等离子体的衰变引起吸附质—金属复合物中载流子的直接激发；（c）分子在金属表面的吸附本质上是形成杂化金属吸附态能级，允许从金属电子能级直接激发到这些杂化能级；（d）化学吸附在 Ag 表面的亚甲基蓝（MB）不同模式对应的振动温度，在 532nm 的光辐照下，振动温度近似等于设定的温度（用黑线表示），在 785nm 的光照下，所有模式的振动温度都显著高于金属纳米颗粒的温度，表明有共振的、选择性的能量转移到 MB 吸附质中；（e）Au 纳米粒子的激发与硒化镉纳米棒相耦合会导致 Au 和硒化镉之间的能量转移，从而产生扩展到近红外（IR）光谱的连续吸收特征

来源：Reprinted with permission from U. Aslam，V.G. Rao，S. Chavez，S. Linic，Catalytic conversion of solar to chemical energy on plasmonic metal nanostructures，Nat. Catal. 1（9）（2018）656–665.

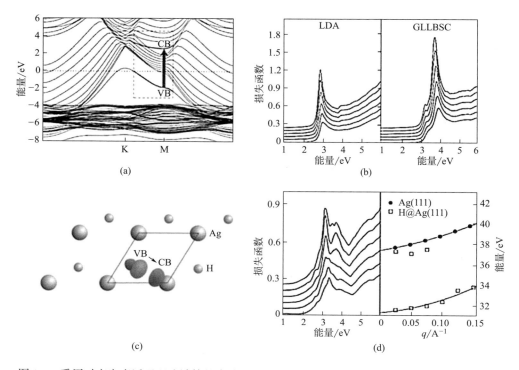

图 9.7 采用时变密度泛函理论计算的直接电荷转移模型，（a）利用含时密度泛函理论计算了吸附氢单原子层的 Ag（111）晶面的能带结构，直接电荷转移发生在吸附氢后新形成的价带（VB、实线）和导带（CB、虚线）之间；（b）利用局部密度近似（LDA；左）和 Gritsenko，Leeuwen，Lenthe，and Baerends（GLLBSC；右）电势法计算 Ag（111）清洁晶面的电子能量损失谱；（c）直接电荷跃迁的波函数可视化示意图；（d）用 GLLBSC 计算吸附氢单分子层的 Ag（111）表面的电子能量损失谱，较大的峰对应于 Ag—H 配合物内的直接跃迁（左），分别显示了来自清洁和氢覆盖的 Ag（111）表面最显著的电子能量损失谱峰的能量和动量波矢量 q 之间的色散关系（右）

来源：Reprint with permission from S. Linic，U. Aslam，C. Boerigter，et al. Photochemical transformations on plasmonic metal nanoparticles，Nat. Mater. 14（6）（2015）567-576.

　　吸附基质—金属复合物中等离子体介导对电荷从局部占据态转移到局部未占据态起着非常重要的作用，这一过程值得重点关注。到目前为止，人们的注意力主要集中在间接电荷转移机制上，以及涉及费米能级周围的离域态和局域吸附态的电荷转移上。我们注意到，有报道称吸附在高覆盖率的 Pt 纳米颗粒上的分子能发生直接电荷转移。在这些研究中，直接电荷转移机制的主要论点是这些小纳米颗粒的高表面体积比，在吸附质覆盖率高的情况下，吸附质上轨道之间的电子跃迁概率非常高。在等离子体纳米粒子的情况下，共振波长下的强电场将放大这种电荷转移过程，使其在尺寸更大的纳米粒子中发挥作用。

9.5　结论和展望

在等离子体金属纳米结构的光化学转化过程中，等离子体驱动的光化学反应在增强活性和控制产物选择性方面展现了很大的发展潜力。利用等离子体金属纳米颗粒将化学反应物转化为所需产品是实现太阳能到化学能高效转化的有效途径。然而，有几个有关等离子体光催化系统的复杂问题必须加以阐明，使研究始终处于正确的方向上。首先，目标吸附物的选择性能量转移在很大程度上取决于吸附质与金属表面的化学相互作用。例如，只有少数等离子体金属—吸附物系统的组合能够产生靶向可见光吸收转移的杂化能级。由于稀有等离子体贵金属（Cu、Ag 和 Au）固有的低化学反应性，加剧了这种制约作用。其次，金属纳米粒子的等离子体激发频率也必须精确调控，以匹配与吸附质金属络合物的杂化能级相关的直接激发带隙。这种匹配关系是至关重要的，因为需要激发 LSPR 才能在等离子体纳米粒子表面产生较高的电场强度，以补偿相对较低的杂化态密度。最后，等离子体金属（Cu、Ag 和 Au）有限的催化活性显著制约了等离子体诱导光催化中化学转化的发展空间。

必须努力致力于从根本上理解等离子体金属纳米颗粒中能量流动的物理机制，并利用这些原则来设计功能纳米结构，其中等离子体材料负责收集光能，并将这些能量有效地传递给活性催化材料。迄今为止对等离子体光催化的研究表明，通过合成双金属纳米粒子，可以将等离子体金属的光学性质与其他过渡金属的催化性质结合起来。为了充分利用等离子体纳米结构，不仅需要在设计和合成单个分子模块（即纳米结构的组成、尺寸和形状）方面实现跨越发展，还需要将这些纳米级分子模块组装成靶向三维结构，其中等离子体金属纳米颗粒和半导体模块彼此精确匹配。此外，在光化学反应器工程领域还需要进一步发展，包括优化设计反应器几何形状，以便最大限度的有效利用太阳辐射能量。我们有理由相信，在对这一领域的深入聚焦研究下，未来几年将在开发可靠的预测模型和设计靶向复合光催化剂的新合成技术等方面取得重大进展。

参考文献

[1] S. Chu，Y. Cui，N. Liu，The path towards sustainable energy，Nat. Mater. 16（2016）16.

［2］G.A. Somorjai，R.M. Rioux，High technology catalysts towards 100% selectivity：fabrication，characterization and reaction studies，Catal. Today 100（3）（2005）201–215.

［3］G.A. Somorjai，J.Y. Park，Molecular factors of catalytic selectivity，Angew. Chem. Int. Ed. 47（48）（2008）9212–9228.

［4］M.R. Hoffmann，S.T. Martin，W. Choi，D.W. Bahnemann，Environmental applications of semiconductor photocatalysis，Chem. Rev. 95（1）（1995）69–96.

［5］J.–M. Herrmann，Heterogeneous photocatalysis：fundamentals and applications to the removal of various types of aqueous pollutants，Catal. Today 53（1）（1999）115–129.

［6］H.M. Chen，C.K. Chen，R.–S. Liu，C.–C. Wu，W.–S. Chang，K.–H. Chen，et al.，A new approach to solar hydrogen production：a ZnO—ZnS solid solution nanowire array photoanode，Adv. Energy Mater. 1（5）（2011）742–747.

［7］H.M. Chen，C.K. Chen，C.C. Lin，R.–S. Liu，H. Yang，W.–S. Chang，et al.，Multi–Bandgap–sensitized ZnO nanorod photoelectrode arrays for water splitting：an x–ray absorption spectroscopy approach for the electronic evolution under solar illumination，J. Phys. Chem. C 115（44）（2011）21971–21980.

［8］J.C.S. Wu，T.–H. Wu，T. Chu，H. Huang，D. Tsai，Application of optical–fiber photoreactor for CO_2 photocatalytic reduction，Top. Catal. 47（3）（2008）131–136.

［9］M.W. Knight，N.S. King，L. Liu，H.O. Everitt，P. Nordlander，N.J. Halas，Aluminum for plasmonics，ACS Nano 8（1）（2013）834–840.

［10］H. Chen，X. Kou，Z. Yang，W. Ni，J. Wang，Shape–and size–dependent refractive index sensitivity of gold nanoparticles，Langmuir 24（10）（2008）5233–5237.

［11］S.D. Lounis，E.L. Runnerstrom，A. Llordes，D.J. Milliron，Defect chemistry and plasmon physics of colloidal metal oxide nanocrystals，J. Phys. Chem. Lett. 5（9）（2014）1564–1574.

［12］M. Tabatabaei，D. McRae，F. Lagugné–Labarthet，Recent advances of plasmon–enhanced spectroscopy at bio–interfaces，ACS Symposium Series 1246（2016）183–207.

［13］G. Demirel，H. Usta，M. Yilmaz，M. Celik，H.A. Alidagi，F. Buyukserin，Surface–enhanced Raman spectroscopy（SERS）：an adventure from plasmonic metals to organic semiconductors as SERS platforms, J. Mater. Chem. C 6 (20) (2018) 5314–5335.

[14] P. Wang, B. Huang, Y. Dai, M.–H. Whangbo, Plasmonic photocatalysts : harvesting visible light with noble metal nanoparticles, Phys. Chem. Chem. Phys. 14 (28) (2012) 9813–9825.

[15] D. Sil, K.D. Gilroy, A. Niaux, A. Boulesbaa, S. Neretina, E. Borguet, Seeing is believing : hot electron based gold nanoplasmonic optical hydrogen sensor, ACS Nano 8 (8) (2014) 7755–7762.

[16] S. Szunerits, R. Boukherroub, Sensing using localised surface plasmon resonance sensors, Chem. Commun. 48 (72) (2012) 8999–9010.

[17] X. Huang, M.A. El–Sayed, Plasmonic photo–thermal therapy (PPTT), Alexandria J. Med 47 (1) (2011) 1–9.

[18] Y. Tian, T. Tatsuma, Plasmon–induced photoelectrochemistry at metal nanoparticles supported on nanoporous TiO_2, Chem. Commun. (16) (2004) 1810–1811.

[19] Y. Zhang, S. He, W. Guo, Y. Hu, J. Huang, J.R. Mulcahy, et al., Surface plasmon–driven hot electron photochemistry, Chem. Rev. 118 (6) (2017) 2927–2954.

[20] K. Awazu, M. Fujimaki, C. Rockstuhl, J. Tominaga, H. Murakami, Y. Ohki, et al., A Plasmonic photocatalyst consisting of silver nanoparticles embedded in titanium dioxide, J. Am. Chem. Soc. 130 (5) (2008) 1676–1680.

[21] Z. Wang, J. Liu, W. Chen, Plasmonic Ag/AgBr nanohybrid : synergistic effect of SPR with photographic sensitivity for enhanced photocatalytic activity and stability, Dalton Trans. 41 (16) (2012) 4866–4870.

[22] J. Jiang, H. Li, L. Zhang, New insight into daylight photocatalysis of AgBr@ Ag : synergistic effect between semiconductor photocatalysis and plasmonic photocatalysis, Chem. Eur. J. 18 (20) (2012) 6360–6369.

[23] N. Zhang, S. Liu, Y.–J. Xu, Recent progress on metal core@semiconductor shell nanocomposites as a promising type of photocatalyst, Nanoscale 4 (7) (2012) 2227–2238.

[24] S. Linic, P. Christopher, D.B. Ingram, Plasmonic–metal nanostructures for efficient conversion of solar to chemical energy, Nat. Mater. 10 (12) (2011) 911–921.

[25] J.-J. Chen, J.C.S. Wu, P.C. Wu, D.P. Tsai, Plasmonic photocatalyst for H_2 evolution in photocatalytic water splitting, J. Phys. Chem. C 115 (1) (2011) 210–216.

[26] X. Chen, H.-Y. Zhu, J.-C. Zhao, Z.-F. Zheng, X.-P. Gao, Visible–light–driven oxidation of organic contaminants in air with gold nanoparticle catalysts on oxide supports, Angew. Chem. Int. Ed. 120 (29) (2008) 5433–5436.

[27] P. Christopher, H. Xin, S. Linic, Visible–light–enhanced catalytic oxidation reactions on plasmonic silver nanostructures, Nat. Chem. 3 (6) (2011) 467–472.

[28] T. Wu, S. Liu, Y. Luo, W. Lu, L. Wang, X. Sun, Surface plasmon resonance induced visible light photocatalytic reduction of graphene oxide : using Ag nanoparticles as a plasmonic photocatalyst, Nanoscale 3 (5) (2011) 2142–2144.

[29] Z. Qu, M. Cheng, W. Huang, X. Bao, Formation of subsurface oxygen species and its high activity toward CO oxidation over silver catalysts, J. Catal. 229 (2) (2005) 446–458.

[30] F. Moreau, G.C. Bond, Influence of the surface area of the support on the activity of gold catalysts for CO oxidation, Catal. Today 122 (3) (2007) 215–221.

[31] T. Tabakova, V. Idakiev, D. Andreeva, I. Mitov, Influence of the microscopic properties of the support on the catalytic activity of Au/ZnO, Au/ZrO_2, Au/Fe_2O_3, Au/Fe_2O_3–ZnO, Au/Fe_2O_3–ZrO_2 catalysts for the WGS reaction, Appl. Catal. A : Gen. 202 (1) (2000) 91–97.

[32] X. Zhang, H. Wang, B.-Q. Xu, Remarkable nanosize effect of zirconia in Au/ZrO_2 catalyst for CO oxidation, J. Phys. Chem. B 109 (19) (2005) 9678–9683.

[33] J.S. Hoskins, T. Karanfil, S.M. Serkiz, Removal and sequestration of iodide using silver–impregnated activated carbon, Environ. Sci. Technol. 36 (4) (2002) 784–789.

[34] C. Liao, Z.D. Wei, S.G. Chen, L. Li, M.B. Ji, Y. Tan, et al., Synergistic effect of polyaniline–modified Pd/C catalysts on formic acid oxidation in a weak acid medium (NH_4)$_2SO_4$, J. Phys. Chem. C 113 (14) (2009) 5705–5710.

[35] S. Sun, W. Wang, L. Zhang, M. Shang, L. Wang, Ag@C core/shell nanocomposite as a highly efficient plasmonic photocatalyst, Catal. Commun. 11 (4) (2009) 290–293.

［36］H.J. Parab，H.M. Chen，T.–C. Lai，J.H. Huang，P.H. Chen，R.–S. Liu，et al.，Biosensing，cytotoxity，and cellular uptake studies of surface–modified gold nanorods，J. Phys. Chem. C 113（18）（2009）7574–7578.

［37］N. Chandrasekharan，P.V. Kamat，Improving the photoelectrochemical performance of nanostructured TiO_2 films by adsorption of gold nanoparticles，J. Phys. Chem. B 104（46）（2000）10851–10857.

［38］V. Subramanian，E.E. Wolf，P.V. Kamat，Catalysis with TiO_2/gold nanocomposites. Effect of metal particle size on the Fermi level equilibration，J. Am. Chem. Soc. 126（15）（2004）4943–4950.

［39］Z. Liu，W. Hou，P. Pavaskar，M. Aykol，S.B. Cronin，Plasmon resonant enhancement of photocatalytic water splitting under visible illumination，Nano Lett. 11（3）（2011）1111–1116.

［40］K. Hashimoto，H. Irie，A. Fujishima，TiO_2 photocatalysis：a historical overview and future prospects，Jpn. J. Appl. Phys. 44（12）（2005）8269–8285.

［41］C.A. Castro，A. Jurado，D. Sissa，S.A. Giraldo，Performance of Ag–TiO_2 photocatalysts towards the photocatalytic disinfection of water under interior–lighting and solar–simulated light irradiations，Int. J. Photoenergy 2012（2012）1–10.

［42］Q. Xiang，J. Yu，B. Cheng，H.C. Ong，Microwave–hydrothermal preparation and visible–light photoactivity of plasmonic photocatalyst Ag–TiO_2 nanocomposite hollow spheres，Chem. Asian J. 5（6）（2010）1466–1474.

［43］R. Vaithiyanathan，T. Sivakumar，Studies on photocatalytic activity of the synthesised TiO_2 and Ag/TiO_2 photocatalysts under UV and sunlight irradiations，Water Sci. Technol. 63（3）（2011）377–384.

［44］A. Zielínska–Jurek，E. Kowalska，J.W. Sobczak，W. Lisowski，B. Ohtani，A. Zaleska，Preparation and characterization of monometallic（Au）and bimetallic（Ag/Au）modified–titania photocatalysts activated by visible light，Appl. Catal. B：Environ. 101（3）（2011）504–514.

［45］C. Maldanodo，J.L.G. Fierro，J. Coronado，B. Sanchez，P. Reyes，Photocatalytic degradation of trichloroethylene over silver nanoparticle supported on TiO_2，J. Chil. Chem. Soc. 55（2010）404–407.

［46］A. Zielínska，E. Kowalska，J.W. Sobczak，I. Łącka，M. Gazda，B. Ohtani，et al.，Silver–doped TiO_2 prepared by microemulsion method：surface properties， bio- and photoactivity, Sep. Purif. Technol. 72（3）（2010）309–318.

[47] F. Meng, F. Lu, Z. Sun, J. Lü , A mechanism for enhanced photocatalytic activity of nano-size silver particle modified titanium dioxide thin films, Sci. China Technol. Sci. 53（11）（2010）3027–3032.

[48] Y. Liu, X. Wang, F. Yang, X. Yang, Excellent antimicrobial properties of mesoporous anatase TiO_2 and Ag/TiO_2 composite films, Microporous Mesoporous Mater. 114（1）（2008）431–439.

[49] A. Guillén-Santiago, S.A. Mayén, G. Torres-Delgado, R. Castanedo-Pérez, A. Maldonado, M.D.L.L. Olvera, Photocatalytic degradation of methylene blue using undoped and Ag-doped TiO_2 thin films deposited by a sol-gel process : effect of the ageing time of the starting solution and the film thickness, Mater. Sci. Eng. B 174（1）（2010）84–87.

[50] B. Ohtani, K. Iwai, S.-I. Nishimoto, S. Sato, Role of platinum deposits on titanium（Ⅳ）oxide particles : structural and kinetic analyses of photocatalytic reaction in aqueous alcohol and amino acid solutions, J. Phys. Chem. B 101（17）（1997）3349–3359.

[51] D. Zhang, Visible light-induced photocatalysis through surface plasmon excitation of platinum-metallized titania for photocatalytic bleaching of rhodamine B, Monatsh. Chem. Chem. Mon. 143（5）（2012）729–738.

[52] Y. Zhou, D.M. King, X. Liang, J. Li, A.W. Weimer, Optimal preparation of Pt/ TiO_2 photocatalysts using atomic layer deposition, Appl. Catal. B : Environ. 101（1）（2010）54–60.

[53] S.G. Lee, J.-H. Kim, S. Lee, H.-I. Lee, Photochemical production of hydrogen from alkaline solution containing polysulfide dyes, Korean J. Chem. Eng. 18（6）（2001）894–897.

[54] B. Sun, A.V. Vorontsov, P.G. Smirniotis, Role of platinum deposited on TiO_2 in phenol photocatalytic oxidation, Langmuir 19（8）（2003）3151–3156.

[55] K.-C. Cho, K.-C. Hwang, T. Sano, K. Takeuchi, S. Matsuzawa, Photocatalytic performance of Pt-loaded TiO_2 in the decomposition of gaseous ozone, J. Photochem. Photobiol. A : Chem. 161（2）（2004）155–161.

[56] T. Sano, N. Negishi, K. Uchino, J. Tanaka, S. Matsuzawa, K. Takeuchi, Photocatalytic degradation of gaseous acetaldehyde on TiO_2 with photodeposited metals and metal oxides, J. Photochem. Photobiol. A : Chem. 160（1）（2003）

93-98.

[57] G. Sivalingam, K. Nagaveni, M.S. Hegde, G. Madras, Photocatalytic degradation of various dyes by combustion synthesized nano anatase TiO_2, Appl. Catal. B : Environ. 45（1）（2003）23-38.

[58] G.N. Kryukova, G.A. Zenkovets, A.A. Shutilov, M. Wilde, K. Günther, D. Fassler, et al., Structural peculiarities of TiO_2 and Pt/TiO_2 catalysts for the photocatalytic oxidation of aqueous solution of Acid Orange 7 Dye upon ultraviolet light, Appl. Catal. B : Environ. 71（3）（2007）169-176.

[59] H. Zhang, G. Chen, D.W. Bahnemann, Photoelectrocatalytic materials for environmental applications, J. Mater. Chem. 19（29）（2009）5089-5121.

[60] C. Langhammer, Z. Yuan, I. Zoríc, B. Kasemo, Plasmonic properties of supported Pt and Pd nanostructures, Nano Lett. 6（4）（2006）833-838.

[61] K. Ikeda, J. Sato, N. Fujimoto, N. Hayazawa, S. Kawata, K. Uosaki, Plasmonic enhancement of Raman scattering on non-SERS-active platinum substrates, J. Phys. Chem. C 113（27）（2009）11816-11821.

[62] S. Jung, K.L. Shuford, S. Park, Optical property of a colloidal solution of platinum and palladium nanorods : localized surface plasmon resonance, J. Phys. Chem. C 115（39）（2011）19049-19053.

[63] E. Kowalska, H. Remita, C. Colbeau-Justin, J. Hupka, J. Belloni, Modification of titanium dioxide with platinum ions and clusters : application in photocatalysis, J. Phys. Chem. C 112（4）（2008）1124-1131.

[64] R. Abe, H. Takami, N. Murakami, B. Ohtani, Pristine simple oxides as visible light driven photocatalysts : highly efficient decomposition of organic compounds over platinum-loaded tungsten oxide, J. Am. Chem. Soc. 130（25）（2008）7780-7781.

[65] R. Li, W. Chen, H. Kobayashi, C. Ma, Platinum-nanoparticle-loaded bismuth oxide : an efficient plasmonic photocatalyst active under visible light, Green. Chem. 12（2）（2010）212-215.

[66] N. Del Fatti, C. Voisin, M. Achermann, S. Tzortzakis, D. Christofilos, F. Vallée, Nonequilibrium electron dynamics in noble metals, Phys. Rev. B 61（24）（2000）16956-16966.

[67] S. Link, M.A. El-Sayed, Spectral properties and relaxation dynamics of surface plasmon electronic oscillations in gold and silver nanodots and nanorods, J. Phys.

Chem. B 103（40）（1999）8410–8426.

［68］ D.D. Evanoff, G. Chumanov, Size–controlled synthesis of nanoparticles. 2. Measurement of extinction, scattering, and absorption cross sections, J. Phys. Chem. B 108（37）（2004）13957–13962.

［69］ J. Jiang, K. Bosnick, M. Maillard, L. Brus, Single molecule Raman spectroscopy at the junctions of large Ag nanocrystals, J. Phys. Chem. B 107（37）（2003）9964–9972.

［70］ P. Kambhampati, C.M. Child, M.C. Foster, A. Campion, On the chemical mechanism of surface enhanced Raman scattering：experiment and theory, J. Chem. Phys. 108（12）（1998）5013–5026.

［71］ C. Burda, X. Chen, R. Narayanan, M.A. El–Sayed, Chemistry and properties of nanocrystals of different shapes, Chem. Rev. 105（4）（2005）1025–1102.

［72］ D.D. Evanoff Jr., G. Chumanov, Synthesis and optical properties of silver nanoparticles and arrays, ChemPhysChem 6（7）（2005）1221–1231.

［73］ J. Zuloaga, E. Prodan, P. Nordlander, Quantum description of the plasmon resonances of a nanoparticle dimer, Nano Lett. 9（2）（2009）887–891.

［74］ S.F. Tan, L. Wu, J.K.W. Yang, P. Bai, M. Bosman, C.A. Nijhuis, Quantum plasmon resonances controlled by molecular tunnel junctions, Science 343(6178) （2014）1496–1499.

［75］ J.A. Scholl, A. García–Etxarri, A.L. Koh, J.A. Dionne, Observation of quantum tunneling between two plasmonic nanoparticles, Nano Lett. 13（2）（2013）564–569.

［76］ J.Y. Bigot, J.Y. Merle, O. Cregut, A. Daunois, Electron dynamics in copper metallic nanoparticles probed with femtosecond optical pulses, Phys. Rev. Lett. 75（25）（1995）4702–4705.

［77］ C. Voisin, N. Del Fatti, D. Christofilos, F. Vallée, Ultrafast electron dynamics and optical nonlinearities in metal nanoparticles, J. Phys. Chem. B 105（12）（2001）2264–2280.

［78］ T. Hertel, E. Knoesel, M. Wolf, G. Ertl, Ultrafast electron dynamics at Cu（111）: response of an electron gas to optical excitation, Phys. Rev. Lett. 76（3）（1996）535–538.

［79］ G. Tas, H.J. Maris, Electron diffusion in metals studied by picosecond ultrasonics, Phys. Rev. B 49（21）（1994）15046–15054.

[80] G. Baffou, R. Quidant, Thermo-plasmonics : using metallic nanostructures as nano-sources of heat, Laser Photonics Rev. 7 (2) (2013) 171–187.

[81] G. Baffou, R. Quidant, Nanoplasmonics for chemistry, Chem. Soc. Rev. 43 (11) (2014) 3898–3907.

[82] A.O. Govorov, H.H. Richardson, Generating heat with metal nanoparticles, Nano Today 2 (1) (2007) 30–38.

[83] J.R. Adleman, D.A. Boyd, D.G. Goodwin, D. Psaltis, Heterogenous catalysis mediated by plasmon heating, Nano Lett. 9 (12) (2009) 4417–4423.

[84] C. Fasciani, C.J.B. Alejo, M. Grenier, J.C. Netto-Ferreira, J.C. Scaiano, High-temperature organic reactions at room temperature using plasmon excitation : decomposition of dicumyl peroxide, Org. Lett. 13 (2) (2011) 204–207.

[85] D.A. Boyd, L. Greengard, M. Brongersma, M.Y. El-Naggar, D.G. Goodwin, Plasmon-assisted chemical vapor deposition, Nano Lett. 6 (11) (2006) 2592–2597.

[86] L. Cao, D.N. Barsic, A.R. Guichard, M.L. Brongersma, Plasmon-assisted local temperature control to pattern individual semiconductor nanowires and carbon nanotubes, Nano Lett. 7 (11) (2007) 3523–3527.

[87] J. Qiu, Y.-C. Wu, Y.-C. Wang, M.H. Engelhard, L. McElwee-White, W.D. Wei, Surface plasmon mediated chemical solution deposition of gold nanoparticles on a nanostructured silver surface at room temperature, J. Am. Chem. Soc. 135(1) (2013) 38–41.

[88] I.H. El-Sayed, X. Huang, M.A. El-Sayed, Selective laser photo-thermal therapy of epithelial carcinoma using anti-EGFR antibody conjugated gold nanoparticles, Cancer Lett. 239 (1) (2006) 129–135.

[89] L.B. Carpin, L.R. Bickford, G. Agollah, T.-K. Yu, R. Schiff, Y. Li, et al., Immunoconjugated gold nanoshell-mediated photothermal ablation of trastuzumab-resistant breast cancer cells, Breast Cancer Res. Treat. 125 (1) (2011) 27–34.

[90] C. Loo, A. Lin, L. Hirsch, M.-H. Lee, J. Barton, N. Halas, et al., Nanoshell enabled photonics-based imaging and therapy of cancer, Technol. Cancer Res. Treat. 3 (1) (2004) 33–40.

[91] C.M. Pitsillides, E.K. Joe, X. Wei, R.R. Anderson, C.P. Lin, Selective cell targeting with light-absorbing microparticles and nanoparticles, Biophys. J. 84(6) (2003) 4023–4032.

[92] P. Christopher, H. Xin, A. Marimuthu, S. Linic, Singular characteristics and unique chemical bond activation mechanisms of photocatalytic reactions on plasmonic nanostructures, Nat. Mater. 11（2012）1044.

[93] S. Mukherjee, F. Libisch, N. Large, O. Neumann, L.V. Brown, J. Cheng, et al., Hot electrons do the impossible : plasmon-induced dissociation of H_2 on Au, Nano Lett. 13（1）（2013）240-247.

[94] S. Mukherjee, L. Zhou, A.M. Goodman, N. Large, C. Ayala-Orozco, Y. Zhang, et al., Hot-electron-induced dissociation of H_2 on gold nanoparticles supported on SiO_2, J. Am. Chem. Soc. 136（1）（2014）64-67.

[95] H. Zhu, X. Ke, X. Yang, S. Sarina, H. Liu, Reduction of nitroaromatic compounds on supported gold nanoparticles by visible and ultraviolet light, Angew. Chem. Int. Ed. 49（50）（2010）9657-9661.

[96] K. Fuku, R. Hayashi, S. Takakura, T. Kamegawa, K. Mori, H. Yamashita, The synthesis of size- and color-controlled silver nanoparticles by using microwave heating and their enhanced catalytic activity by localized surface plasmon resonance, Angew. Chem. Int. Ed. 52（29）（2013）7446-7450.

[97] Y. Zhang, Q. Xiao, Y. Bao, Y. Zhang, S. Bottle, S. Sarina, et al., Direct photocatalytic conversion of aldehydes to esters using supported gold nanoparticles under visible light irradiation at room temperature, J. Phys. Chem. C 118（33）（2014）19062-19069.

[98] Z. Zheng, T. Tachikawa, T. Majima, Single-particle study of Pt-modified Au nanorods for plasmon-enhanced hydrogen generation in visible to near-infrared region, J. Am. Chem. Soc. 136（19）（2014）6870-6873.

[99] F. Wang, C. Li, H. Chen, R. Jiang, L.-D. Sun, Q. Li, et al., Plasmonic harvesting of light energy for Suzuki coupling reactions, J. Am. Chem. Soc. 135（15）（2013）5588-5601.

[100] X. Huang, Y. Li, Y. Chen, H. Zhou, X. Duan, Y. Huang, Plasmonic and catalytic AuPd nanowheels for the efficient conversion of light into chemical energy, Angew. Chem. Int. Ed. 52（23）（2013）6063-6067.

[101] Y. Sugano, Y. Shiraishi, D. Tsukamoto, S. Ichikawa, S. Tanaka, T. Hirai, Supported Au-Cu bimetallic alloy nanoparticles : an aerobic oxidation catalyst with regenerable activity by visible-light irradiation, Angew. Chem. Int. Ed. 52（20）（2013）5295-5299.

［102］ Q. Xiao, S. Sarina, A. Bo, J. Jia, H. Liu, D.P. Arnold, et al., Visible light driven cross-coupling reactions at lower temperatures using a photocatalyst of palladium and gold alloy nanoparticles, ACS Catal. 4（6）（2014）1725–1734.

［103］ Q. Xiao, S. Sarina, E. Jaatinen, J. Jia, D.P. Arnold, H. Liu, et al., Efficient photocatalytic Suzuki cross-coupling reactions on Au–Pd alloy nanoparticles under visible light irradiation, Green. Chem. 16（9）（2014）4272–4285.

［104］ H. Petek, S. Ogawa, Surface femtochemistry: observation and quantum control of frustrated desorption of alkali atoms from noble metals, Annu. Rev. Phys. Chem. 53（1）（2002）507–531.

［105］ J. Yan, K.W. Jacobsen, K.S. Thygesen, First-principles study of surface plasmons on Ag（111）and H/Ag（111）, Phys. Rev. B 84（23）（2011）235430.

［106］ C. Bauer, J.-P. Abid, D. Fermin, H.H. Girault, Ultrafast chemical interface scattering as an additional decay channel for nascent nonthermal electrons in small metal nanoparticles, J. Chem. Phys. 120（19）（2004）9302–9315.

［107］ S. Sarina, H.-Y. Zhu, Q. Xiao, E. Jaatinen, J. Jia, Y. Huang, et al., Viable photocatalysts under solar-spectrum irradiation: nonplasmonic metal nanoparticles, Angew. Chem. Int. Ed. 53（11）（2014）2935–2940.

［108］ M.J. Kale, T. Avanesian, H. Xin, J. Yan, P. Christopher, Controlling catalytic selectivity on metal nanoparticles by direct photoexcitation of adsorbate-metal bonds, Nano Lett. 14（9）（2014）5405–5412.

［109］ M.J. Kale, T. Avanesian, P. Christopher, Direct photocatalysis by plasmonic nanostructures, ACS Catal. 4（1）（2014）116–128.